أصول وطرائق تدريس العلوم

أ. فتحي ذياب سبيتان

الجنادرية للنشر والتوزيع

١٤٣١ هـ / ٢٠١٠ م

٣٧١.٣
سبيتان، فتحي
أساليب وطرائق تدريس العلوم/فتحي ذياب سبيتان. عمان: دار الجنادرية، ٢٠٠٩
(   ) ص
ر:أ: ٥٠٦٠ / ١٢/ ٢٠٠٩
الواصفات: التدريس/أساليب التدريس// طرق التعلم/العلوم/

تم اعداد بيانات الفهرسة الأولية من قبل دائرة المكتبة الوطنية

جميع الحقوق محفوظة لدار الجنادرية للنشر والتوزيع

الجنادرية
للنشر والتوزيع
ALJANADRIA

جميع الحقوق محفوظة ويمنع طبع أو تصوير الكتاب أو إعادة نشره بأي وسيلـــة
إلا بإذن خطي من الناشر وكل من يخالف ذلك يعرض نفسه للمساءلة القانونية

الطبعة الأولى، ٢٠١٠

دار الجـنادريـــة للنشر والتوزيع

الأردن- عمان - شارع الجمعية العلمية الملكية- مقابل البوابة الشمالية للجامعة الأردنية -
هاتف ٠٠٩٦٢٦٥٣٩٩٩٧٩
فاكس ٠٠٩٦٢٦٥٣٩٩٩٨٠ ص.ب ٥٢٠٦٥١ عمان ١١١٥٢ الأردن
Website: www.aljanadria.com

E-mail: dar_janadria@yahoo.com

المقدمة

لقد أصبح تقدم الأمم في مجالات الحضارة في هذا العصر يقاس بمدى تقدمها في ميدان العلوم ولا عجب في ذلك فنحن نعيش في عصر الذرة والصواريخ والعقول الإلكترونية ومراكب الفضاء وعصر الحاسوب والإنترنت، بحيث أصبح العلم يسيطر على كل شيء في حياتنا من صغيرها الى كبيرها.

ولم يقتصر تأثير العلوم على تغيير مظاهر بيئتنا المادية فحسب، بل أثرت على عاداتنا وتقاليدنا وسلوكنا في البيت والشارع والعمل، حتى لم يبق شيء في حياتنا لم تتدخل فيه العلوم وتتناوله بكثير أو قليل من التعديل والتطوير والتغيير.

وإذا كنا نأخذ من ماضينا فخراً وعزاً، ومن حاضرنا عبرة ومن مستقبلنا املاً في مواجهة الحاضر والمستقبل، فلا بد من الإهتمام بالعلوم حتى نعوض ما فاتنا ونعيد أمجاد أبائنا وأجدادنا، ونلحق بركب الحاضر ونعيش على مستوى عصر العلوم.

ولتحقيق هذه الغايات لابد أن يتطور تدريس العلوم في مدارسنا تطوراً يرمي إلى تخليصه من أخطاء الدراسة التقليدية اللفظية، بحيث تصبح موضوعات الدراسة اكثر صلة بحياة الطالب، وبحيث تعتمد على الخبرة العملية وتستهدف تعديل أسلوب التفكير والسلوك بما يتفق مع الحياة العملية السليمة.

لذا فقد تطرقت في الفصل الأول من هذا الكتاب الى طبيعة العلم حيث أن تدريس أي فرع من فروع المعرفة لابد أن يعكس طبيعة هذا الفرع، ثم تطرقت الى تعريف العلم وأهداف تدريس العلوم في المرحلة الأساسية، ثم تعرضت الى أهمية الأهداف التعليمية وطرق صياغتها ليستنير بها المعلم في وضع خططه الدراسية وتحديد عناصر التعلم المطلوبة، وقد تعرضت في الفصل الثاني الى تحليل المادة العملية وتحديد أوجه التعلم من المعارف والمفاهيم العلمية والتعميمات والقوانين والنظريات العلمية اما الفصل الثالث فقد تعرضت فيه الى علاقة العلوم بالمواد الدراسية الأخرى وعلاقتها بنواحي الأنشطة المدرسية المختلفة إعتماداً على ضرورة إتباع أسلوب الترابط والتكامل بين المواد الدراسية المختلفة وعدم تدريس العلوم بمعزل عن المواد الدراسية الأخرى.

أما الفصل الرابع فقد تعرضت فيه الى خصائص وصفات معلم العلوم الناجح ليسترشد بها معلم العلوم الحديث في العمل، فقد ناقشت الأسباب التي تدعو الى الأخذ بالأساليب الجديدة والحديثة في تدريس العلوم وحتى لا يبقى معلم العلوم اسير الاساليب والطرائق التقليدية القديمة.

اما الفصل الخامس فهو مكمل ومتمم للفصل الرابع، حيث عرضت فيه العديد من طرق تدريس العلوم القديمة والحديثة ليتخير منها المعلم ما يناسب مادته ودرسه وطلابه وظروف وامكانات المدرسة.

اما الفصل السادس فقد عرضت فيه أهم القواعد التي تُبنى عليها طرق تـدريس العلـوم، وفي الفصل السابع ناقشت فيه خصائص النمو للطفل قبل المدرسة ولاطفال المرحلة الإبتدائيـة ثم لخصائص النمو للطالب في فترة المراهقة حتى يستطيع المعلم التعامل مع طلابه بما يتوافق مع طاقاتهم وقدراتهم وخصائصهم النمائيـة والنفسـية والإجتماعيـة والتـي تحكـم قـدراتهم وامكانـاتهم في الـتعلم والإسـتيعاب والعمل والتحصيل.

أما الفصل الثامن فقد تعرضت فيه الى علاقة العلوم بالتقويم التربوي، ومفهوم التقويم الحـديث واستراتيجياته وأهدافه وأهميته بالنسبة للعملية التعليمية التعلمية، اما الفصل التاسع فهو متمم لسابقه ومكمل له، فالإختبارات التحصيلية هي جزء لا يتجزأ من عملية التقويم التربوي والتي يحتاجها المعلم في عملية بناء الأسئلة والاختبارات المختلفة وتوظيفها في عملية تطوير ممارسـاته وتحسـين عمليتي الـتعلم والتعليم ورفع مستوى التحصيل والتعلم ذي المعنى لدى طلابه.

اما الفصل العاشر والأخير فقد ناقشت فيه عملية التخطيط اليومي للـتعلم الصفي، لأن المعلـم الذي لا يستطيع أن يخطط لدروسه لا يمكن أن يكون ناجحاً، لأن عمليـة التخطيط تشـمل كافـة عناصـر المنهاج والعملية التعليمية التعلمية من صياغة الأهداف السلوكية وتحديد إستراتيجيات التعليم والـتعلم من أنشطة وطرائق وأساليب وإجراءات، ثم تحديـد ادوات التقـويم المناسبة للحكم عـلى مـدى تحقـق الأهداف التي يسعى الى تحقيقها المدرس.

إنني لا أدعي الكمال في هذا الكتاب، ولكنها محاولة متواضعة مني في هذا الكتاب، وضعت فيـه معلوماتي وخبرتي وتجربتي الميدانية كمعلم ومدير مدرسة ومشرف تربوي لسنوات طويلة، وأرجو أن أكون قد وفقت في تحقيق الهدف المنشود في هذا المجال، وإن كنت قد قصرت، ووضع بعض الـزملاء أيـديهم على بعض الثغرات هنا وهنالك، فهذا أمر طبيعي، لأن أعمال البشر لن تصل الى الكمال، ولأن الكمال لله وحده.

وسأكون من الشاكرين لمن يزودني بملاحظاته وآرائه واقتراحاته حول هذا الكتاب، لأخذها بعـين الإعتبار في الطبعات القادمة بعون اللـه خدمة للعلم ولطلابنا ولمجتمعنا العزيز.

و اللـه من وراء القصد

المؤلف
فتحي سبيتان

الفصل الأول

طبيعة العلم

☆ ما المقصود بالعلم

☆ الأهداف العامة لتدريس العلوم في مرحلة التعليم الأساسي

☆ الأهداف التعليمية السلوكية: (تعريفها ، شروطها ، أهميتها ، طرق صياغتها ، مجالاتها ومستوياتها)

طبيعة العلم

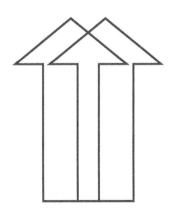

طبيعة العلم

ربما كان "العلم" ذا طابع خاص بالنسبة للموضوعات المدرسية في مناهجنا، ومنشأ ذلك هو إختلاف المواد والتجارب الضرورية لتدريسه تدريساً جيداً، فمعظم مواد الدراسة الأخرى يمكن تعلمها عند توافر الأدوات الإعتيادية كالقلم والورق والسبورة والكتاب المدرسي والمكتبة والحاسوب والإنترنت وبعض الوسائل الأخرى، ومع أن هذه الأدوات ضرورية لتدريس العلوم، الاّ أن الإقتصار عليها فقط يجعل العلم مملاً وقليل الفائدة ولا يحقق الأهداف أو النتائج المطلوبة.

لذا فالعلوم ليست مجرد معلومات تقرأ من الكتب أو مواضيع يتم حفظها واستظهارها، بل هي ظواهر وأحداث نتعامل معها ونسال عنها ونبحث فيها، من اجل فهمها وتفسيرها والتحكم بها، فحيثما تذهب في العالم تجد أن العلم جزءاً داخلاً في البيئة – الكائنات الحية والأرض والسماء والهواء والماء والحرارة والضوء والقوى والجاذبية الأرضية...الخ- لذا فالعلم يجب أن يمارس ويجرب أذا أردنا أن يكون الناتج صحيحاً وإيجابياً.

ما المقصود بالعلم

لقد اختلفت الآراء حول تعريف " العلم " فلا يكاد يوجد تعريف محدد ومقنن له، فلو سألت مجموعة من معلمي العلوم عن تعريفهم "للعلم"، لربما تلاحظ أن تعريفهم للعلم يعكس وجهة نظرهم الخاصة بتدريس العلوم، فالعلم ليس مجرد مجموعة من المعلومات فقط، لكنه كذلك طريقة للبحث واتجاه في التفكير، لذا فإن العلم لا يبنى أو يتطور من خلال المعلومات فقط، بل أن الاتجاهات والقيم التي يعتنقها الباحثون تلعب دوراً هاماً في بناء العلم، فالباحث العلمي ينبغي أن يكون محايداً عند قيامه بالبحث فإذا انحاز الباحث عند دراسته لظاهرة معينة فإن ذلك يقلل كثيراً في مدى صدق ما وصل اليه من نتائج أو معلومات.

ولقد تعددت تعريفات العلم واصبح من غير الممكن تحديد صياغة واحدة لهذا المفهوم، لذا سنتطرق فيما يلي الى مجموعة من التعريفات المختلفة للعلم وهي:

- نشاط إنساني يهدف الى زيادة قدرة الإنسان على السيطرة على الطبيعة.
- العلم بناء من المعرفة يتكون من حقائق ومفاهيم وفرضيات وقوانين ونظريات.
- العلم (Knowledge): جسم منظم من المعرفة العلمية يتضمن الحقائق والمفاهيم والمبادئ والنظريات العلمية التي تساعدنا في تفسير الظواهر الكونية وفهم الوجود.

- العلم : نشاط إنساني يهدف الى زيادة قدرة سيطرة الأنسان على الظواهر الطبيعية والبيولوجية.
- العلم طريقة للتفكير يتضمن أنماطاً متنوعة من الاستدلال مثل الإستقراء والإستنباط وإجراءات معينة من الملاحظة والدراسة والتجريب والقياس.
- وقد عرف العالم كارل بيرسون في كتابه " قواعد العلم " أنه ميدان غير محدد، فهويتصل بالظواهر الطبيعة حيث تعتبر مادة له، ان كل طور من اطوار الحياة الإجتماعية وكل مراحلة من مراحل التطور تعتبر مادة للعلم.
- ويعرف العالم كونانت ((بأنه سلاسل من الحقائق والمفاهيم والانساق المفاهيمية تطورت نتيجة الملاحظة والتجريب والتي تؤدي بدورها الى مزيد من الملاحظة والتجريب)).
- أما قاموس أكسفورد المختصر فيعرف العلم: ((أنه ذلك الفرع من الدراسة الذي يتعلق بكل متكامل من الحقائق المصنفة تحكمها قوانين عامة وتحتوي على طرق ومناهج موثوق بها لاكتشاف حقائق جديدة في نطاق البحث والدراسة)).
- كما عرف العالم أيوير وجالتور (Ewer and Galtore,1969) بانه تطوير النظريات والنماذج والفرضيات التي تتناول العلاقة بين ظواهر الكون، وهذه النظريات تصبح فيما بعد قوانين تطبيقية للعلم.
- ويعرفه محمد صابر وزملاؤه في كتابهم " تدريس العلوم" بأنه (طريقة تفكير يمكن بواسطتها الوصول الى الحقائق والمعارف المتعلقة بميادين معينة، وهذه الطريقة هي الطريقة العلمية في التفكير، وهي ذاتها طريقة البحث العلمي).
- كما عرفه العالم لاستريوكسي- (Lastrucci) بقوله: (أن العلم هو طريقة موضوعية ومنطقية ومنظمة لتحليل الظواهر بهدف الوصول الى مجموعة من المعلومات الصحيحة).

* ومن هنا يمكن النظر الى مفهوم العلم على أنه ((منشط إنساني عالمي يسير وفق منهج محدد في البحث لتوفير معرفة عن الكون وتطويرها بشكل مستمر من أجل تحسين ظروف الحياة وحل مشكلاتها وتمكين الانسان من فهم الأشياء والظواهر التي يواجهها)).

مما سبق نستنتج انه في جميع الحالات فإن مفهوم العلم يبقى واحداً، الاّ أن المجال الذي يبحث فيه هذا العلم هو الذي يختلف، فهو يبحث في ظواهر الكون الحية وغير الحية باستخدام الطريقة العلمية في حالة العلوم الطبيعية، وهو يبحث في الظواهر النفسية للفرد أو المجتمع باستخدام الطريقة العلمية أيضاً في حالة العلوم الانسانية.

وتشتمل العلوم الطبيعية على الأحياء والفيزياء والكيمياء وعلوم الأرض وعلم النجوم وعلم الفضاء، كما تشمل العلوم الإنسانية علم الإجتماع وعلم النفس وعلم الإقتصاد...وغيرها.

لذا فإن إستخدام أساليب البحث والتفكير والذي يمتاز بواقعيته واعتماده على الملاحظة الشاملة وعلى أساليب البحث العلمي وابتكار التجارب الهادفة والبعيدة عن التحّيز أو الأهواء أدت الى كشف العديد من الحقائق العلمية و الاكتشافات الهامة والتي أزاحت الستار عن الكثيرمن أسرار الكون وإمكانياته الوفيرة، والتي أدت الى ثورة كبيرة في نظم الحياة الفكرية والمادية والسياسية والعمرانية والاجتماعية والبيئية والعسكرية والصناعية...، بحيث اصبحت أهمية العلم لا تكمن في هذه الإكتشافات، فمثلاً اكتشاف الكهرباء أدى الى ثورة كبيرة في تطور الصناعات المختلفة وفي تطوير نظم الحياة الإجتماعية والإقتصادية والبيئية، ومثلها كذلك اكتشاف قوة البخار المحصور والآثار المختلفة التي ترتبت على هذا الإكتشاف وما ترتبت عليه من اختراعات واكتشافات أخرى أدت الى تطور هائل في المجالات المختلفة أهمها مجال الاتصالات والصناعات المختلفة.

ولم يقتصر تأثير العلم على تغيير مظاهر بيئتنا المادية فحسب بل أثرت كذلك على عاداتنا وتقاليدنا وسلوكنا وحياتنا، حتى لم يبق شيء في حياتنا لم تتدخل فيه العلوم وتتناوله بكثير أو قليل من التعديل والتطوير، لذا ينبغي لتحقيق هذه الغايات أن يتطور تدريس العلوم في مدارسنا تطوراً يرمي الى تخليصه من أخطاء الدراسة التقليدية اللفظية، بحيث تصبح مواد الدراسة أكثر صلة بحياة التلميذ وبحيث تعتمد الدراسة على الخبرة العملية وتستهدف تعديل أسلوب التفكير، بل وتعديل السلوك بما يتفق مع مقتضيات الحياة العملية السليمة، لذا فالمعلم المثالي هو الذي يهتم بجوانب العلم الثلاثة (بُنية العلم) وهي:

١. الجانب المعرفي (نواتج العلم): اي المعلومات العلمية.

٢. طرق العلم وعملياته: وهي مجموعة الطرق والعمليات اللازمة للبحث العلمي.

٣. الاتجاهات العلمية: وهي مجموعة المعتقدات والقيم التي ينبغي توافرها فيمن يمارس العلم أو البحث العلمي.

لذا فالمعلم الحاذق والماهر هو الذي يهتم بهذه الجوانب معاً في تدريسه وعلى قدم المساواة ولا يهمل أياً منها حتى يصل بطلابه الى بر الأمان ويغرس فيهم حب العلم فكراً وممارسة ويحقق الأهداف المنشودة في تدريس العلوم.

الأهداف العامة لتدريس العلوم في مرحلة التعليم الأساسي

على الرغم من ان فهم المعلم لدوره ومسؤولياته وإيمانه بهذا الدور وتلك المسؤوليات يعد أمراً ضرورياً، الاّ أن هذا وحدة ليس كافياً لضمان حسن قيامه بعمله، فالمعلم في حاجة الى العديد من المعارف والمهارات اللازمة لتخطيط عمله والقيام به، فهو يحتاج الى معرفة كيف يحدد أهدافه وكيف يختار أساليب عمله وكيف يوجه نشاط طلابه وكيف يقيم نتائجه، وغيرها من الأمور التي تتطلب مسؤولياته التعليمية والإجتماعية، لكن كل هذه الجوانب قد تفقد معناها ما لم يجمعها إطار شامل يحدد مجالات عمل المعلم ومحدداته ومبادئه العامة، ومن ثم تأتي جزئيات عمله لتكمل كل منها الأخرى في صورة عضوية متكاملة.

ولا شك أن وعي المعلم بالأهداف العامة لتدريس العلوم ، وقدرته على تحديد أهداف دروسه اليومية بحيث يحقق في النهاية تلك الأهداف العامة، يعد امراً أساسياً، ونقطة بداية ضرورية لقيامه بعملية التدريس.

وسنورد فيما يلي الأهداف العامة لتدريس العلوم في المرحلة الأسايبة ليستنير بها المعلم في تحديد أهدافه الخاصة لتسير الأهداف العامة والأهداف الخاصة جنباً الى جنب في تحقيق الأهداف المرجوة والتي يسعى المعلم الى تحقيقها لبناء هذا النشأ الغالي من طلبتنا:

١. تعميق الإيمان بالخالق من خلال التبصر بالكون ومكوناته والتعرف الى القوانين التي تحكمه.

٢. الإلمام بالحقائق والمفاهيم العلمية بصورة وظيفية، بحيث تصبح دراسة العلوم وسيلة لفهم البيئة بطريقة وظيفية تتمشى مع روح العصر ومع أحدث ما توصل اليه العلم وفقاً لمستوى نمو المتعلمين.

٣. تمثل القيم والإتجاهات العلمية المناسبة بصورة وظيفية مثل : الأمانة العلمية، واحترام آراء الآخرين، والموضوعية، ونبذ الخرافات، واحترام العمل اليدوي، وحب الإستطلاع، والتروي في إصدار الأحكام، وربط السبب بالمسببات، والدقة العلمية واتباع العادات السليمة.

٤. اكتساب مهارات عقلية بصورة وظيفية، وذلك من خلال استخدام العمليات العلمية المختلفة، واستخدام أدوات تكنولوجيا الإتصالات باتقان وأمان وأخلاق في البحث والتحليل ومعالجة البيانات والعروض التقديمية ...الخ بمستويات متقدمة.

٥. إكتساب مهارات علمية عملية بصورة وظيفية مثل: تداول الأجهزة والأدوات والمحافظة عليها، وجمع العينات والنماذج مع البيئة وحفظها والانتفاع بخامات البيئة في صنع الأدوات والأجهزة العلمية البسيطة.

٦. تكوين الاتجاهات العلمية وعادات التفكير السليم، واكتساب الاهتمامات والميول العلمية بصورة وظيفية مثل: حب القراءة العلمية والتجريب والعمل اليدوي، وهواية صنع الأجهزة العلمية المبسطة والبديلة، وزيارة المتاحف والقيام بالرحلات العلمية الهادفة.

٧. إكتساب ثقافة علمية تمكن من فهم الآثار المتبادلة لكل من العلم والثقافة والمجتمع ، وتساعد في إتخاذ قرارات واعية في الحياة اليومية، وإن يمارس التفكير الناقد والإبداعي والإستقصاء وحل المشكلات بصورة عملية على نحو مستمر، ويستخدم ذلك في اتخاذ القرارات.

٨. التعرف الى مناهج العلماء العرب والمسلمين العلمية ومنجزاتهم وتقديرها والاعتزاز بها.

٩. تذوق العلم وتقدير جهود العلماء ودورهم في تقدم العلم والانسانية.

١٠. إعداد جيل من الطلبة يتمتع بمهارات حياتية ترتكز على عقيدة الأمة ومبادئها وقيمها الأصيلة والذي يمثل إستثماراً حقيقياً للمعرفة والخبرات.

١١. أن يتكمن الطالب من البحث عن المعرفة وتنظيمها وتحليلها وتوظيفها، ومن ثم توليد معرفة جديدة.

١٢. أن يتواصل مع الآخرين بطرق متعددة ملتزماً بأخلاقيات العمل الجماعي والتي تشمل: إحترام الآخرين وحسن الإستماع والموضوعية في الحوار.

أهداف العلم ووظائفه

يهدف العلم الى فهم الظواهر الطبيعية من خلال التعرف على علاقاتها بعضها ببعض، والعوامل التي تؤدي الى حدوثها، والعلاقة بين الظاهرة والعوامل التي أحدثتها لكي يمكن تفسيرها في ضوء هذا الفهم، ثم يتبع هذا الفهم التنبؤ بنتائج

أخرى تترتب على هذه الظاهرة، و عليه لابد من التحكم والسيطرة على بعض العوامل وضبطها للتخفيف من أثرها أو زيادته حسب الحاجة.

لذا يترتب على معلم العلوم تدريب الطلبة على دقة الملاحظة واجراء القياسات العلمية بصورة صحيحة وجمع المعلومات وتقريرها واستخلاص النتائج بدقة وموضوعية.

إن هذا يقودنا الى ضرورة التعرف الى وظائف العلم وكيفية إستخلاصها في تدريس العلوم، وهي:

١) الوصف:

لكي ينعكس هذا الهدف في تدريس المعلم فينبغي أن يتدرب الطلاب بأنفسهم وتحت إشراف المعلم على القيام ببعض الأنشطة المنتمية والتي يختارها المعلم مثل:

- دراسة تركيب خصائص شئ أو ظاهرة معينة مثل: دراسة تركيب الزهرة أو الجهاز الهضمي أو تركيب صخر الجرانيت...الخ

- تصنيف مجموعة من الأشياء او الظواهر الى اقسام أو فئات مثل: تصنيف بعض المواد الى حوامض وقواعد أو تصنيف الحيوانات الى فقارية ولا فقارية أو تصنيف الصخور الى رسوبية ونارية ومتحولة...

- ترتيب مجموعة من الأشياء أو الأحداث وفق تسلسل معين أو ترتيب العصور التي مرت بها الكرة الأرضية الى عدد من الأزمنة كما يحدث في السلم الجيولوجي.

- إيجاد علاقة تربط بين ظاهرتين أو أكثر مثل العلاقة التي تربط تمدد غاز وضغطة وحجمه او العلاقة بين شدة الضوء ومعدل التمثيل الضوئي في أوراق النباتات الخضراء.

٢) التفسير:

ولكي ينعكس هذا الهدف في تدريسك فان عليك ان تشجع طلابك على البحث عن الأسباب التي من أجلها تحدث ظاهرة معينة مثل ظاهرة كسوف الشمس وخسوف القمر، أو تعفن قطعة من الخبز أو قطعة من الجبن، أو صعود بالون مملوء بغاز الهيدروجين الى أعلى، أو تكون الندى في الصباح الباكر على أوراق النباتات أو زجاج السيارة...، لماذا يبرد الماء عندما نضعه في أبريق فخار، ولماذا يتطاير الكحول بسرعة أكبر من سرعة تطاير الماء؟

٣) التنبوء:

لكي ينعكس هذا الهدف في تدريسك للعلوم فإن عليك أن تشجع طلابك على استخدام معلوماتهم السابقة مثل القوانين والنظريات العلمية في التنبؤ ببعض المعلومات غير المعروفة لهم.... فعلى سبيل المثال يمكن لطلابك في ضوء فهمهم للعوامل والأسباب المفسرة للتمدد الطولي للمعادن بالحرارة، أن يتنبؤا بأن قضبان السكك الحديدية تتمدد وتتقوس بتأثير شدة حرارة الجو في فصل الصيف، لذا تترك مسافات بين هذه القضبان حتى لا تتقوس عند تمددها بالحرارة... وهكذا يمكن للمعلم ان يبحث عن ظواهر عديدة ويطلب من طلابة التنبؤ بما يلي هذه الظواهر.

٤) التحكم:

ولكي ينعكس هذا الهدف في تدريسك فإن عليك أن تساعد طلابك على الوصول الى بعض الأساليب والطرق التي تساعدهم في التحكم في بعض الظروف والعوامل الطبيعية وتسخيرها لصالحهم، فعلى سبيل المثال يمكنك أن تساعد طلابك على اكتشاف بعض الأساليب الجديدة لمقاومة الحرائق، أو بعض المواد الكيماوية لقتل الفئران أو البعوض او الذباب... .

مما سبق نلاحظ بان وظائف العلم لا تنفصل عن بعضها البعض فكل منها يرتبط بالآخر ارتباطاً وثيقاً.

إكتساب المعرفة العلمية

يخطيء من يظن أن تزويد الطلاب بالمعارف العلمية لم يعد هدفاً أساسياً من أهداف تدريس العلوم، أن تاريخ العلم الإنساني هو تاريخ نضال الإنسان وسعيه الدائم نحو مزيد من المعرفة عن نفسه وعن البيئة المحيطة.

فالمعرفة العلمية هي وسيلة الإنسان في التحرر من الخوف والخرافة والجهل، وفي السيطرة على الطبيعة، وفي إستكشاف الطاقات والامكانيات المحيطة به، وفي التنبؤ والتخطيط للمستقبل، ولهذا فإن إعداد الأفراد إعداداً علمياً يقتضي تزويدهم بالمعارف العلمية .

ولكن هنالك أمران ينبغي أن ندركهما في هذا المجال هما:

١. القيمة الوظيفية للمعرفة.

٢. قدرة الطلاب على إستيعاب هذه المعرفة.

وفيما يتعلق بالقيمة الوظيفية للمعرفة ، فإننا جميعاً نعرف أن المعرفة الإنسانية قد اتسعت وتتسع في كل لحظة بصورة لا يمكن للفرد الواحد من استيعابها

مهما طالت حدة تعليمه وتعلمه، ومن هنا تنشأ مشكلة الاختيار وضرورة إدراك الفرد الجوانب الثلاث للمعرفة، وهي أساسيات المعرفة، أي المبادئ والمفاهيم والحقائق العلمية الهامة التي تشكل الهيكل العام للعلم وتفيد الطالب في فهم الظواهر المحيطة به وتعينه على مواجهة المواقف العلمية المختلفة، ثم المعارف العلمية التي ترتبط بمطالب المجتمع ومشكلاته والتي توضح للطالب كيفية الإفادة من العلم في تطور المجتمع، وثالثاً المعارف العلمية التي ترتبط بحاجات الفرد ومطالب نموه والتي تعينه على الحياة السليمة المتزنة، كما ينبغي أن نؤكد هنا أن المعرفة قد لا تكون لها أي وظيفة بالنسبة للطلاب ما لم تبن على أساس الفهم (لا للحفظ) والوعي بكيفية استخدامها استخداماً وظيفياً فعالاً في حياته بحيث تصبح المعرفة العلمية ذات معنى بالنسبة له.

أما بالنسبة للأمر الثاني، وهو قدرة الطالب على إستيعاب المعرفة، فلسنا في حاجة الى القول بأن للمعرفة مستوياتها المتعددة، وإن إنماء المعرفة عند الطلاب ينبغي أن يبدأ من المستوى المعرفي الذي وصلوا إليه من قبل في ضوء خبراتهم السابقة، فنحن لا نستطيع أن نعطي الطلاب مفهوم التأكسد مثلاً ما لم يكن لديهم معرفة سابقة بالأكسجين وتفاعلاته مع العناصر الأخرى، كما أننا لا نستطيع تدريس قوانين المغناطيسية لطلاب لم يتعرفوا على المغناطيس وخواصه، ومن هنا تأتي أهمية الترابط الرأسي للمناهج الدراسية، وضرورة وعي المعلم بهذا الترابط.

واخيراً لابد من تدريب وتعليم الطلاب ضرورة إكتساب المعرفة ذاتياً فالمعرفة العلمية في ازدياد سريع وتغير مستمر، وبالتالي يجب ان يتعلم الطلاب أهمية تجديد معارفهم ومصادر هذه المعرفة، وكيفية الافادة منها.

وعلى معلم العلوم أن يدرك ان دراسة العلوم هي إحدى المجالات التي يمكن ان تنمو من خلالها العديد من المهارات المرغوب فيها بالنسبة للطلاب، بل إن تحقيق هذا الهدف هو الكفيل بالإنتقال من مرحلة التعلم اللفظي الى مرحلة التعلم الأدائي او السلوكي، وهذه المهارات المرغوبة متعددة من حيث الهدف، فبعضها يهدف الى زيادة قدرة الطالب على التفاعل مع بيئته والقيام ببعض الأعمال المفيدة مثل المهارة في إصلاح التوصيلات والأجهزة الكهربائية في المنزل أو المدرسة أو السيارة، والمهارة في القيام ببعض الصناعات المنزلية (الصابون، المنظفات، الروائح، الصبغات، المخللات، إزالة البقع...) والمهارة في الزراعة أو تربية الطيور، وبعضها الآخر يهدف الى زيادة قدرة الطلاب على مواصلة دراستهم العليا مثل المهارة في تصميم الأجهزة، والمهارة في القيام بالعمليات المخبرية الأساسية، والمهارة في إستخدام أجهزة العمل المخبري، والمهارة في القيام بالعمليات الرياضية

والحسابية المرتبطة بدراسة العلوم، والمهارة في إستخدام المكتبة، والمهارة في إستخدام الحاسوب والانترنت في المجالات المختلفة، وهنا ينبغي أن نلاحظ أن المهارات العلمية ليست مهارات يدوية فقط، بل أيضاً مهارات عقلية وفكرية، لذا يجب أن ندرك بان المهارة لا يمكن أن تكتسب الاّ من خلال الممارسة، ولعل هذا ما يجعل العمل المخبري والمعملي ضرورة هامة، لا كأسلوب مشوق للطلاب فقط، بل كوسيلة أساسية لتحقيق هذا الهدف.

الأهداف التعليمية السلوكية

الأهداف التعلمية وأهميتها في التعلم الصفي

تتصف المهمات التعليمية التي يقوم بها المعلم في التعلم الصفي بتنوعها وتعددها، لكنها مهمات متداخلة ومتفاعلة ومتكاملة فيما بينها، إذْ تتأثر كل واحدة منها بالأخرى وتؤثر فيها، وتعد مهمة تحديد الأهداف التعليمية للموقف التعليمي من أهم المهمات، ففي ضوء تحديد الأهداف التعليمية تحديداً دقيقاً وواضحاً يسهل على المعلم القيام بمهمات كثيرة منها:

١. تساعد المعلم على تخطيط الخبرات والنشاطات التي تؤدي الى تحقيق الأهداف، اي أن المعلم يستخدمها كدليل في عملية تخطيط الدرس.

٢. تساعد المعلم على تحديد الإستعداد التعليمي الذي يجب توفره لدى التلاميذ، أي توفير التعلم القبلي المطلوب.

٣. تساعد المعلم على تحديد أساليب إستثارة الدافعية ونوع التحفيز المطلوب لعملية التعليم والتعلم.

٤. تسهيل عملية التعلم، حيث أن الطالب يعرف من خلال الأهداف التعليمية ما يتوقع القيام به، لاحتواء هذه الأهداف على أفعال سلوكية قابلة للقياس، مثل: أن يرسم، أن يحلل، أن يعدد.... .

٥. تساعد على إختيار افضل طرق التدريس المطلوبة (المناسبة)، وتحديد الإجراءات والأنشطة والوسائل التعليمية المناسبة والمرغوب فيها.

٦. تساعد المعلم على تجزئة محتوى المادة الدراسية الى أجزاء صغيرة يمكن توضيحها وتدريسها.

٧. تساعد المعلم على وضع أسئلة أو فقرات الاختبارات المناسبة وبطريقة سهلة ومناسبة، أي تحديد اجراءات التقويم اللازمة.

ولكن مهمة تحديد الأهداف التعليمية للتعلم الصفي ما زال يكتنفها بعض الغموض أو الأهمال من قبل المعلمين، لذلك استأثرت هذه العملية باهتمام المربين في العقود الأخيرة من هذا القرن، وكان التوجه نحو تبني مفهوم الأهداف السلوكية للتعلم الصفي.

ومما سبق نستنتج ما يلي:

الأهداف التعليمية: هي مجموعة التغيرات التي يتوقع حدوثها في سلوك ومعارف واتجاهات ومهارات المتعلم نتيجة لعملية التعليم والتعلم.

الهدف: هو مقصد (نيّة) يتم التعبير عنه بجملة تصف تغيراً مرغوباً فيه في سلوك المتعلم.

خصائص الأهداف السلوكية

١. يتضمن الهدف السلوكي ، سلوكاً يمكن ملاحظته، وبالتالي يسهل تقويمه.

٢. يشير الهدف السلوكي الى النتاج التعلمي المتوقع والمرغوب فيه.

٣. يتصف بامكانية التحقق في فترة زمنية محددة وظروف محددة.

٤. يتصف الهدف السلوكي بانه يتشكل من السلوك ومحتواه ومستوى أداء وظروف معينة.

٥. يتصف بانه يتم إختياره وتحديده في ضوء حاجات وقدرات الطلاب التعليمية التعلمية.

مصادر اشتقاق الأهداف التعليمية السلوكية للتعلم الصفي

١. الفلسفة التربوية التي يقوم عليها النظام التربوي.

٢. الأهداف العامة للتربية.

٣. الأهداف العامة للمرحلة التعليمية التي يُعلم بها.

٤. الأهداف العامة للمادة (الموضوع) الذي يقوم المعلم بتعليمه.

٥. الأهداف الخاصة بالموضوع الدراسي المحدد.

٦. الخصائص النمائية للطلاب.

٧. طبيعة المعرفة المنهجية.

٨. حاجات المجتمع المتغيرة.

شروط صياغة الأهداف السلوكية التدريسية

(صفات الهدف السلوكي الجيد)

١. أن يكون الهدف واضح، أي ان يصاغ الهدف بشكل يوضح ما المطلوب من المتعلم (الطالب) أن يقوم به او أن يفعله.

مثال:

- ان يقارن الطالب بين الأنقسام الاختزالي والانقسام غير المباشر في الخلية الحيوانية.
- أن يعدد الطالب أجزاء النبات كما وردت في الكتاب المدرسي خلال دقيقة واحدة.

٢. ان يكون الهدف محدد، أي ان يُصاغ الهدف بشكل يعكس ناتج التعلم، وليس عملية التعلم، أو موضوع التعلم، أي ان يحدد المحتوى العلمي المراد تعليمه للطلاب.

مثال:

- أن يطبق الطالب قواعد الوضوء الصحيح لأداء الصلاة خلال ثلاث دقائق.
- ان يميز الطالب بين كل من الحديد والنحاس من حيث الصلابة.

٣. أن يُصاغ الهدف الى سلوك يمكن ملاحظته وقياسه وتقويمه.

مثال:

- أن يعدد الطالب أجزاء الاذن عند الإنسان، خلال دقيقة واحدة.

٤. أن يحتوي الهدف على ناتج تعليمي واحد وليس أكثر وذلك منعاً للخلط في نواتج التعلم، أي ان لا تحتوي عبارة الهدف التعليمي على ناتجين تعليمين في وقت واحد.

٥. أن يتناسب الهدف مع قدرات وامكانات الطالب (المتعلم).

٦. ان يرتبط بالأهداف التربوية والمرحلية ويشتق منها.

٧. ان يبدأ الهدف بسلوك إجرائي واضح، مثل ان يذكر، أن يعدد، ان يصف، أن يرسم، أن يرتب... .

تصنيف الأهداف التعليمية السلوكية

تهدف التربية الى تحقيق النو المتكامل للأفراد، بمعنى أن تسعى لتحقيق نمو الفرد في الجانب الإدراكي (نمو عقلي) والجانب الوجداني (نمو عاطفي) والجانب

االمهاري (نمو جسدي أو حركي)، لذا على المعلم أن يحدد أهداف درسه لتشمل جوانب النمو الثلاثة، ولا يغفل جانباً منها.

ويمكن ان يتنوع أو يختلف الناتج التعلمي الذي يحققه المتعلم جراء اندماجه في موقف التعلم نظراً للمحتوى المرجعي الذي تضمنه الموقف.

وقد صنفت الأهداف السلوكية الى ثلاثة تصنيفات هي:

١. أهداف معرفية (إدراكية) / معارف ومعلومات.
٢. أهداف نفس حركية (نفسحركية) / مهارات.
٣. أهداف وجدانية / قيم واتجاهات.

وتقوم فكرة التصنيف بناء على افتراض أن نواتج التعلم يمكن وضعها في صورة تغيرات معينة في سلوك الطلبة، ويرى بعض المربين أن الغرض الرئيس من تصنيف الأهداف التعليمية الى فئات سلوكية أو نواتج تعليمية هو مساعدة المعلم على تحديد أنسب الظروف التي يحدث فيها تعليم مختلف المهات التي يتوقع النجاح في ادائها من قبل الطلبة، وظروف تكوين المفهوم تختلف عن ظروف حل المشكلات أو كسب مهارة ما.

كما يفترض علماء التربية أن ضرورة تصنيف الأهداف السلوكية تعود الى اختلاف اتجاهات المعلمين في تركيزهم على المحتوى التعلمي، واختلاف الطلبة بتوجهاتهم في تعلمهم، مما يستدعي اختيار أساليب تقويم مختلفة تبنى على هذه الأهداف.

أهمية تصنيف الأهداف السلوكية:

يمكن أن يحقق تصنيف الأهداف السلوكية ما يلي:

١. توفير مدى واسع للأهداف.
٢. الأسهام في تسلسل الأهداف التعليمية (معرفية، نفسحركية، وجدانية).
٣. تعزيز التعلم.
٤. التزويد ببناء معرفي.
٥. توفير نموذج تعلمي، أي توفير استراتيجية أو طريقة أو أسلوب تدريسي داخل الصف.
٦. ضمان انسجام التدريس.
٧. المساعدة في صياغة فقرات تقويم مناسبة.
٨. الاسهام في بناء نموذج لخطة درس أو وحدة دراسية.
٩. تشخيص مشكلات التعلم.
١٠. إمكانية الاسهام في انجاح مهمات تفريد التعلم، أي وضع أهداف بموجب قدرات وامكانات الطلاب.
١١. المساعدة في صنع قرار يتعلق بالتعليم.

تصنيف الأهداف السلوكية

أولاً :المجال المعرفي (الإدراكي – العلمي) Cognitive objective:

وهي الأهداف التي تركز على عمليات التذكر، أو إعادة انتاج خبرة ما، يفترض ان يكون الطالب
قد تعلمها، وتتراوح الأهداف المعرفية بين الإسترجاع البسيط لمواد متعلمة الى الطرائق الأصلية الراقية
لربط وتركيب أفكار ومواد جديدة.

ويهتم هذا المجال بالمعلومات والحقائق والمفاهيم العلمية والقدرات والمهارات العقلية التي يحصل
عليها الطالب عن طريق ما يتعلمه أو ما يقوم به من أنشطة تعليمية.وقد قام العالم التربوي (بلوم) الى تقسيم
المجال المعرفي (العقلي) الى ستة مستويات مختلفة ومتفاوته في سهولتها وصعوبتها وهي:

١)   مستوى المعرفة (الحفظ والتركيز) Knowledge:

ويشير هـذا المسـتوى الى تمييـز واسـتدعاء وتـذكر المـادة التعليميـة التـي سـبق أن تعلمهـا
الطالب، دون أن يعني ذلك بالضرورة فهمها او القدرة على استخدامها أو تفسيرها.

ويشـمل التـذكر: الأشـياء والمعلومـات والمصطلحات والحقـائق والتـواريخ والأشـخاص والمفـاهيم
والتعليمات والنظريات.... .

أمثلة:

- أن يميز الطالب الأميتر من بين الأجهزة المعروضة عليه.

- أن يعدد الطالب أقسام المجهر.

- ان يحفظ الطالب الأبيات الثلاثة الأولى من قصيدة حيـدر محمـود "أشـجار الـدفلى
  على النهر تغني).

أفعال سلوكية في مستوى التذكر والمعرفة:

يُحدد، يُسمي، يُعَرّف، يَصِفْ، يَختار، يَتَذكر، يُرتب، يُعَنون، يَذْكر، يُعَدد، يَكْتب، يَسْمع، يَسْتَعيد، يُنظم، يَنْسِبْ، يُضاعف، يَسْتخرج، يُميّز، يُعيد، يَصِف، يَضَعْ.

٢) <u>مستوى الفهم والاستيعاب Comprehension:</u>

وهو القدرة على إدراك معنى المادة واستيعابها واسترجاع المعلومات وفهم معناها والتعبير عنها بلغته الخاصة، دون أن يعني ذلك قدرته على ربطها بغيرها من المعلومات أو الأفكار، ويشكل هذا المستوى درجة أرقى من مجرد القدرة على تذكر المادة أو إسترجاعها كما في المستوى الأول.

امثلة على مستوى الفهم والإستيعاب:

- ان يشرح معنى الجاذبية بلغته الخاصة.
- أن يستخرج الفكرة الرئيسية من نص معين.
- أن يترجم الطالب شعراً أجنبياً الى العربية باستخدام القاموس.

افعال سلوكية في مستوى الفهم والإستيعاب:

يُفسر، يَستنتج، يعطي امثلة، يُلخص، يُميز، يحّول، يُقارن، يَشْرح، يُترجم، يُصنف، يَصف، يناقش، يُوضح، يُعبر، يُعين، يُشير، يَحل، يكتب (تقريراً)، يُصرح، يستعرض، يختار.

٣) <u>مستوى التطبيق Application:</u>

وهو قدرة الطالب (المتعلم) على تطبيق واستعمال المعلومات والحقائق والمفاهيم والتعميمات والنظريات والقواعد والمهارات في مواقف وأوضاع جديدة لم يسبق له مواجهتها سواء داخل الصف ام في الحياة اليومية، وينطوي على هذا انتقال التعلم (Transfer) الى مواقف جديدة غير تلك التي حدث فيها أصلاً.

امثلة:

- ان يمثل بالرسم العلاقة بين عدد السكان والمساحة.
- ان يطبق قاعدة إيجاد مساحة المثلث في حساب مساحة قطعة أرض مثلثة الشكل.
- ان يفسر اعتماداً على قاعدة أرخميدس، طفو سفينة ضخمة على سطح البحر، بينما يغرق مسمار صغير من الحديد في الماء.
- أن يصنف الطالب أنماط سلوك الأفراد وفق القواعد الدينية المعطاه.

افعال سلوكية في مستوى التطبيق

يطبق، يختار، يلاحظ، يمثل، يوظف، يوضح، يفسر، يستخدم، يحل (مسألة)، يرسم (مخططاً)، يُجَدول، يجري (تمريناً)، يجري (عملية)، يَحسب، يستعمل، يُبرهن، يعرب (جملة)، يَسْتخرج، يُصَنف.

٤) مستوى التحليل Analysis

ويشير هذا المستوى على قدرة (الطالب) المتعلم على تقسيم وتجزئة المادة التعليمية الى عناصرها والمكونة لها والتي تبين معرفته بها

مثل قدرة الطالب على تصنيف المواد التي تعطي له الى مواد مغناطيسية ومواد غير مغناطيسية، وأن يميز بين الفولتميتر والأميتر من حيث الشكل والوظائف.

أمثلة على مستوى التحليل:

أن يقارن بين مفهومي الحرية والعبودية في ضوء قراءته للكتاب المقرر .

- ان يميز الطالب بين القاعدة والحامض وان يذكر أمثلة من الطبيعة على كل منها.

أفعال سلوكية في مستوى التحليل

يُحلّل، يُثمّن، يحسب، يوازن، يُمايز، يَنقُد، يُفرق، يُميز، يُباين، يَفحص، يجرب، يَسأل، يختبر، يصنف (في فئات)، يقارن، يوضح (النقاط الرئيسية)، يتعرف على أوجه الاختلاف والشبه، ينتقد.

مستوى التركيب (البناء) Synthesis :

يشير هذا المستوى الى القدرة على تجميع ودمج ووضع الأجزاء والعناصر بالمادة التعليمية عقلياً مع بعضها البعض لكي تؤلف وتشكل كُلاً مركباً عن وحدة جديدة متكاملة ذات معنى.

وهذا المستوى يفوق المستويات السابقة باعتباره يحتاج الى نشاط عقلي أكثر مما تتطلبه المستويات السابقة باعتباره يحتاج الى نشاط عقلي أكثر مما تتطلبه المستويات السالفة الذكر، والأهداف المستوحاة من هذا المستوى تبنى عن النشاط العقلي المتصف بالإبداع والإبتكار.

أمثلة على مستوى التركيب (البناء):

- أن يكتب فقرة تصف شعوره وأحاسيسه حول موضوع معين.
- أن يُركبّ جملاً مفيدة من كلمات وعبارات تُعطى له.
- أن يصمم جهازاً لقياس كمية الامطار.
- ان يُؤلف مقالاً علمياً عن تلوث البيئة.
- أن يكتب الطالب موضوعاً يعالج موضوع الفراغ.

أفعال سلوكية في مستوى التركيب

يُرتب، يَحشِد، يُجْمع، يُركّب، يَبنْي، يَخْترع، يُصمم، يَكْتُب، يُشكل، يُدير، يُنظم، يُخطط، يُحضّر، يَقّترح، يُنشيء، يؤلف، يَربط، يُعيد صياغه.

٦) مستوى التقويم وإصدار الاحكام Evaluation:

ويشير هذا المستوى الى قدرة الطالب (المتعلم) على تقدير قيمة الأشياء والمواقف وإصدار الأحكام الكمية او الكيفية (القيمية) عليها سواء كانت تلك الأشياء والمواقف محسوسة أو غير ذلك، وذلك في ضوء معايير المتعلم أو تعطى له.

ويعتبرهذا المستوى أعلى مستويات الجانب المعرفي حيث يتطلب القدرة على تقدير قيمة الأشياء أو المواقف وإصدار الأحكام عليها.

أمثلة على مستوى التقويم:

- أن يدافع عن عدم التدخين.
- أن يناقش مزايا وسيئات الاقتصاد الحر.
- ان يصدر حكماً على حادثة معينة شاهدها.
- أن يقدر قيمة أشياء تُعرض عليه مادياً ومعنوياً.

افعال سلوكية في مستوى التقويم

يقّوم، يُحاول، يُقّدر، يختار، يُفنّد، يَتنبأ، يَقيس، يختار، يُزود، يُثمّن، يُناقش، يُبرر، يُعطي رأيه في، أن يُوازن.

المجال الوجداني (الإنفعالي) - القيم والاتجاهات

(Effective Domain Objectives)

وتتمثل أهداف هذا المجال في تنمية مشاعر الطالب وتنمية عقائدة في مجالات القيم والاتجاهات والميول والتذوق، وتنمية أساليبه في التكيف مع الناس والتعامل مع الأشياء ...

ويتعلق هذا المجال بالسلوك الوجداني، وهو يُنسب الى المشاعر والإتجاهات والميول والقيم مثل: الفرح، المحافظة على التقاليد والعادات، والإحترام والمساعدة والتعاون، ومثل هذه الأمور تعبر عن أمور معنوية (مجردة)، وإنه من الصعب غالباً أن تكتب أهدافاً سلوكية محددة في هذا المجال، وذلك بسبب أن الطلاب (المتعلمين) لا يظهرون دائماً إتجاهاتهم وقيمهم ومعتقداتهم، ولأنه من الصعب غالباً أن تكتب أهدافاً سلوكية محددة في هذا المجال، وذلك بسبب أن الطلاب (المتعلمين) لا يظهرون دائماً اتجاهاتهم وقيمهم ومعتقداتهم، ولأنه من الصعب ملاحظة هذا السلوك أو قيامه أو تقويمه.

فمثلاً كيف لنا ان نقيس الأهداف التالية:

- أن يصبح الطالب (الشخص) مواطناً صالحاً.
- أن يتذوق الطالب الشعر.

الاّ أننا نستطيع أن نقوم بذلك بطرق غير مباشرة فحتى نقيس المواطنة الصالحة مثلاً، نلاحظ كيف يعامل الطالب زملاؤه في الصف والمدرسة، وهل يشارك في الأنشطة الطلابية.

وبالنسبة لتذوق الشعر(مثلاً نلاحظ هل يتوجه الطالب الى المكتبة لاستعارة كتب في الشعر، وهل يحاول أن يكتب شعراً عندما يعطي واجباً اختيارياً في الصف.

فلقياس اتجاه إيجابي حول نشاط ما ، فقد نستعين بما يلي:

١. أن يذكر الطالب بصراحة أنه يحب نشاطاً ما.

٢. أن يختار الطالب هذا النشاط بالذات بدلاً من أي أنشطة أخرى.

لذا نلاحظ أن هذه الاهداف في المجال العاطفي (الوجداني) الإنفعالي تتناول التغيرات الداخلية التي تطرأ على مشاعر المتعلم وميوله وتؤدي الى تبنيه المواقف والإتجاهات والمبادئ والمعايير والقيم التي توجه سلوكه وتصرفاته وتؤثر في ما يتخذه من أحكام وقرارات.

أمثلة على المجال الوجداني:

- أن يستمتع الطالب بقراءة الكتب بقصد زيادة معرفته والترويح عن نفسه.
- أن يتشارك الطالب في أوجه النشاط المدرسي المختلفة.

- أن يمتنع الطالب عن شراء الحلوى المكشوفة.

- أن يعتاد الطالب تنظيف أسنانه في الصباح وقبل النوم.

وقد قسّم العالم التربوي(كراثول Krathwhol) الى هذا المجال خمسة مستويات تبدأ من السهل الى الصعب، وتتمثل هذه المستويات الخمس في الآتي:

١.   مستوى الإنتباه للمثيرات واستقبالها، (الاستقبال).

٢.   مستوى الإستجابة الإيجابية للمثيرات، (الإستجابة).

٣.   مستوى إعطاء قيمة أو تقدير للأشياء والمواقف، (التقييم أو إعطاء القيمة – التقدير).

٤.   مستوى تنظيم القيم في كل مترابط (نسق قيمي)/التنظيم.

٥.   مستوى تمثل القيمة في السلوك والاعتزاز بها والإستعداد للتضحية من أجلها، أي تشكيل الـذات (التميز بالقيمة).

ويلعب المجال الوجداني دوراً أساسياً في العملية التعليمية، لأنه يركز على تكوين القيم والإتجاهات، والمشاعر التعليمية.

ويعبر عن الاتجاه عاده (بأحب أو أكره)، فـ (أحب القراءة) هذا يعني اتجاه إيجابي نحو القراءة وبالعكس في (أكره التدخين).

ولابد من الإشارة هنا أن الطلبة عندما يلتحقون بالمدرسة يكونوا قد حملوا معهم الكثير من الميول والرغبات والإتجاهات والقيم، وهذا يعني أننا في محاولتنا تنظيم تعليمهم للأهداف في هذا المجال، أننا لا نبدأ معهم من الصفر أو من المستويات الأدنى في كثير من الأحيان، ويكون لتلك الميول والإتجاهات والقيم المكتسبة مسبقاً تأثير كبير في عملية تعلمهم للأهداف الوجدانية والعاطفية، وقد يكون هذا التأثير إيجابياً ميسراً للتعلم، كما قد يكون سلبياً معيقاً له، حيث يتوقف ذلك على طبيعة ونوعية ما يحمل المتعلم سابقاً.

وفيما يلي توضيح هذه المستويات:

١. **مستوى الإستقبال Receiving:**

ويشير هذا المستوى الى وعي الفرد واحساسه بوجود شئ ما في البيئة المحيطة به فينتبه اليه ويبدي الرغبة في الاهتمام به، وتتدرج نواتج هذا المستوى من الوعي البسيط بالأمور، الى اهتمام وانتباه الطالب لما يجري من حوادث الى الرغبة في تقبل الأشياء عن طريق تحمل ما يجري وعدم محاولة تجنبه أو إتخاذ أي موقف محدد منه.

وفي هذا المستوى من الإنفعال ينحصر جهد المعلم في تحضير الطالب على الانتباه لذلك الشئ، سواء أكان الشئ المستهدف مادة علمية أم موضوعاً أم فكرة أي شئ آخر محسوس، ويمثل هذا السلوك الإنفعالي الحد الأدنى من مستوى النتائج للأهداف الإنفعالية والوجدانية.

أمثلة:

- أن يصغي الطالب جيداً للقرآن الكريم عندما يُقرأ بصوت عالٍ.
- أن يتقبل الطالب الآخرين دون النظر الى العنصر أو اللون.
- أن يبدي الطالب إهتماماً بالمواقف الإجتماعية الملحة.

كما يمكن تمثيل الأفعال السلوكية في هذا المستوى بما يلي:

ان يَتقبل، أن يُصغي، أن يَهتم، أن يبدي إهتماماً، أن يبدي الرغبة، أن يعي،... .

٢. **مستوى الإستجابة Responding**

في هذا المستوى يتعدى فعل الطالب (المتعلم) الى المشاركة الفعلية في موضوع أو قضية بعد قبول الإستجابة والرغبة فيها والرضا عن نتائجها، أي أن المتعلم يتجاوز درجة الإنتباه الى درجة المشاركة الإيجابية، أي أن المتعلم يصدر عنه ما يشير الى موقف محدد منها.

ويمكن تمثيل الأفعال السلوكية في هذا المستوى :

أن يستجيب، أن يشارك، أن يتطوع، ان يجد متعة، أن يوافق.. .

<u>أمثلة:</u>

- أن يجد الطالب متعة بالمطالعة الذاتية في وقت الفراغ.
- أن يشارك الطالب في المناقشات الجماعية.

٣. التقييم أي إعطاء القيمة (تقويم الأمور) Valuing:

ويشير هذا المستوى من الأهداف الى قدرة الطالب (المتعلم) على تعرف أو إدراك أن المثير قيمة أو أهمية معينة، ويكون دور المعلم هنا هو مساعدة الطالب على قبول تلك القيمة للمثير واستخدامها في بناء العقلية الذهنية وجعلها جزءاً من النسق القيمي لديه، أي إظهار الميل والرغبة نحوها، وقد تكون هذه المثيرات على هيئة أشياء أو أفكار أو أشخاص أو أماكن او مواقف، بحيث يظهر الطالب (المتعلم) تفضيله لها على غيرها واختيارها من بين البدائل المتوفرة، ويتصف هذا السلوك بقدر من الثبات والإستقرار بعد إكتساب الفرد أحد هذه الإعتقادات أو الإتجاهات.

الأفعال السلوكية في هذا المستوى:

أن يُقيّم، أن يقدّر، أن يختار، أن يَحتج، أن يُناقش.

<u>أمثلة:</u>

- أن يحتج على محاولات الانسان المستمرة للقضاء على بعض الحيوانات والنباتات، اذا ما اطلع على مخاطر الإنقراض التي تواجه هذه الأنواع.
- أن يختار الطالب موضوع القيم الإجتماعية من بين موضوعات إجتماعية عديدة ليثير نوعاً من النقاش حولها، اذا ما اتيحت له فرصة الإختيار.

٤. مستوى التنظيم (تنظيم القيمة والإتجاه) Organization

يشير هذا المستوى الى استحضار الطالب (المتعلم) عدداً من القيم والمواقف التي تتصل بموضوع معين أو مجال محدد مثل (موضوع الدين، المرأة، الدراسة، المدرسة، التدخين..) وحل التعارض فيما بينها وإيجاد العلاقات بين عناصر المجموعة القيمية والربط بينها بشكل واضح ودقيق ومتكامل، وعند هذا المستوى يزداد يقين الطالب وايمانه بما يصدر عنه من أفعال وأقوال ومواقف.

وهنا ينطلق الطالب (المتعلم) في سلوكاته من القناعات التي تشكلت لديه نتيجة تكوين المفاهيم الواضحة والمحددة المتصلة بالقيمة المستهدفة، لذا نجد بأن الفرد

عند هذا المستوى يبدأ بمقاومة التغيير في منظومته القيمية ويدافع عن السلوك المتصل بها، ويُصر على مواقفه الثابته منها، ويظهر مستوى من العناد إزائها.

وتتمثل الأفعال السلوكية بالآتي:

- أن يضع الطالب خطة عمل تتناسب مع قدراته واهتماماته.
- أن يضع الطالب خطة لإنشاء جمعية ثقافية للإهتمام بالشعر الوطني، بعد جمع العديد من القصائد قديماً وحديثاً.
- أن يوازن الطالب بين أهدافه الشخصية والقواعد الأخلاقية في خلال دراسته التربية الإسلامية.

٥. مستوى التميز بالقيمة (تمثل القيم والإعتزاز بها، تكامل القيمة مع سلوك الفرد) Value Complex:

ويمثل هذا المستوى من الأهداف الوجدانية قمة الهرم أو النسق الهرمي الذي تنظم فيه مستويات الأهداف في هذا المجال كما رآها العالم التربوي (كرثوول ورفاقه).

ويشير هذا المستوى الى أن المتعلم (الطالب) أخذ يمارس هذه القيم ويلتزم بها في أعماله وسلوكه، فالفرد الذي يحمل قيماً مادية معينة تتصل بمفاهيمة المتصلة بالمال، أو الشخص الذي يحمل قيما وطنية أو سياسية أو دينية معينة تتصل بمفاهيمة، يتصرف تجاه هذا الموضوع بصورة تختلف عن تصرفات شخص آخر يحمل مفاهيم مغايرة، أي أن هذه القيم التي أصبح يحملها الفرد واقتنع بها أصبحت تشكل فلسفته في الحياة وأصبح يسترشد بها في كل ما يصدر عنه من أعمال وأقوال فيشكل بها أساليبه المميزة له في التعامل مع الأشياء والأفكار والأشخاص. وتشمل نواتج التعلم في هذا المستوى مجموعة متنوعة وواسعة من الأنشطة مثل البرهنة على الثقة بالنفس في العمل الفردي، والتعاون في العمل الجماعي، واستخدام الأسلوب الموضوعي في حل المشكلات الإجتماعية.. .

ويمكن تمثيل الأفعال السلوكية في هذا المستوى:

أن يُؤمن، أن يَعتذر، أن يُشكل، أن يبرهن، أن يحترم، أن يثق.

<u>أمثلة:</u>

- أن يَثق الطالب بقدرة اللغة العربية على استيعاب المفاهيم والمصطلحات العلمية والأدبية الحديثة، في ضوء معرفته بقدرتها على إستيعاب المصطلحات والمفاهيم العلمية والأدبية في العصور الوسطى.

- أن يُشكل الطالب له فلسفته في الحياة تقوم على إحترام آراء الآخرين وحرياتهم وممتلكاتهم في ضوء القوانين والأنشطة.

ثالثاً: المجال النفسحركي (المهاري الحركي، المهارات والعادات)(Psychomotor Objects)

ويتضمن هذا المجال أهدافاً مرتبطة بالمهارات الحركية الخاصة بالتوافق بين الإحساس العصبي والإستجابة الحركية، أي أنها أي نشاط سلوكي ينبغي على المتعلم أن يكتسب فيه سلسلة من الإستجابات الحركية، ويتضمن ذلك أن المهارة جانبين، الجانب الأول نفسي وفيه يدرك الفرد الحركة، ثم يفكر فيها ثم يستوعبها، والجانب الثاني يتمثل في ممارستها، حيث يمكن النظر الى البعد الحركي على أنه التقدم في درجات التناسق المطلوبة.

أي أن المجال النفسحركي هي جميع الأداءات التي بها تناغم بين الجهاز العصبي وبقية أعضاء الجسم مثل:

الرسم، السباحة، الطباعة، قيادة السيارة، الخياطة، التمثيل، الرقص، الطبخ، الأعمال المنزلية والمهنية، العزف على الآلات الموسيقية، ضرب كرة التنس، القراءة والكتابة واستخدام الحاسوب ورسم الخرائط...الخ.

وقد تضمن تعليم المهارة ثلاث مراحل هي:

١) مرحلة تقديم المهارة.

٢) مرحلة تعليم المهارة.

٣) مرحلة المران والتدريب على المهارة.

تصنيف كبلر(Kibler) للأهداف في المجال النفسحركي

يعد الإهتمام بالمجال النفسحركي حديث العهد اذا ما قورن بالإهتمام بالاهداف في المجال المعرفي العقلي، ويعود سبب ذلك الى أن معظم المهارات الحركية والكثير من المهارات النفسحركية يكون الطالب قد تعلمها واكتسبها قبل التحاقه بالمدرسة.

فالطفل يبدأ بتعلم السيطرة على حركات جسمه وأعضائه المختلفة منذ ولادته ولا يبقى منها للمدرسة الاّ القليل، لذا اشتمل هذا التصنيف على المهارات النفسحركية التالية:

١)   المهارات الحركية الكبرى (الحركات الجسمية الكلية).

٢)   المهارات التي تتطلب الحركات التآزرية الدقيقة (التناسق الحركي الدقيق).

٣)   مهارات التواصل غير اللفظي.

٤)   مهارات التواصل اللفظي.

المستوى الأول: الأهداف التي تتصل بالحركات الجسمية الكبرى:

ويشمل هذا المستوى على تلك الحركات التي يتطلب أداؤها التنسيق بين أعضاء الحس المختلفة والتي فيها استخدام الجسم ككل، كما يتطلب القوة والسرعة والدقة، وتقاس قدرة الطالب بالسرعة التي يـؤدي بها الحركات مثل:

- أن ينمي الطالب مهارة الجري بحيث يستطيع أن يجري مئة متر في ١٣ ثانية.

- قذف كرة بأسلوب وبطريقة محددة بالقدم أو باليـد عـلى الأرض أو في الهـواء في إطار لعبـة معينة أو مسابقة...الخ.

- القفز بأنواعه.

- الجري بسرعة معينة وفي إطار شروط محددة.

وتشكل القوة والسرعة والدقة التي تؤدي فيها الحركة، معايير أساسية في قياس مدى تحقق الأهداف مـن هذا النوع.

أمثلة:

- يتسلق الجدار/الحاجز بطريقة صحيحة وفي مدة لا تزيد عن دقيقة واحدة

- يقذف كرة حديدية زنة ١كغم مسافة ١٠ متراً.

- يقطع مسافة ١٠٠ متر جرياً/ركضاً خلال ٢٥ ثانية.

- يقطع مسافة ٥٠ متراً سباحة بدقيقة واحدة.

- يقفز عن حاجز ارتفاعه ٧٠سم بصورة صحيحة.

المستوى الثاني: الأهداف التي تتصل بالمهارات دقيقة التناسق.

يشير هذا المستوى الى الحركات الجسمية التي تتطلب مستوى أرقى مـن التنسيق والتـآزر بـين أعضـاء الجسم المختلفة لأداء مهارة معينة، ويتطلب أداء هـذا النمط مـن الأهداف، التعلم المـنظم والتـدريب الجيد.

أمثلة:

- الكتابة والإمساك بالقلم والتي تتطلب التنسيق بين حركات اليد والأصابع والعين والجسم
- القراءة وتتطلب التنسيق بين حركات من العينين واللسان والشفتين والأوتار الصوتية في الحنجرة.
- التناسق بين اليد والعينين عند الضرب على الآلة الكاتبة أو إستخدام الحاسوب.
- قيادة السيارات والتي تتطلب التنسيق بين العينين واليدين والقدمين.

لذا فإن هذا المستوى واتقان مهاراته تتطلب التنسيق بين العديد من أعضاء الجسم وحواسه بالإضافة الى البعد المعرفي والذي يعد متطلباً سابقاً لتعلم هذه المهارات، بالإضافة الى البعد الوجداني الذي يعد أساساً للأداء المتقن الكامل لأي منها.

أمثلة على أهداف سلوكية على هذا المستوى:

- تستخدم الطالبة آلة الخياطة في صنع قميص.
- يركب الطالب جرساً كهربائياً من مواد توفرت له.
- يرسم الطالب خريطة الأردن مبيناً حدودها الطبيعية.
- يعزف على العود لحناً لأغنية معينة بطريقة سليمة.
- يكتب (كلمة، كلمات، عبارة، جملة) بطريقة صحيحة وبخط واضح ومقروء.

المستوى الثالث: التواصل غير اللفظي:

يضم هذا المستوى من الأهداف الأدائية النفسحركية، جميع مهارات نقل الأفكار والمعلومات دون اللجوء الى الكلام أو الأصوات من خلال الحركات الجسمية الإيمائية سواء كان ذلك باستخدام الجسم كله أو الرأس أو اليدين أو تعابير الوجه والعيون، أو من خلال الصمت، ويستخدم الإنسان هذا النمط التواصلي للتعبير عن الكثير من المشاعر والمواقف إضافة الى التعبير عن الآراء والأفكار.

كما يقصد بها كذلك لغة الإشارة او الإتصال بالآخرين دون استخدام تعبيرات كلامية.

أمثلة:

- يُعّبر عن مفهوم العزلة والوحدة حركياً، بوضوح وتأثير.
- يؤدي دوراً تمثيلياً يمثل فيه الإعياء والأرهاق (أو الغضب او الحزن...) دون استخدام الكلام.

- يعبر عن الإستحسان (الإستهجان، الخوف، القلق...) من خلال تعابير الوجه وحركة اليدين دون أن ينطق بكلمة واحدة.
- التعبير عن الإنزعاج (للفوضى التي يقوم بها الطلاب في الصف) من خلال الصمت ونظرات العيون دون استخدام الكلام.

ومن خلال الممارسة والعمل الميداني يلاحظ المعلم بأن بعض الطلبة لديهم الموهبة والاستعداد للتمثيل ولعب الأدوار المختلفة، وأن هنالك الكثير من المواد الدراسية والمقررات تصلح للتمثيل وأداء الأدوار مثل التاريخ والتربية الوطنية وقصص البطولات الاسلامية وقصص الشهداء وبعض مواضيع اللغة العربية والأدب والتي تعتبر فرصة ومدخلاً للمعلم يمكن استغلاله لإفساح المجال للطلاب لإظهار مواهبهم وتوظيف هذا المجال بفاعلية.

المستوى الرابع: الإتصالات اللفظية:

وتشتمل هذه الفئة من الأهداف النفسحركية على التواصل عبر الألفاظ الكلامية الشفوية للتعبير عن الأفكار والمشاعر والآراء والمواقف، ويتم ذلك من خلال القراءة الواضحة المعبرة والتمثيل الدرامي باستخدام الكلمات والعبارات المؤثرة وإلقاء الخطب والقصائد، واستخدام الإذاعة المدرسية الصباحية، واستظهار القصائد والمحفوظات وتسميعها والطلاقة في الكلام والحوار والنقاش والتعبيرات الإستفاهمية والإستذكارية وتسميع الدروس وقراءة القرآن غيباً... الخ.

المهارة (Skill): وهي القيام بعمل معين بسهولة ودقة، وهي نوعان:

- ✓ **مهارة عقلية:** مثل جمع البيانات، الملاحظة، الوصف، التفسير، الاستقراء، الاستنتاج، التمييز، التصنيف.
- ✓ **مهارات حركية:** مثل مهارات الوضوء، الصلاة، تناول الأجهزة والأدوات المخبرية وغيرها من الوسائل...

القدرة (Ability): وهي استدعاء معلومات معينة لتطبيقها واستخدامها في مواقف جديدة او مشكلات تواجه الفرد، أي انها أنشطة متكاملة ومترابطة تظهر عند توافر الظروف اللازمة مثل، القدرة على القراءة التي تضمن عملية الربط بين الكلمات ومهارات النطق والتفسير والإستنباط... .

أمثلة:

- أن يلقي الطالب القصيدة بصورة تثير مشاعر السامعين.
- أن يقرأ الطالب فقرات محددة من الدرس قراءة معبرة تقنع المعلم وترضيه.
- أن يقوم الطالب بتمثيل دور الراعي مقلداً حركاته وعباراته ولهجته.

- أن يقوم الطلاب بتقليد أصوات الحيوانات والطيور بشكل يجعل السامع يظهر أنه يسمع صوت الحيوان أو الطير الذي قام الطالب بتقليد صوته.

مما سبق نستنتج أن الأهداف الأدائية في المجال النفسحركي بمختلف أنواعها ومستوياتها تعد من أهم الأهداف التي يتعامل معها مدرسوا وطلبة التربية البدنية والمهنية والتربية الفنية والموسيقية والأشغال اليدوية والخياطة والتطريز والإقتصاد المنزلي والصناعة... .

كما يجري قياس وتقويم هذه الأهداف عن طريق ملاحظة الأداء ومقارنته بمعايير دقيقة خاصة يضعها المعلم أو المدرب لهذه الغاية وتشمل على الدقة والسرعة والاتقان والقوة والكمال في طريقة الأداء ومستواه.

لذا على المعلم أن يكون مرناً، ذا استعداد للتعلم من طلبته، يحب وينتمي لمهنة التدريس، ويتبنى أن التدريس الفعال هو التدريس الذي يحقق فيه المدرس ذاته، ويوظف فيه المدرس كل قدراته وامكاناته، وينمو ويتطور لكي يظهر ما لديه من إستعدادات وامكانات على صورة أداءات قابلة للنمذجة أو التعليم، ولديه الصبر والأناه التي تساعد على تفتح استعدادات ومواهب وقدرات طلبته.

الخلاصة

- على المعلم أن يدرك ان كفاية تحديد الأهداف التعليمية تعتبر من أهم كفايات المعلم لما لها من أهمية كبيرة في عملية التعليم والتعلم الصفي وفعاليته.
- أن الأهداف التعليمية عندما تكون واضحة، فإن ذلك يؤدي الى وضوح الإجراءات والأدوات الأخرى مثل: الأنشطة والوسائل والأساليب وأدوات التقويم... الخ.
- إن المعلم الذي لا أهداف لديه، فأنه أشبه بمن يسير على غير هدى وفي نفق مظلم لا نهاية له..
.
- أن أي منهج تعليمي تعلمي فعّال وعلى أي مستوى يجب أن تكون له أهداف واضحة ومحددة للوصول الى تعلم فعّال ذو معنى.
- على المعلم أن يدرك أن هنالك أتصال وترابط بين هذه الأهداف، وعليه أن ينظر اليها بشكل متكامل، لأن هذه الصفات لدى الطالب هي صفات مترابطة ولا يمكن فصلها عن بعضها البعض.
- على المعلم أن يسعى الى تثقيف نفسه وتعليم نفسه باستمرار ومواكبة ومتابعة كل جديد فيما يتعلق بمهنته، حتى يكون معلماً ناجحاً يحمل أمانة بناء وتنشئة قادة الغد وأمل المستقبل.

الفصل الثاني

تحليل المادة العلمية وتحديد أوجه التعلم

☆ الحقائق العلمية (المعارف)

☆ المفاهيم العلمية

☆ التعميمات العلمية

☆ النظريات العلمية

تحليل المادة العلمية وتحديد أوجه التعلم

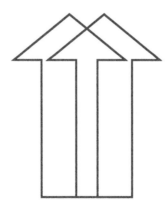

تحليل المادة العلمية وتحديد أوجه التعلم

سنحاول فيما يلي أن نحدد المقصود بكل وجه من أوجه التعلم، وأهميته في تحقيق أهداف تدريس العلوم، وأسلوب تعلمه، ونود أن نشير للمعلم أنه ليس من الضروري أن يتضمن كل درس من دروس العلوم كل هذه الأوجه، فقد يتضمن درس ما بعض من هذه الأوجه، بينما قد يتضمن درس آخر جميع هذه الأوجه.

الحقائق العلمية أو المعارف Facts

إن الحقائق العلمية، هي مجموعة النتائج أو الملاحظات والصفات الخاصة بموقف معين أو مادة معينة، والناتجة عن الملاحظة أو الإحساس المباشر، بشرط التأكد من صدق الملاحظة والإحساس المباشر، أي أن الحقائق العلمية هي (ملاحظات ومعلومات يمكن البرهنة على صحتها من كثير من الناس).

<u>ومن الأمثلة على الحقائق العلمية وهي كثيرة منها العبارات التالية:</u>

- الحديد يتمدد بالحرارة.
- النحاس جيد التوصيل للحرارة.
- يتركب الماء من الهيدروجين والأكسجين.
- تدور الأرض حول الشمس.
- يسير الضوء في خطوط مستقيمة.
- تحتوي ذرة الهيدروجين على بروتون واحد والكترون واحد.
- يتكون الجهاز الهضمي في الإنسان من فم وبلعوم ومرئ ومعدة وأمعاء.
- يوجد على جذر نبات الفول عقد بكتيرية.
- يجذب المغناطيس برادة الحديد.

فكل عبارة من هذا العبارات تمثل جزءاً من المعرفة العلمية توصل اليها الإنسان من خلال الملاحظة والتجريب، فهي إما أن تصف ظاهرة طبيعية أو حدثاً، أو شيئاً من موجودات الكون وفهمها أو تفسيرها يساعد على التكيف مع البيئة وتجعله قادراً على السيطرة عليها والتحكم فيها حسب ما تقتضيه الضرورة، وهكذا فإن الحقيقة العلمية تشكل وحدة البناء المعرفي للعلم وتتميز بقابليتها للتحقق بإعادة تكرار ملاحظتها، فنحن لا نستطيع الوصول الى أي مفهوم أو مبدأ علمي الاّ من خلال إدراكنا للحقائق، ومع أن الإقتصار على تزويد الطلاب بالحقائق أمر لم يعد له الأولوية في تدريس العلوم الخاصة في هذا العصر الذي ازدادت فيه الحقائق بصورة

لم يعد من الممكن استيعابها جميعاً، الاّ أن هذا لا يعني عدم أهميتها، فبالإضافة الى ان معرفة الحقائق خطوة أولى لتعلم المفاهيم والمبادئ العلمية، فإن هنالك بعض الحقائق التي تعد لازمة للفرد في حياته، مثل خصائص المواد التي يتعامل معها، وأنواع الميكروبات التي تؤثر على الصحة، والبيانات الخاصة بالنشاط العلمي في المجتمع.

وهنالك ثلاثة أساليب رئيسية لتعلم الحقائق:

١- الملاحظة: إن الحقائق باعتبارها أموراً واقعية، يمكن إدراكها عن طريق الحواس، وحيث ان حواس الإنسان محدودة، لذا يلزم أحياناً الإستعانة بوسائل أخرى تزيد قدرة هذه الحواس مثل الإستعانة بالمجهر أو أدوات القياس والرصد...الخ.

٢- التجريب: هنالك بعض الحقائق لا يمكن إدراكها بسهولة من خلال المواقف الطبيعية للحياة مثل التفاعلات الكيماوية، أو العمليات التي تجري داخل جسم الكائن الحي، وهنالك نلجأ الى التجريب.

وإن ما نقصده بالتجريب في هذا المجال هو إحداث موقف صناعي للتعرف على ما يحدث فيه بقصد الوصول الى بعض الحقائق، ومن أمثلة ذلك التجارب التي تتناول التفاعلات الكيميائية بين المواد المختلفة أو التجارب التي تجري لمعرفة ماذا يحدث إذا مر تيار كهربائي في سلك، أو التجارب الخاصة بمعرفة أثر عامل أو متغير ما على نبات أو حيوان معين.

٣- الإعتماد على مصادر غير مباشرة: مثل الإعتماد على معلومات المعلم أو قراءة الكتب أو الإطلاع على بيانات مكتوبة أو شفوية أو اللجوء الى معلومات أو أبحاث عن طريق الإنترنت.. وهي وسائل نلجأ اليها حينما يتعذر علينا معرفة الحقيقة بانفسنا، وهنا ينبغي ان ندرك أنه لابد من أن نتأكد تماماً من صحة المصدر الذي نلجأ اليه، بحيث يمكن الإعتماد على الحقائق التي نستقيها منه.

مما سبق نستنتج أن الحقائق العلمية تتميز بخاصيتين أساسيتين:

١- يتم التوصل الى الحقائق العلمية عن طريق الملاحظة: والملاحظة قد تكون مباشرة، أي يستخدم الإنسان فيها واحداً أو أكثر من حواسه مثل البصر أو السمع او الشم أو اللمس أو التذوق للوصول الى تلك الحقيقة، والحقيقة قد تكون أيضاً غير مباشرة، بمعنى أن الإنسان قد يستخدم بعض الأدوات العلمية والتي قد تساعد على كشف هذه الحقيقة.

لقد توصل الإنسان الى الحقيقة العلمية التي تقول (أن المغناطيس وهو يجذب برادة الحديدة، وهذه الملاحظة تعد ملاحظة مباشرة إستخدام فيها الإنسان حاسة البصر للوصول اليها.

وقد توصل الإنسان الى الحقيقة العلمية التي تقول (تحتوي الخلية الحية للإنسان على ٢٣ زوجاً من الكروموسومات) عن طريق فحص مجموعة من الخلايا باستخدام "الميكروسكوب"، وعملية الفحص هذه تعتبر نوعاً من الملاحظة غير المباشرة، حيث استخدم فيها الإنسان إحدى الأدوات العلمية التي تعينه على إكتشاف تلك الحقيقة.

٢- يمكن تكرار ملاحظة الحقيقة العلمية مرة أخرى: إن كل طالب داخل الصف أو في المنزل يمكنه تكرار ملاحظة الحقيقة العلمية التي تقول **إن المغناطيس يجذب برادة الحديد أو مسامير الحديد الصغيرة.**

وهذا يعني ضمناً أننا يمكن أن نبرهن على صحة الحقيقة العلمية بواسطة **العديد** من **الناس.**

ولكن هل كل الحقائق العلمية المعروفة لدينا قابلة للملاحظة والتكرار مرة أخرى؟

هل يمكن تكرار ملاحظة حقيقة علمية عن إنقراض حيوان الديناصور، أو سقوط أحد الأجرام السماوية؟

وعليك أن تعرف أنه ربما لا توجد في العلم حقيقة واحدة لها مطلق الثبات حيث أن العلماء ينظرون الى الحقائق وكذلك غيرها من المعلومات العلمية الأخرى على أنها نسبية، فالعلم لا يعترف بالمطلق أبداً، مثلاً: من الحقائق التي تعلمناها سابقاً **أن الخلية الحية للإنسان تحتوي على٢٣ زوجاً من الكروموسومات** ، فالعلم الحديث قد كشف لنا **أن خلايا الإنسان المصاب بمرض البلاهة المعروف باسم (المنغولي) Mongolism**، تحتوي فقط على ٢٢ ½ من الكروموسومات، وهذا يعد استثناء عن الحقيقة العلمية المذكورة سابقاً.

قد تتسائل أيضاً عن أهمية الحقائق العلمية بالنسبة للبناء المعرفي للعلم فإذا كان لكل بناء أو نظام معين وحدة بنائية تمثل أساس تكوينه كما هو الحال بالنسبة للخلية النباتية التي تعتبر وحدة بناء النبات، والخلية الحيوانية التي تعتبر وحدة بناء الحيوان، فإن الحقيقة العلمية هي وحدة البناء المعرفي للعلم.

وإذا تخيلت البناء المعرفي في صورة بناء هرمي كالآتي، فإن الحقيقة العلمية تعد قطع الأحجار المكونة لهذا البناء، أو يمكن إعتبارها القاعدة الأساسية والعريضة التي يستند عليها هذا البناء.

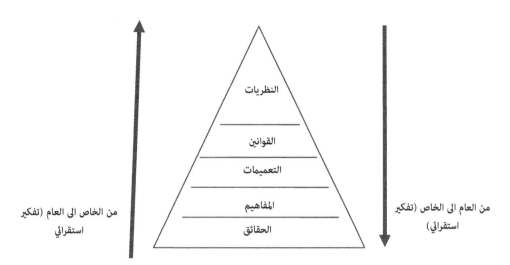

النظريات
القوانين
التعميمات
المفاهيم
الحقائق
من الخاص الى العام (تفكير استقرائي
من العام الى الخاص (تفكير استقرائي)

ويرتبط البناء الهرمي للمعرفة من حيث مستوياته واستخداماته بعمليتين أساسيتين هما: الإستقراء Induction والإستنباط Deduction، ومن خلال هاتين العمليتين تنمو المعرفة العلمية وتتراكم.

وهنالك نوع آخر من الحقائق العلمية تسمى أحياناً بالبيانات، وهي مجموعة من الحقائق الكمية التي تختص بوصف مجموعة من الأشياء أو الظواهر أو الأحداث وصفاً كمياً (رقمياً) وغالباً ما تستخدم في هذا الوصف أدوات القياس العلمي، وعادة ما يتم تبويب وتلخيص هذه الحقائق في صورة جداول أو رسومات بيانية تسهل لنا عقد مجموعة من المقارنات أو تكوين علاقات جديدة تربط ما بين هذه الحقائق.

فمثلاً لو عرفت الحقائق الكمية التالية:

- كثافة الألمنيوم هي ٢.٧ غم/سم^{٣}
- كثافة الزنك هي ٧.١ غم/سم^{٣}
- كثافة النحاس هي ٨.٩ غم/سم^{٣}

فإنك تستطيع أن تجمع تلك الحقائق العلمية في الجدول التالي، ويطلق على هذا التجمع من الحقائق الكمية حينئذ (بالبيانات) وبالتالي يمكنك بسهولة عقد مقارنة سريعة ما بين تلك العناصر من حيث كثافتها.

إسم العنصر	رمزه الكيميائي	كثافته غم/سم^{٣}
ألمنيوم	Al	2.7
زنك	Zn	7.1
نحاس	Cu	8.9

المفاهيم العلمية Concepts

المفهوم هو تجريد للعناصر المشتركة بين مواقف أو حقائق، وعادة يعطي هذا التجريد إسماً وعنواناً، أي أن المفاهيم العلمية هي مجموعة من الحقائق التي يوجد بينها علاقات معينة أو نمطية.

ولاشك أن كثرة الحقائق العلمية يشكل عقبة كبيرة أمامنا نحن معلمي العلوم، فمن المستحيل أن نُعّلم كل حقائق العلم الى طلابنا، ولكي نتخلص من هذا المأزق فإن علينا أن نجمع الحقائق في صورة أعم وأشمل، فعندما نجمع مجموعة من الحقائق، ونجرد ما بينها من خصائص مشتركة فإن ذلك يؤدي بنا الى تكوين المفاهيم العلمية، وهذا هو المستوى الثاني من مستويات البناء المعرفي للعلم.

فمثلاً عندما تقوم بتدريس موضوع **أثر الحرارة في تغيير حالة المادة** فإنك سوف تجد عشرات الحقائق العلمية في هذا الموضوع مثل:

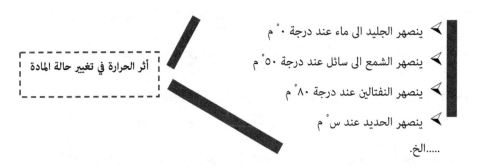

- ينصهر الجليد الى ماء عند درجة ٠° م
- ينصهر الشمع الى سائل عند درجة ٥٠° م
- ينصهر النفتالين عند درجة ٨٠° م
- ينصهر الحديد عند س° م

.....الخ.

أثر الحرارة في تغيير حالة المادة

وبملاحظة هذه الحقائق نجد أنها تختلف فيما بينها من حيث طبيعة المادة المنصهرة ومن حيث درجة الحرارة التي تنصهر عندها كل مادة.. ولكن هل هنالك تشابه بينها في شيء ما؟

نعم، في واقع الأمر، إن هذه الحقائق تتشابه من حيث أنها تشير إلى تحول المادة منه من حالة الصلابة إلى حالة السيولة بتأثير الحرارة... إن هذه الحالة تسمى "الانصهار" ومن ثم فإن مفهوم الانصهار يعني "تحول المادة من حالة الصلابة إلى حالة السيولة بتأثير الحرارة".

لذا فإن مجموعة هذه الحقائق العلمية بينها صفة مشتركة هي (تحول المادة من حالة الصلابة إلى حالة السيولة بتأثير الحرارة) ينشأ عن هذه الحقائق مفهوم ينطوي على تعميم يصطلح عليه اسم "الانصهار" ومدلوله "التحول من الحالة الصلبة إلى الحالة السائلة" وقد يتضمن مدلول المفهوم على بعض الكلمات مثل "الحالة" أو "الصلابة" لا يمكن إدراكها بالملاحظة أو بالحواس من قبل جميع الأفراد.

وحيث أن المفاهيم العلمية مبنية على الحقائق العلمية فإنه من الطبيعي أن تكون هي الأخرى قابلة للتعديل والتجديد في ضوء ظهور حقائق جديدة أو تعديل حقائق معروفة، ومن هنا فإن المفهوم العلمي يزداد اتساعاً مع الزمن نتيجة النمو العقلي للفرد والخبرات الجديدة التي يكتسبها.

مما سبق يتضح أن مفهوم الإنصهار يتكون من جزئين:

أ- مصطلح أو اسم المفهوم وهو كلمة "الانصهار".

ب- تعريف هذا المصطلح أو الدلالة اللفظية لكلمة "الانصهار"، وهو عبارة "تحول المادة من حالة الصلابة إلى حالة السيولة بتأثير الحرارة...".

ومن هنا يمكن القول إن المفهوم هو مصطلح ذو دلالة لفظية، لذا فإن للمفاهيم خصائص معينة أبرزها:

١- إن كل مفهوم يتكون أساساً من جزئين:

— اسم المفهوم أو المصطلح: ومثال ذلك كلمة "الثدييات".

— دلالة المفهوم: وهو التعريف بمصطلح الثدييات والذي ينص على "أنها حيوانات يغطي جسمها شعر وترضع صغارها عن طريق الغدد الثديية".

وأيضاً يتكون مفهوم "العدسة" من جزئين، كلمة العدسة وتعريفها الذي ينص على "أنها وسط شفاف محدود بسطحين كريين أو سطح كروي وآخر مستوٍ".

٢- لكل مفهوم أمثلة تنطبق عليه "أمثلة" المفهوم Examples، فالكلب والقط والإنسان والبقر.. هي عبارة عن أمثلة لمفهوم الثدييات، والعدسة المحدبة والمقعرة تعدان مثالين لمفهوم العدسة،

وأيضاً لكل مفهوم أمثلة ال تنطبق عليه يطلق عليها أمثلة غير منطبقة non examples فالسمك والضفدعة والغراب تعد أمثلة غير منطبقة لمفهوم الثدييات، هذا وتعد المرآة المحدبة والمقعرة والمستوية أمثلة غير منطبقة لمفهوم العدسة، هذا ويطلق البعض على أمثلة المفهوم لفظ الأمثلة الموجبة، أما الأمثلة التي لا تنطبق على هذا المفهوم فتسمى بالأمثلة السالبة.

٣- لكل مفهوم مجموعة من الخصائص المشتركة أو الخصائص المميزة، وهي الخصائص التي يشترك فيها جميع أفراد فئة المفهوم وتميزه عن غيره عن المفاهيم فلمفهوم الثدييات خصائص مميزة تنطبق على جميع الحيوانات الثديية دون غيرها وهي:

- يغطي جسمها الشعر.
- ترضع صغارها حليبها عن طريق الغدد الثديية.

أما الخصائص التي يختلف فيها أفراد فئة المفهوم الواحد تسمى بالخصائص المتغيرة فالحيوانات الثديية مثل الكلب والقط والإنسان والجمل والبقرة.. تختلف فيما بينها في العديد من الخصائص مثل طول الرقبة وشكل الجمجمة والأسنان والغذاء.

وأود أن أشير هنا أن هناك بعض المفاهيم ليس لها سوى مثال واحد فقط: مثل البوصة، الغرام (جرام)، والسنتمتر، وأن هناك بعض المفاهيم قد يصعب علينا التعرف على خصائصها المشتركة بصورة مباشرة.. ,لذلك قد نلجأ إلى استنتاج هذه الخصائص ومن أمثلة تلك المفاهيم: الذرة، والجزيء، والسنة الضوئية... وغيرها.

<u>مما سبق يمكن النظر إلى المفاهيم العلمية على أنها:</u>

١- مفاهيم يمكن إدراك مدلولاتها عن طريق الملاحظة المباشرة مثل مفهوم "الحرارة" فمدلوله "الإحساس بالبرودة أو السخونة".

٢- مفاهيم لا يمكن إدراك مدلولاتها عن طريق الملاحظة المباشرة مثل:

مفهوم "العنصر" ومدلوله "المادة التي لا يمكن تحليلها إلى مواد أبسط منها بالطرق الكيميائية"، وكذلك مفهوم "الوزن" ومفهوم "الذرة".

٣- مفاهيم يمكن اشتقاقها من مفاهيم أخرى أبسط منها مثل: مفهوم "السرعة"، "الكثافة" "القوة"، فالسرعة تشتق من مفاهيم المسافة والزمن.

و"القوة" تشتق من مفاهيم الكتلة والتسارع، وهكذا فإن هذه الخاصية تساعد في ترتيب المفاهيم حسب مستوياها في موقع هرم البناء العلمي.

٤- مفاهيم بسيطة يمكن التعبير عنها بعدد محدود من الكلمات مثل مفهوم:

الكتلة: ويعبر عنه بالعبارة: "مقدار ما تجمع في الجسم من مادة".

والوزن: ويعبر عنه بالعبارة: "مقدار قوة جذب الأرض".

وهناك مفاهيم أكثر تعقيداً تحتاج إلى عدد غير محدود من الكلمات للتعبير عن مـدلولاتها مثـل: "درجة الحرارة"، "الوزن الذري"... وهكذا.

وعلى المعلم أن يعرف أن المفهوم يتطور بتطور معارفنـا العلميـة وظهـور حقـائق جديـدة، وأن المفاهيم العلمية تبدأ اعادة صغيرة ومحدودة ثـم مـع اسـتمرار اكتسـاب الفـرد لخبرات جديـدة داخـل المدرسة وخارجها فإن تلك المفاهيم تزداد عمقاً واتساعاً.

لذا فنحن مطالبون دائماً بمراجعة المفاهيم العلمية التي نعلمها لطلابنا لتكون متمشـية مـع روح العصر، ولتساير مستواهم الدراسي ومراحلهم النمائية ودرجة إلمامهم بالحقـائق التي تسـمح لهـم بفهم أعمق للمفهوم، لذلك فمن واجبنا عند اختيارنا للمفاهيم التي نعلمها لطلابنا أن نحدد مـدلول كل منهـا بحيث يتفق مع المستوى الذي نرغب فيه، بشرط ألا يتعارض هذا المدلول مع الصحة العلمية.

وتعد المفاهيم من أكثر جوانب التعلم فائدة في الحياة المعرفية فهي:

١- تصنف البيئة وتقلل من تعقدها. فالكائنات الحية مثلاً على كثرتها، يمكن تصـنيعها في مجموعـات قليلة العدد نسبياً عن طريق إدراك الخصائص المشتركة بينها، والظواهر الضوئية المتعـددة يمكـن إدراكها بسهولة عن طريق مفاهيم مثل: الانكسار والانعكاس والانتشار... إلخ.

٢- تسمح بالتنظيم والربط بين مجموعات الحقائق والظواهر، فعن طريق المفاهيم يمكـن أن تـرتبط هذه الحقائق والظواهر في كليات بحيث يمكن إدراك العلاقات بينها وبهذا لا تصبح معارفنا مجرد جزئيات متناثرة بل تنتظم في مجموعات مترابطة.

٣- تساعد على انتقال أثر التعلم، فالطفل الذي يعرف مفهوم الطائر، يمكنه أن يتعرف على أي طائر، حتى ولو لم يسبق له رؤيته أو دراسته.

٤- تساعد على التوجيه والتنبؤ والتخطيط لأي نشاط، فمعرفتنا لمفهوم التأكد، تساعدنا على التنبؤ بما يحدث لمعدن ما إذا توافرت شروط هذا التأكسد، وبالتالي تجعلنا قادرين على اتخاذ الاحتياطات اللازمة للوقاية منه.

● وهناك طريقان لتعليم الطلاب المفاهيم:

١- الاستقراء: ويتم من خلال عرض مجموعة من الحقائق والمواقف ثم نبين أوجه التشابه بينها، وعن طريق عملية التجريد العقلي يمكن الوصول إلى المفهوم.

وهذا الأسلوب يدرب الطلاب على عملية الملاحظة والمقارنة ثم التجريد، وبالإضافة إلى هذا، فإنه يربط المفهوم (وهو أمر مجرد) بالحقائق (وهي أمور حسية) ثم إنه يعرف الطالب بالطريق الذي سلكه العلم في تطوره للوصول إلى المفاهيم.

٢- القياس: وفي هذه الطريقة نبدأ بالمفهوم (أي نعطي التعريف)، ثم ننتقل إلى تصنيف الحقائق الموجودة وفقاً لهذا المفهوم، فمثلاً قد نبدأ بتعريف الفلز واللافلز (وهما مفهومان)، ثم بعد ذلك تحاول تصنيف العناصر وفقاً لهذين المفهومين، وهذا الأسلوب يساعد على اختصار وقت التعليم كما أنه يحدد اتجاه تفكير الطلاب وبصورة مركزة.

ويمكن للمعلم الجمع بين الأسلوبين، فمثلاً قد يبدأ مع الطلاب بدراسة أمثلة قليلة عن الأسماك، ثم يخلص إلى مفهوم الأسماك (الخصائص الأساسية لها) ثم يطبق هذا المفهوم على أمثلة متنوعة من الحيوانات المائية.

التعميمات العلمية Generalization

وهي عبارات لفظية توضح علاقة عامة يمكن أن تتكرر في أكثر من موقف، وتتضمن مجموعة من المفاهيم العلمية المترابطة لوصف ظاهرة ما وصفاً كيفياً، فمثلاً: النبات مفهوم علمي، والسماد مفهوم علمي كذلك، وعندما نربط هذين المفهومين معاً بالعبارة "السماد ضروري لحياة النبات"، فإننا نكون قد ربطنا هذين المفهومين بعلاقة لها صفة التعميم.

وكذلك الحال عندما نقول أن الحديد جيد التوصيل للحرارة، والنحاس جيد التوصيل للحرارة، والفضة جيد التوصيل للحرارة. فإنه يمكننا بالاستقراء أن نضع تعميماً علمياً يصف هذه الظاهرة في عبارة مختصرة: "المعادن جيدة التوصيل للحرارة"، وبهذا التعميم نكون قد وصفنا ظاهرة التوصيل الحراري للمعادن وصفاً كيفياً.

ونلاحظ أن التعميمات العلمية أقل من المفاهيم العلمية في هرم البنية المعرفية للعلم.

وكذلك الحال بالنسبة للعبارة "الأقطاب المغناطيسية المتماثلة تتنافر والمختلفة تتجاذب فإنها عبارة لفظية صحيحة تمثل تعميماً علمياً له صفة الشمول والتطبيق، ويتضمن هذا التعميم على الحقيقة العلمية المتعلقة بتنافر القطب المغناطيسي عند اقترابه من قطب مغناطيسي ماثل له، أو بتجاذب القطب المغناطيسي عند اقترابه من قطب مخالف له، ويشمل هذا التعميم على عدد من المفاهيم وهي: القطب المغناطيسي، التجاذب، التنافر، جمع بينها جميعاً التعميم العلمي بعلاقة عامة يمكن أن تتكرر في أكثر من موقف.

٤- القوانين العلمية Laws (القوانين والمبادىء العلمية)

لقد ازداد الاهتمام في العصر الحديث بالمبادىء والقوانين التي يتعلمها الطلبة، وفي الحقيقة، أننا إذا اعتبرنا أن النشاط العلمي هو محاولة منظمة لتنظيم الخبرات الإنسانية واستخلاص القوانين العامة التي تمكننا من نقل الخبرة المشتقة من ميدان خاص للاستفادة بها في فهم الحالات الأخرى والواقعة خارج حدود هذا لميدان الخاص، لأدركنا أهمية المبادىء والقوانين في عملية التعلم.

والقوانين هي تعبير كمي للتعميمات العلمية، من خلال ربط مجموعة من المفاهيم بعلاقات تصف الظاهرة أو الحدث وصفاً كمياً.

والمبدأ هو عبارة لفظية توضح علاقة عامة أو صورة متكررة في أكثر من موقف. وبهذا فهي تشمل القواعد والقوانين.

فمثلاً، إذا قلنا "بأن حجم قدر معين من الغاز يتناسب مع ضغطه تناسباً عكسياً فإن هذا يعني أن هذه العلاقة تنطبق على جميع الغازات "بشرط ثبات المتغيرات الأخرى وهنا ينبغي أن ندرك بأن العلم في تطوره من التصوير الوصفي (الكيفي) إلى التصوير (الكمي) يحاول أن يضع قوانين ومبادئه في صور رياضية.

ولو حاولت اختيار أحـد الموضـوعات العلميـة مثـل: الكهربائيـة، المغناطيسـية، الوراثـة، الضـوء، الصوت...، وحاولت أن تتعرف على أهم القوانين أو القواعد المتعلقة بها، فإنك ستلاحظ قانون أوم، قـانون الجذب والتنافر في المغناطيسية، قانون مندل في الوراثة، قانون الانعكاس في الضوء...الخ.

فقانون (أوم) مثلاً هو عبارة عن علاقة كمية تربط بين ثلاثة مفاهيم (متغيرات) هي: شدة التيـار الكهربائي (ت)، فرق الجهد (ج)، المقاومة الكهربائية (م) وهذه العلاقة يشار إليها بصورة:

$$\text{المقاومة} = \frac{\text{الفرق في الجهد}}{\text{شدة التيار}}$$

$$\text{ويشار لها رمزياً: م} = \frac{\text{ج}}{\text{ت}}$$

وكذلك قانون الكثافة الذي يربط بين مفاهيم الكتلة والحجم بعلاقة كمية على النحو:

$$\text{الكثافة} = \frac{\text{الكتلة}}{\text{الحجم}}$$

$$\text{ويشار له رمزياً: ث} = \frac{\text{ك}}{\text{ج}}$$

وتتميز القوانين العلمية بالقدرة على وصف الظاهرة أو الحدث وصفاً كمياً دون أن تقدم تفسـيراً لحدوثه، كما أنها تتسم بالثبات النسبي إلى حد كبير.

وهناك أسلوبان لتدريس المبادىء والقوانين:

١-   الأسلوب الإستقرائي:

ويقضي هذا الأسلوب إلى القيام بعدة تجارب (وليس تجربة واحدة) تهدف إلى معرفة العلاقة بين متغيرين أو أكثر، أو معرفة أسباب عدد من الظواهر المتشابهة، وعن طريق تحليل نتائج هذه التجارب يمكن التوصل إلى القانون أو القاعدة.

فمثلاً إذا أردنا معرفة (العلاقة بين شدة التيار الكهربائي ومقاومة سلك)، نجري عدداً من التجارب، نغير في كل منها أحد المتغيرين أو كليهما (شدة التيار أو مقاومة السلك)، وعن طريق تحليل النتائج يمكن التوصل إلى هذه العلاقة ويلاحظ المعلم أن هذا الأسلوب يدرب الطلاب على المنهج العلمي في البحث والتفكير.

٢-   الأسلوب الاستنباطي:

ويقضي هذا الأسلوب إلى البدء بفرض أي (وضع القانون في صورة فرضية) مستمد من الملاحظة أو القراءة... إلخ، ثم محاولة معرفة صحته عن طريق تطبيقه في مواقف متعددة.

ويستخدم الأسلوب الأول (الإستقرائي) في التجارب الاستكشافية، بينما يستخدم الأسلوب الثاني (الاستنباطي) في التجارب التأكيدية. وفي الحقيقة فإن المنهج العلمي للتفكير يجمع بين الأسلوبين، فهو يبدأ بملاحظات من مواقف تجريبية متعددة ثم يصل إلى فرض ثم ينتقل إلى تأكيد صحة هذا الفرض عن طريق تجارب تأكيدية.

النظريات العلمية Theories

مع أن التجريب يعد أمراً هاماً في العلم، إلا أن هذا التجريب يبدأ بمرحلة سابقة وهي فرض الفروض، وأحياناً يصعب تحقيق صحة فرض ما عن طريق التجريب، ومع هذا يؤخذ به كجزء من العلم لأنه يكون صالحاً لتفسير ظاهرة ما. ومن أبرز وظائف النظرية العلمية هي أنها تقدم تفسيراً للعديد من الظواهر والأحداث والحقائق.

وتمثل هذه النظريات العلمية قمة الهرم في البنية العلمية حيث أنها تتكون من مجموعة من الفروض العلمية التي تصاغ بطريقة معينة لتفسير ما يجري في الطبيعة من أحداث وظواهر، وهذه الفروض هي تصورات ذهنية أو أفكار لها ما يؤيدها من المشاهدات والتجارب، وتتميز النظرية بالشمولية والتعميم والقدرة عن

التنبؤ والتفسير، وهي قابلة للتعديل والتطور، لأن صحتها وقبولها مرهون بالإثبات عن طريق الملاحظة والتجريب.

والقانون: هو عبارة عن فرض ثبتت صحته تجريبياً، بينما الفرض هو تفسير لم تثبت صحته تجريبياً ولكنه صحيح من الناحية المنطقية، ودليل صحته هو الشواهد المرتبطة بالوقائع التي يفسرها.

أما النظرية: فهي مجموعة من الفروض المترابطة معاً والتي تقدم تفسيراً لمجموعة كبيرة من الوقائع والحقائق والظواهر التي يتضمنها مجال علمي.

فالنظرية العلمية الجزيئية للحركة، مثلاً هي مجموعة من الفروض التي تفسر سلوك الغازات كما تعبر عنه قوانين بوبل وشارل وغيرها من قوانين الغازات

وكما نعلم بأن العلم ليس مقصوراً على ما ثبتت صحته بالتجريب فقط، بل تعد الفروض والنظريات، وهي تصورات نظرية يسندها المنطق والقدرة على التفسير أحد الدعائم الهامة في تطور العلم، وتزداد أهميتها في العصر الحديث الذي تجاوز فيه العقل الإنساني ما هو محسوس إحساساً مباشراً.

ويتطلب فهم الفرض أو النظرية وتعلمها استخدام كل من الاستقراء والقياس معاً، فهو يبدأ بمجموعة من الحقائق والوقائع التي تحتاج إلى تفسير، ومن ثم يوضع الفرض أو النظرية (أو عدد من الفروض والنظريات) وتناقش هذه الفروض والنظريات في ضوء قدرتها على القيام بعملية التفسير ومدى تمشيها منطقياً مع عدد من الحقائق والوقائع.

وأنت كمعلم للعلوم كثيراً ما يتساءل طلابك العديد من الأسئلة التي تبدأ بكلمة "لماذا؟".

فمثلاً إذا قمت بتدريس موضوع "حالات المادة الثلاث": الغازية والسائلة والصلبة، فإنه من المحتمل أن يسأل طلابك بعض الأسئلة مثل:

- لماذا يتطاير الكحول بسرعة أكبر من السرعة التي يتطاير منها الماء؟
- لماذا نشعر بالبرودة عندما تتطاير (الكولونيا) من فوق وجوهنا؟
- لماذا يبرد الماء عند وضعه في إبريق الفخار؟

— لماذا تتحطم زجاجة (المياه الغازية) عند وضعها داخل "فريزر" الثلاجة لمدة طويلة.

— لماذا تشتم رائحة العطر القادمة من الغرفة المجاورة؟

فهل تعرف أنت حقيقة علمية أو مفهوماً أو مبدأ أو قانوناً علمياً يمكن أن يساعدك على الإجابة عن تلك الأسئلة جميعاً، غير أنك إذا كنت ملماً بنظرية الحركة الجزيئية للغازات فإنك سوف تجد تفسيراً مقبولاً لجميع تلك الأسئلة السابقة وغيرها، أي أننا يمكن أن نقول أن النظرية العلمية تساعدنا في تفسير العديد من الظواهر والأحداث المحيطة بنا، وهي في ذلك تتفوق على بقية مكونات العلم الأخرى، فالقوانين العلمية مثلاً لا تقدم تفسيراً إلا لعدد محدود من الظواهر.

ولا يقتصر دور النظرية العلمية على تفسير الظواهر أو الأحداث في الطبيعة، بل إنها تساعد على التنبؤ بالأحداث والظواهر التي قد تكون غير معروفة لنا من قبل.

كما أن النظرية تقوم أيضاً بدور هام في توجيه البحث العلمي، فغالباً ما تلعب النظرية دور الدليل المرشد للباحثين العلميين، فالبحث العلمي الجيد غالباً ما يستند على نظرية معينة.. فالمتبع للبحث العلمي سوف يجد الآلاف من البحوث التي انبثقت من نظرية دارون في التطور أو نظرية بوهر الذرية، أو نظرية آينشتاين في النسبية.

الفصل الثالث

العلوم وعلاقتها بمواد الدراسة ونواحي النشاط الأخرى

في المدرسة

☆ العلوم واللغة

☆ العلوم والتمثيل

☆ العلوم والرسم

☆ العلوم وأشغال التربية المهنية

☆ العلوم والرياضيات

☆ العلوم والتربية الإجتماعية

☆ علاقة العلوم بالتربية الدينية الإسلامية

العلوم وعلاقتها بمواد الدراسة ونواحي النشاط الأخرى في المدرسة

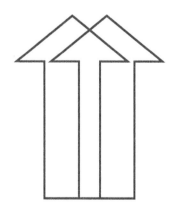

العلوم وعلاقتها بمواد الدراسة ونواحي النشاط الأخرى في المدرسة

يقوم بعض المعلمين بتدريس مادة العلوم تدريساً مستقلاً عـن مـواد الدراسـة الأخرى ونـواحي النشاط المختلفة في المدرسة، فيتولى كل معلم تدريس مـنهج مستقل دون أن يكون هناك اتجاه لـربط هذه المواد بغيرها مما يقدم للطلاب، ويعود ذلك إلى المدرسة التي تعد الطلاب للدراسة العليا في المـدارس الثانوية أو الجامعات ولا تعد الطالب للحياة المستقبلية.

ويؤدي هذا الاتجاه في التدريس إلى تقسيم عقل الطالب ونشاطه وطاقاته إلى مجموعـة مـن الأقسـام المستقلة، يقوم على العناية بكل منها معلم خاص، ولقد بلغ من شـدة التمسـك بهـذا الاتجاه أحياناً أنه إذا سأل طالب معلمه سؤالاً ينتسب إلى مادة غير تلك التي يدرسها، أو عرضت له مشكلة حسابية أو لغوية، أو غير ذلك أغفلها المعلم أو أحاله إلى غيره من المعلمين الذين تقع هذه المشكلة في دائرة تخصصهم.

وحيث أن رسالة المدرسة الأولى هي العناية بتكوين الطلاب تكويناً شاملاً من سـائر الوجوه، مـع العمل على تنمية قدراتهم على مواجهة مشكلات حياتهم والتي قل أن يجدوا لها الحل في دراسة مـادة بعينها، لذلك اتجه رجال التربية إلى توطيد الصلات بين نـواحي النشاط المتعددة التي تقدمها المدرسـة للطلاب.

وسوف نقدم فيما يلي بعض الاقتراحات لتوطيد صلة العلوم بغيرها مـن المـواد ونـواحي النشـاط الأخرى في المدرسة.

العلوم واللغة

إن دراسة العلوم ترتبط بدراسة اللغة ارتباطاً وثيقاً، فالطالب في دراسة العلوم يتحاج إلى قراءة بعض كتب العلوم المناسبة الأخرى، كما يحتاج إلى تسجيل ملاحظاتـه وخلاصة خبرتـه وتجاربـه في دفاتر العلوم، ولا بد أن يتم ذلك بلغة سهلة واضحة مناسبة حتى يحقق الغاية المنشودة مـن دراسة العلـوم وفهم حقائقها فهماً واضحاً، وحتى يتيسر للطالب الرجوع إليها عند اللـزوم. ولعل الضعف الشـديد في اللغة الذي كثيراً ما نشاهده ونشكو منه بين طلاب مدارسنا والمتخرجين فيها يرجع إلى جعل الدراسـة اللغوية مقصورة على مدرس اللغة وحصة اللغة فقط، وإهمال المعلمين الآخرين للنـواحي اللغويـة، ممـا يجعل دراسة اللغة قائمة بذاتها وبعيدة عن حياة الطالب ونواحي نشاطه المتعددة.

أما إذا نظرنا إلى اللغة على أنها وسيلة التعبير عن النفس في شتى مواقف الحياة، فإن ذلك يجعل العناية بها جزء من واجب كل معلم، ويلقي على عاتق معلم العلوم جانباً كبيراً من المسؤولية في العناية بلغة الطالب، فيعمل المعلم على تصحيح أخطاء طلابه الهجائية والنحوية وعلى إمدادهم بالقدر المناسب من المصطلحات اللغوية ويعينهم على حسن التعبير اللغوي عن ملاحظاتهم وإحساساتهم المختلفة بما يتناسب مع مستوى نموهم اللغوي.

كما يستطيع معلم اللغة بالتنسيق مع معلم العلوم، أن ينتقي من القطع الأدبية المناسبة ما يتصل بجمال الطبيعة وروعتها وأسرار الحياة في الإنسان والحيوان والنبات وأثر تقدم العلم والصناعة في حياة الإنسان ويقدمها للطلاب في دروس المطالعة والتعبير والمحفوظات.

العلوم والتمثيل

ولما كان القيام بالتمثيليات من الأنشطة المحببة إلى نفوس الطلاب خصوصاً في المرحلة الأساسية، فإن قيام الطلاب ببعض التمثيليات المناسبة والهادفة التي تصور حياة الإنسان والحيوان وجمال الطبيعة وفتنتها وحركة الطيور وطبائع الوحوش، وتقليد أصوات الحيوانات والطيور وحركاتها، يساعد الطلاب في دراستها ويحببها إليه، لذا يستطيع معلم العلوم الناجح التنسيق مع معلم اللغة العربية ومعلم الموسيقى إلى اختيار الأنشطة المناسبة والمحببة لنفوس الطلبة وتضمينها معلومات علمية هادفة والتي يمكنها أن تدوم وتجعل للمواد الدراسية المترابطة دراسة ذات معنى.

العلوم والرسم

للرسم علاقة وثيقة بدراسة العلوم، حيث يستطيع الطالب أن يعبر بالرسم عن كثير من ملاحظاته العلمية في دراسة الحيوان والإنسان والنبات والظواهر الطبيعية والحيوية، بل إن الرسم البسيط قد يؤدي إلى التعبير عن كثير من الأفكار التي لا يسهل التعبير عنها بالألفاظ بنفس السهولة، ولكي يؤدي الرسم رسالته في تدريس العلوم نقترح مراعاة النواحي الآتية:

١- أن يكتفي بعمل الرسوم التخطيطية المبسطة التي يستطيع الطلاب أن يقوموا بها وأن يشجعهم على الرسم ويوجههم بصدر رحب وبلمسة إنسانية وأن يراعي مستوياتهم النمائية والعمرية في رسوماتهم،

بحيث لا يتعامل مع طلاب الصف الرابع الأساسي مثلاً مثلما يتعامل مع رسومات طلاب الصف الثامن والتاسع.

٢- أن يراعي البساطة في عمل هذه الرسومات، فلا داعي للتظليل ولا حاجة للتفاصيل غير اللازمة والتي لا يحتاج الطلاب إليها في هذه المرحلة أو تلك، بحيث تكون الرسومات تفي بالفرص وبالمعلومات اللازمة لهذه المرحلة.

٣- أن يكون على الرسم بعض البيانات البسيطة التي توضح المقصود منه، والتي قد تكون عوناً لطلاب هذه المرحلة والتي تزودهم ببعض المهارات اللغوية أو المفاهيم المناسبة لطبيعة هذه المرحلة، كما يفضل أن يقترن الرسم في السنوات المتقدمة بجمل وعبارات بسيطة تبين ما يبرزه.

٤- أن لا يكلف المعلم طلابه بعمل رسومات لا يستطيعون القيام بها. فالمعلم الذي يطلب من الطالب أنه يرسم الثعلب أو الجهاز الهضمي أو الزهرة أو الشجرة، ثم يحاسبه على التفاصيل الدقيقة، إنما يكلفه فوق طاقته، وكثيراً ما يدفعه إلى الالتجاء إلى والده أو والدته أو الجدة لكي يقوم له بهذا العمل أو إلى نقل الرسم أو شَفه، مما يحول دون تحقيق الغاية المرجوة من الرسم، لذا فإن تركيز المعلم على التفاصيل الدقيقة في رسومات طلابه والتي قد لا تكون مطلوبة قد يؤدي إلى شعور الطالب بالعجز والإحباط عن أداء ما هو مطلوب منه.

٥- على المعلم أن يقوم بتنمية قدراته على عمل الرسومات التخطيطية المناسبة، حتى يستطيع أن يساعد طلابه في هذا الاتجاه.

العلوم وأشغال التربية المهنية

من الضروري أن يكون هناك تعاون بين معلم العلوم ومعلمي المواد المختلفة في المدرسة خصوصاً معلم الأشغال والتربية المهنية والفنية، لذا يمكن الاستفادة بالأشغال في دراسة العلوم إذا قام الطلاب أثناء إتمام بعض مشروعاتهم العلمية بعمل ما يحتاجون إليه من الأدوات الوسائل المختلفة، كأن يقوموا بعمل صندوق خشبي مناسب لحفظ الحشرات التي يصطادونها ويقومون بتحنيطها أو عمل حوض لتربية الأسماك أو عمل بعض المستنبطات والأدوات العلمية البسيطة والمساعدة، أو عمل بعض المجسمات مثل نموذج البركان، أو نماذج من الصلصال لما يدرسونه من الثمار والنباتات والحيوانات.

ويلاحظ أن الطلاب يميلون إلى هذا النوع من النشاط فهو أقرب إلى نفوسهم من الدراسات النظرية، كما يتيح لهم فرصة للإنتاج والتعبير عن النفس وتفريغ طاقاتهم في الجانب المفيد ولتحقيق النجاح، فهم يلمسون ثمار عملهم ويفرحون به، كما أنه يعودهم ويغرس في نفوسهم التعاون والعمل من خلال المجموعات.

وعلى المعلم في هذا النشاط ان يراعي الأمن المهني ومراقبة الطلاب خلال استعالهم الأدوات واتخاذ الاحتياطات اللازمة حتى لا يتعرض الطلاب للخطر أو الأذى خلال استخدامهم الأدوات مثل المطرقة والمنشار والمشرط والمسامير... إلخ.

كما أن التعاون ما بين معلم العلوم ومعلم التربية المهنية يتيح لمعلم العلوم والطلاب الاستفادة من المواد والأدوات الموجودة في المشغل مثل الأخشاب والأسلاك المعزولة وغير المعزولة، والمسامير والبراغي والزنبركات والدهان والطلاء والأدوات المختلفة مثل المطرقة والمنشار والمشرط.

- كما لا يخفى على المعلمة في كيفية ربط أعمال التربية المنزلية من طبخ وتنظيف وأعمال مختلفة بمادة العلوم العامة واعتبار المطبخ عبارة عن معمل ومختبر علمي مصغر.

العلوم والرياضيات

لا شك أن علاقة العلوم بالرياضيات علاقة وثيقة لا يمكن الفصل بينهما، بل هما مادتان ذات قاعدة واحدة. ولا يمكن للعلوم أن تستغني عن الرياضيات لأن الكثير من القوانين والنظريات ذات أساس رياضي مثل قانون أوم، قانون المرايا والعدسات، قانون السطح المائل، قوانين الروافع والتوازن، وقانون الفعل ورد الفعل وقوانين نيوتن، وقوانين الانصهار والغليان، والحرارة الكافية للانصهار والغليان، ونظرية أرخميدس، وتحويل درجات الحرارة المئوية إلى الفهرنهيتية وبالعكس وقانون الكثافة... وغيرها من القوانين التي يصعب حصرها وجميعها لا يمكن تحقيقها دون إجراءات وعمليات رياضية.

لذلك لا يمكن فهم هذه القوانين دون أساس رياضي، لذا على معلم العلوم أن يكون قادراً على التعامل مع قوانين الرياضيات بشكل كامل حتى يكون قادراً على نقل هذه المفاهيم إلى الطلاب دون عقبات وأن يكون قادراً على التعامل مع الجانب الرياضي والحسابي لهذه القوانين.

كما أن على معلم العلوم وعند التخطيط لدروسه ووضع خطته السنوية والشهرية وتخطيطه اليومي للدروس أن يدرك العلاقات الرياضية للقوانين العلمية التي سيدرسها الطلاب. وأن ينسق مع زميله مدرس الرياضيات في المدرسة حول الأساسيات والمهارات الرياضية والحسابية المطلوب من الطالب امتلاكها قبل دراسة هذه القوانين وشرحها مسبقاً والتأكد منها لأنها ستشكل أساساً لدراسة هذه القوانين حتى يتم الوصول إلى فهم هذه القوانين بشكل حقيقي وسهل وإيصالها إلى الطلاب بسهولة ويسرـ دون تعقيد.

العلوم والتربية الاجتماعية

لا شك أن هناك علاقة هامة ووثيقة بين العلوم والتربية الاجتماعية والوطنية خصوصاً الجغرافيا وفيما يتعلق بالماء والهواء والتراب والرمال والصخور والفلك والنجوم.

فالصخور وأنواع التربة والمعادن والمتحجرات (المستحاثات) غالباً ما تكون موضوع عناية واهتمام الطلاب، ولما كانت نماذجها موجودة في كل مكان في البيئة تقريباً، فإنها تكون عاملاً مهماً في تدريس العلوم، ومن الممكن تعلم الكثير عن الصخور والمعادن والتربة دون الخوض في التسميات الفنية.

ويمكن تكليف الطلاب بجمع عينات مختلفة من الصخور من المجتمع المحلي والتعرف إلى أسماء هذه الصخور وإيجاد طرق سهلة لتصنيف هذه الصخور حسب ألوانها أو أنواعها أو مصادرها.. والاستعانة بمعلم الاجتماعيات لتصنيعها علمياً والاستزادة بمعلومات خاصة منه لإضافتها إلى معلومات الطلاب.

كما يمكن تكليف الطلاب بفحص كمية من الرمال بعدسة مكبرة (مجهرية) أو بواسطة مجهر لمشاهدة بلورات معدن (الكوارتز) في هذه الرمال، أو صنع نموذج لبركان من الصلصال أو الجبس وتجربة ثوران البركان باستخدام المواد الكيماوية البسيطة المتوفرة في البيئة.. مثل (كربونات الصوديوم والخل الأبيض وأحد الألوان).

احصل على نماذج مختلفة من التربة (رملية، طينية، كلسية...) وضع كل نوع في وعاء زجاجي (زجاجة أو مرطبان) واحفظها في المختبر لدراستها في حصص العلوم.

سخن قطعة من الزجاج بعناية على لهب ثم ضعها في ماء بارد، إن التبريد الفجائي يؤدي إلى تشقق الزجاج، سخن قطعة من الصخور على نار حتى تصير حارة جداً ثم صب عليها الماء البارد، فغالباً ما تتشقق الصخور.. ماذا يستنتج الطلاب؟! (إن إحدى مراحل تكوين التربة هي انكسار الصخور بسبب التباين في درجات الحرارة).

ادرس مع طلابك كيف يتشكل المطر، الثلج، الضباب، الندى...، تأثير المياه الساقطة على التربة وعلى الصخور.. كيف يجرف الماء الجاري التربة؟ صنع تلسكوب فلكي لتعليم الطلاب كيفية تمييز المجموعات الفلكية والأبراج السماوية، وكيفية عمل خرائط النجوم، وعمل نموذج لإيضاح ظاهرة كسوف الشمس... إلخ.

كما يمكن لمعلم العلوم ومعلم الاجتماعيات واللجان العلمية الطلابية ومجموعات الطلاب، التعاون لإنشاء محطة أرصاد جوية بسيطة في المدرسة، مثل عمل مؤشر لقياس سرعة الرياح، وجهاز اتجاه الرياح، وجهاز مقياس المطر، وموازين حرارة جافة ورطبة... إلخ، وعمل جدول خاص ولوحات علمية خاصة لتفريغ هذه المعلومات على جداول خاصة وتوظيفها في حصص العلوم وحصص الجغرافيا، وتوجيه وإرشاد الطلاب إلى عمل تجارب أخرى لإثبات أن الهواء البارد أثقل من الهواء الساخن، والبحث عن الفوائد العلمية التطبيقية لهذه الظواهر وكيفية توظيفها والاستفادة منها في حياتنا.

أخي المعلم: إن الأمثلة لا يمكن حصرها، لذا على معلم العلوم أن يقتنع ودون شك بأن العلوم لها علاقة بجميع المواد الدراسية المختلفة وبنسب مختلفة، وأن المعلم الناجح هو الذي تكون له القدرة على ربط مادة العلوم بالمواد الدراسية الأخرى، لجعل مادة العلوم مادة حيوية ذات متعة ونكهة خاصة تشوق الطلاب لدراستها وربطها بكل ما يشاهده أو يواجهه في حياته العملية وبيئته التي يعيش فيها.

علاقة العلوم بالتربية الدينية الإسلامية

مما لا شك فيه أن القرآن الكريم والسنة النبوية المطهرة والدين الإسلامي يحث الإنسان على التفكير والتفكر في خلق السماوات والأرض وإمعان النظر والتفكير في كل ما خلقه الله سبحانه وتعالى.

أَفَلَا يَنْظُرُونَ إِلَى الْإِبِلِ كَيْفَ خُلِقَتْ (17) وَإِلَى السَّمَاءِ كَيْفَ رُفِعَتْ (18) وَإِلَى الْجِبَالِ كَيْفَ نُصِبَتْ (19) وَإِلَى الْأَرْضِ كَيْفَ سُطِحَتْ (20) [الغاشية] ولا شك بأن اللغة والدين عنصران اساسيان في حياة البشر، فاللغة أداة التعبير عما يجول في النفس من أفكار ومعلومات ومواهب، والدين غذاء الروح وأداة ضبط السلوكات العلنية والحقيقة لدى الإنسان.

وقد زخر القرآن الكريم بالكثير من المعلومات العلمية في شتى المواضيع: السماء، الأرض، الجبال، السهول، الهواء، الرياح، المطر، الماء، المخلوقات، الخلية، الذرة، المعادن، الأشجار... إلخ، ومعلم العلوم الموهوب هو الذي يستطيع ربط مواضيع العلوم بالقرآن الكريم وبالأحاديث النبوية الشريفة ويستخرج منها المعلومات التي يريد، ويستطيع توجيه طلابه حسب قدراتهم وأعمارهم إلى البحث والاستقصاء واستخراج المعلومات المطلوبة، فهو يستطيع توجيههم إلى التفكير في معجزة خلق الإنسان... "وفي أنفسكم أفلا تبصرون" (سورة الذاريات) "إنا خلقنا الإنسان من نطفة أمشاج نبتليه فجعلناه سميعاً بصيراً" (سورة الإنسان) لذا يستطيع المعلم توجيه طلابه حسب أعمارهم ومستوياتهم النمائية وقدراتهم العقلية أن يتفكروا في كيفية خلق الأجنة، وما تمر به من مراحل حتى تصل إلى تكوين الإنسان الكامل، مُلقياً الضوء على الحقائق العلمية الثابتة في كل طور من هذه الأطوار.

كما يستطيع المعلم توجيه طلابه إلى التفكير في موضوع المياه والبحار التي تغطي مساحات واسعة من أرضنا، وهي جزء لا غنى له لتوازن الحياة، حيث أنه بما تأوي من أشكال الحياة المختلفة التي تفرض سلطانها على الأعماق السحيقة والتي تدهش بدقة نظامها الرائي بمقدار ما تدهشه كائنات اليابسة، فالأسماك وأعشاب البحر والحيتان العملاقة والدلافين والعوالق والكائنات الدقيقة التي نراها والتي لا نراها.. وأشكال لا تحصى من الكائنات، هي قوام هذا الجزء الموصوم بالكمال من كرتنا، وفي هذا نقدم أمثلة عن الحياة المدهشة في أعماق البحار، وهي بمثابة شاهد على كيفية تزود هذه الكائنات بالمئونة اللازمة لعيشها، وما تتخذه من إجراءات لحماية نفسها، إلى ما هنالك من تفاصيل دقيقة كونها خلقت تماماً لتتآلف مع بيئة تضمن لها احتياجاتها، لا لذكاء منها ولا لإدراكها لما حولها، بل فطرتها التي فطرها عليها الخالق عز وجل.

كما يستطيع معلم العلوم توجيه الطلاب إلى التفكير والكتابة في (معجزة الطيور)، واستنباط فكرة الطيران منها، والتفكير في (الخلية) والتي تعتبر مصنع معقد ينتج الحياة، ثم (البذرة)، تلك المعجزة التي تتكرر وموضوع (الذرة) ومعجزة (النحل)، وهجرة الطيور والفراشات، والصخور والتربة والأشجار والحيوانات، والجبال والمعادن المختلفة خصوصاً (الحديد) "وقد أنزلنا الحديد فيه بأس شديد" سورة الحديد.

كما يمكن لمعلم العلوم التطرق إلى موضوع (الإسلام والطب) والوقاية من الأوبئة خصوصاً الطب الوقائي وارتباطه الوثيق بثقافة المجتمع الإسلامي ودينه الحنيف، والتعاليم الإسلامية الغنية بهذه القيم الوقائية وهذه التوجيهات التي عرفها الطب حديثاً، والتي أمر بها الإسلام من أكثر من ألف وأربعمائة عام وجعلها جزءاً من الدين، حيث حثّ الدين الإسلامي على النظافة بكافة أشكالها، ومنها:

١- النظافة الشخصية: فالطهارة والنظافة هي الأصل في حياة المسلم، قال تعالى: "إن الله يحب التوابين ويحب المتطهرين" (سورة البقرة).

كما جعل الله الشرط الأساسي لصحة الصلاة، الوضوء، قال تعالى: "يا أيها الذين آمنوا إذا قُمتم إلى الصلاة فاغسلوا وجوهكم وأيديكم إلى المرافق وامسحوا برؤوسكم وأرجلكم إلى الكعبين وإن كنتم جُنُباً فاطهروا" (سورة المائدة).

كما حث الإسلام على نظافة الغذاء والأواني والطعام والأيدي والملابس ونظافة الطريق ومصادر المياه، فقال رسول الله صلى الله عليه وسلم: "إن الله طيب يحب الطيب، نظيف يحب النتظافة، كريم يحب الكرم، جواد يحب الجود، فنظفوا أفنيتكم، ولا تشبهوا باليهود"، كما قال عليه الصلاة والسلام: "بورك في طعام غسل قبله وغسل بعده".

٢- التحكم في الأمراض التي تنقل عن طريق الهواء: إن نفخ الرذاذ يؤدي إلى انتقال الكثير من الأمراض المعدية كالانفلونزا وغيرها من الأمراض خصوصاً الفيروسية لذلك ينصح الدين الإسلامي بعدم النفخ في آنية الأكل والشرب، كما يفضل تغطية الوجه والأنف أثناء العطس والتثاؤب.

وقد وجهنا الإسلام إلى هذه العادات الوقائية الحميدة، وقد نهانا الرسول عليه الصلاة والسلام أن نتنفس أو ننفخ في الإناء وأن نغطي وجوهنا عند العطس أو التثاؤب.

٣- السيطرة على بعض الأمراض الناتجة عن البول والبراز:

من المعلوم أن تناول الأطعمة الملوثة يعتبر من أكبر وسائل انتقال الأمراض والأوبئة، حيث يمكن انتقال الجراثيم من براز المصاب إلى الآخرين عن طريق اليد أو أوعية الطعام، لذا يحث الإسلام على استخدام اليد اليسرى لغسل السبيلين والأعضاء التناسلية، مع إبقاء اليد اليمنى للوضوء والطعام وقد كان العزل والحجر الصحي والطب الوقائي أصلاً رائعاً في حياة الرسول عليه الصلاة والسلام، كما أن تعاليم الدين الإسلامي تمنع عادة التبول في أي مكان يرتاده الناس.

٤- التحكم في الأمراض المنتقلة عن طريق الماء:

إن التعاليم الإسلامية العام منها والخاص، تسهم بشكل وآخر في الحد من هذه المشكلة، فالقرآن الكريم والحديث الشريف يزخران بالتوجيهات والتعليمات والتي تحث على الحفاظ على الماء ومصادره نظيفاً وصالحاً ويستطيع المعلم أن يطلب من طلابه البحث في القرآن الكريم والحديث النبوي الشريف واستخراج الآيات والأحاديث الشريفة والتي تحث على ذلك واستخراج الدروس والعبر والقيم منها.

٥- وفي مجال الحجر الصحي والعزل والوقاية من الأمراض المعدية:

فقد وضع الرسول الكريم عليه الصلاة والسلام قيوداً على من كان مرضه مُعدياً، حيث قال عليه الصلاة والسلام: "إذا سَمِعْتُم بالطاعونِ بأرض فلا تَدْخلوها، وإذا وَقَع بأرضٍ وأنتم فيها فلا تَخْرجوا منها"، بل إن المسلم مطالب بالالتزام بقواعد الحجر الصحي في حالة الوباء ولو أدى ذلك إلى التضحية بالنفس، حيث قال رسول الله صلى الله عليه وسلم: "الطاعون شهادة لكل مسلم".

أخي المعلم: إن الحديث عن علاقة مادة العلوم العامة بالتربية الدينية الإسلامية علاقة وطيدة وواسعة جداً، والمعلم المؤمن والناجح هو الذي يستطيع توجيه طلابه الوجهة العلمية الدينية الصحيحة والتي لا تفصل العلم عن الدين ولا عن أي مادة من مواد الدراسة الأخرى مستخدماً المنحى التكاملي الترابطي في التعليم والتعلم.

الفصل الرابع

خصائص وصفات معلم العلوم الناجح

☆ خصائص وصفات معلم العلوم الناجح
☆ الاسباب التي تدعو الى الأخذ بأساليب جديدة لتدريس العلوم

خصائص وصفات معلم العلوم الناجح

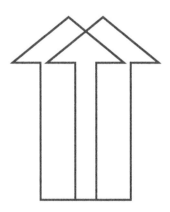

خصائص وصفات معلم العلوم الناجح

على الرغم أن نجاح عملية تدريس العلوم تعتمد على الكثير من العوامل، إلا أن التجارب الميدانية أثبتت أن معلم العلوم يعتبر حجر الزاوية في العملية التربوية، والمفتاح الرئيس في العملية التعليمية التعلمية، فمهما وفرنا أفضل المناهج والكتب والمقررات، وأفضل الأنشطة والبرامج المدرسية، فقد لا تتحقق أهدافها ما لم يكن معلم العلوم جيد الإعداد ومتميزاً وقادراً على ترجمة كفاياته إلى واقع وسلوك وخبرات تعلمية - تعليمية لدى طلابه، فيتفاعل معهم ويهذب شخصياتهم ويؤثر فيهم ويصقل خبراتهم ويوسع مفاهيمهم، وينمي أنماط تفكيرهم وقدراتهم العقلية، كما أن المعلم الجيد يمكن أن يعوض أي نقص في المنهاج أو الأنشطة والبرامج المدرسية وأي نقص في الإمكانات المادية والفنية في المدرسة.

وقبل أن نتطرق إلى الخصائص والصفات التي ينبغي توافرها في معلم العلوم والتي تجعل منه معلماً ناجحاً قريباً من قلوب طلابه، لا بد أن نذكر المعلم ببعض الكفايات التي يجب أن تتوفر في المعلم وهي (الكفايات العلمية والمهنية والثقافية),

١- الجانب المعرفي (العلمي): ونعني به الإعدا العلمي الأكاديمي التخصصي، أي المواد الدراسية التخصصية (النظرية والعملية) التي ينبغي لمعلم العلوم امتلاكها ضمن مجال تخصصه العلمي والذي يقوم بتدريسه للطلبة.

٢- الجانب المهني: أي الدراسات التربوية والنفسية والنظرية والعملية. مثل الجانب التربوي - النفسي: معرفته بمراحل تطور الطفولة،.والمراحل النمائية المختلفة للطلاب وقدرات وإمكانات كل مرحلة، والعوامل النفسية والبيئة والاجتماعية المؤثرة في الطلاب وتعلمهم، ومعرفة الفروق الفردية بين الطلاب وقدراتهم المختلفة، وكيفية التعامل مع الطلاب في مراحل نموهم المختلفة من أطفال ويافعين ومراهقين.

٣- الجانب الميداني، التطبيقي (التربية العملية): مثل المعرفة بطرائق وأساليب التدريس المختلفة، والملاحظة النشطة في الصفوف الدراسية، التطبيق الميداني المكثف.

الجانب الثقافي العام

على المعلم أن يقوم بتثقيف نفسه ومتابعة كل جديد في مجال العلوم وتطورها، ومتابعة الاكتشافات والاختراعات الحديثة، وأن يزود نفسه بثقافة عامة

في المواد المختلفة والتي تساعده في عملية التعلم والتعليم، كذلك في معرفة البيئة والمجتمع الـذي يعيش فيه وأن يتزود بثقافة عامة ومعقولة في المواد الدراسية الاخرى من أجل أن يكتشف مـا بهـا مـن علاقـات خاصة أو عامة مع مادة العلوم، ليتمكن من ربطها بالمواد التي يدرسها لطلابه وبالإضافة إلى ما سبق ومـا ذكرناه عن الكفايات التعليمية والمهارات اللازمة لمعلم العلوم، يبدو أن هناك بعض الصفات الشخصية (سواء أكانت طبيعية أم مكتسبة) ينبغي أن تتوفر في معلم العلوم بدءاً في إعداده للقيـام بمهمـة التعلـيم مثل: الصحة الجسمية والنفسية وبعض القدرات العقلية والاجتماعية وغيرها من الخصائص الهامة.

<u>لذا سنقوم بتلخيص هذه الصفات فيما يلي:</u>

١- متحمس لمادة العلوم وتدريسها، ولديه رغبة قوية في تحقيق دوره كمعلم.

٢- فهم دور المدرسة في المجتمع وعلاقتها بالتطور الإنساني، ودوره هو نفسه في المدرسـة وكعضـو في المجتمع، يتمتع باحترام طلابه له واحترام المجتمع المحلي والبيئة المحلية له.

٣- إيمان بالأسلوب العلمي في التفكير وما يصاحبه من اتجاهات علمية، علـى أن يكـون هـو نفسه قادراً على تطبيق هذا الأسلوب في حياته الخاصة والعامة، ويمتلك معرفة وظيفية لمـادة العلـوم ويمكنه تطبيق وتوظيف ما يعرفه في حياته اليومية.

٤- وعي بحاجات المجتمع ودور العلوم في تحقيقها، وإدراك أهمية العلوم في حياة الطلاب والقـدرة على استغلال هذه كنقطة بدء في توسيع آفاق الطلاب في المجال العلمي والاجتماعي.

٥- معرفة واعية ودقيقة بمـادة التخصـص – حقائقهـا ومفاهيمهـا وقوانينهـا، عـلى أن تكـون هـذه المعرفة ضمن إطار شامل يمكنه من فهم الترابط بين جزئياتها وعلاقتها بـالعلوم الأخـرى، ويمتلـك القدرة على توضيح هذه الأفكار والمبادىء العلمية والحقائق والمفاهيم بلغة سهلة بغض النظر عن مدى تعمقه أو معرفته بالمادة العلمية، وبالتالي يستخدم الحقائق العلمية كوسيلة لغاية.

٦- معرفة التطورات العلمية الحديثة والمحتملة الحدوث في الفروع العلمية المختلفة، وإدراك أبعاد التقدم العلمي وأثره في المجتمع الإنساني، يمتلكه الثقة بالنفس ويثق فيه الطلبة.

٧- فهم تام لطبيعة الطلاب وقدراتهم، وخبرة وافية في عمليات التوجيه التعليمي، يشجع المناقشة والأسئلة الصفية، ويحافظ على مزاج (مناخ) تدريسي ملائم، بحيث لا يشعر الطلبة بالملل أو الكسل، ويتمتع بأسلوب تدريسي شيق ومرن.

٨- خبرة مناسبة في القيام بعمليات التدريس بما تتضمنه من مهارات في التخطيط وإدارة الأعمال الجماعية والإلقاء وإجراء التجارب واستخدام الوسائل التعليمية، والاستفادة من المصادر المختلفة في التحصيل العلمي، وتوجيه نشاط الطلاب داخل الصف وخارجه، والقدرة على تقويم هذا النشاط، ويستخدم الوسائل والأدوات والأجهزة التوضيحية بشكل مكثف لكي يجعل لكل خبرة تعليمية - تعلمية جديدة ملموسة بقدر الإمكان.

٩- قدرة على التعاون مع المعلمين الآخرين، على اختلاف تخصصاتهم في سبيل تحقيق الأهداف المشتركة، وربط مادة العلوم مع المواد الدراسية المختلفة.

١٠- القدرة على استغلال وإعداد وتحضير المواد التعليمية المختلفة من مواد وأشياء محلية بسيطة أو من بعض مخلفات البيئة وتوظيفها في دروس العلوم.

١١- القدرة على إثارة التفكير الحقيقي وينميه لدى الطلبة وبالتالي لا يجعل منهم ببغاوات في حفظ واستظهار وترديد المادة العلمية، وقادر على تدريس المادة العلمية بعمق وليس من المعلمين الذين يسعون على إنجاز المنهاج على حساب الفهم أو التفكير أو التطبيق.

١٢- هادىء ومتوازن، ويستخدم طرقاً وأساليب علمية مختلفة في التدريس، وبالتالي لا يكرر نفسه يوماً بعد يوم أو سنة بعد سنة، يستخدم صوته وتعبيرات وجهة للتوكيد على نقاط معينة في العلوم أو لجلب الانتباه.

الأسباب التي تدعو إلى الأخذ بأساليب جديدة لتدريس العلوم

إن التطور الهائل والسريع الذي يشهده العالم حديثاً في وسائل الاتصالات والاختراعات العلمية، وعصر العلم والتكنولوجيا الذي نعيشه، وتطور علم الفضاء والاتصال والحاسوب والهندسة والطب والوراثة وعلم الجينات والاستنساخ الحيوي.. أصبح من الضرورة إعادة النظر في كافة وسائل وأساليب التدريس وإعادة النظر في المنهاج والمواد الدراسية والتي طرأ عليها تطوير وتغيير وإضافات، لذا وجد التربويون أنفسهم أمام تحد جديد وضرورة ملحة إلى مواكبة هذا التطور

السريع وإلى ضرورة تغيير وتطوير أساليب تدريس العلوم في مدارسنا ومعاهدنا حتى لا نتأخر عن ركب التطور العلمي الهائل الذي يشهده العالم.

لذا سنقوم وقبل التطرق إلى أساليب تدريس العلوم الحديثة سنقوم بتلخيص العوامل والظروف التي تؤدي إلى البحث عن أساليب جديدة لتدريس العلوم:

١- اعتبار التعليم ضرورة اجتماعية وينبغي أن يتاح لكل فرد:

فالتطور والبناء الاجتماعي والسياسي والاقتصادي للمجتمعات الإنسانية أصبح يعتمد على درجة تعليم أفرادها، وقد أدى ذلك إلى ازدياد حجم التعليم والذي لم يعد يتناسب مع الإمكانيات المتاحة التي تتطلبها أساليب التعليم التقليدية، وكذلك لم يعد عدد المعلمين أو حجم المباني يتناسب مع هذه الزيادة الضخمة في عدد الطلاب.

ومن هنا كان لا بد من البحث عن أساليب جديدة للتعليم يمكن من خلالها تجاوز هذه المعيقات وحتى لا تقف هذه الظروف عائقاً أمام عملية التعليم والتعلم ومواكبة التطور الهائل في العلوم والطب والهندسة وسائل العلوم الأخرى، لذا ظهرت أساليب حديثة وجديدة لتعليم العلوم مثل التعليم المبرمج واستخدام المكتبات ووسائل الاتصال الأخرى كالإذاعة والتلفزيون والإنترنت، وتطور أساليب التعلم عن بعد.

٢- ظهور مفهوم التعليم المستمر كضرورة يحتمها التطور العلمي والتكنولوجي المعاصر:

إن التغير المتزايد في المعرفة الإنسانية وتطبيقاتها كماً وكيفاً جعل من أي تعليم نظامي مهما طالت مدته غير كافٍ لتكيف الفرد مع هذا التغير المستمر، لذا تحولت التربية من كونها عملية إعداد للحياة إلى عملية ملازمة للحياة، لذا فإن هذا المفهوم يتطلب إعادة النظر في أشكال التعليم والتدريب ونظمه، وكذلك تدريب الأفراد على أساليب التعلم الذاتي وعلى كيفية الإفادة من مصادر التعليم المختلفة.

٣- تعدد أهداف التعليم مع نقص قدرات المعلمين على تحقيقها:

من الواضح أن ازدياد التطور العلمي الهائل أدى إلى أن أهداف التعليم في الوقت الحاضر قد ازدادت وتعددت، فلم تعد الأهداف تقتصر على نقل المعارف والمعلومات أو تدريبهم وتزويدهم ببعض المهارات بل أصبحت تتناول جميع الأبعاد

الشخصية الإنسانية والاجتماعية والبيئة، ونتيجة لذلك ازدادت مهام المعلم بحيث لم يعد قادراً على القيام بهذه الأبعاد تحت ظل الأساليب السائدة في التدريس فمثلاً لم يعد المعلم قادراً على مراعاة الفروق الفردية للطلاب، أو الاهتمام بالموهوبين والمتفوقين أو ضعاف التحصيل تحت ظل أساليب التعليم التي تضع نقل المعرفة إلى الطلاب محور الاهتمام، لذا ظهرت المحاولات الجديدة هي أساليب التدريس لمساعدة المعلمين على تحقيق أهداف التعليم الحديثة والتي تعينهم على مواجهة المواقف التعليمية الجديدة.

٤- الإفادة من التقدم العلمي المعاصر:

لقد أظهرت البحوث التربوية الحديثة العديد من المفاهيم في مجال التعليم، كما أن هناك العديد من الوسائل والأجهزة الحديثة التي ظهرت إمكانية الإفادة منها في عملية التعليم، ومن هذه المفاهيم مفهوم "التغذية الراجعة"، كما ان التربية تحاول الاستفادة من وسائل الاتصال الحديثة كالإذاعة والتلفزوين والحاسوب والإنترنت.

وإذا كانت العوامل السابقة تدفعنا إلى البحث عن أساليب جديدة في التعليم، إلا أننا نود أن نؤكد – قبل أن نعرض لبعض هذه الأساليب – أن دور المعلم لم ينته، بل إن فاعلية هذه الأساليب تتوقف إلى حد بعيد على مدى وعي المعلم بها وبحدودها، وعلى مدى قدرته الإفادة منها في تحقيق أهدافه.

الفصل الخامس

طرق تدريس العلوم (القديمة والحديثة)

☆ اختيار طريقة التدريس

☆ طريقة التقصي والإكتشاف

☆ طريقة حل المشكلات

☆ طريقة المختبر (الدروس العلمية)

☆ طريقة المناقشة

☆ طريقة الإلقاء (المحاضرة)

☆ التعلم التعاوني

☆ التعلم باللعب

☆ استخدام الحاسوب في تدريس العلوم

☆ الخرائط المفاهيمية في تدريس العلوم

☆ التعليم المبرمج

☆ التعلم الفردي

طرق تدريس العلوم (القديمة والحديثة)

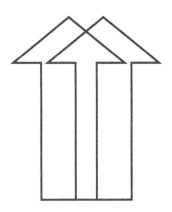

طرق تدريس العلوم

تؤكد الدراسات التربوية أن تدريس العلوم ليس مجرد نقل المعرفة العلمية الى الطالب، بل هو عملية تهتم بنمو الطالب عقلياً ووجدانياً ومهارياً وبتكامل شخصيته من مختلف جوانبها، لذا فالمهمة الأساسية في تدريس العلوم هي تعليم الطلبة (كيف يفكرون، لا كيف يحفظون ويستظهرون المقررات والكتب الدراسية دون فهمها أو إدراكها أو توظيفها في الحياة، لذا كان معلم العلوم هو المفتاح الرئيسي لتحقيق هذه الأهداف، وأصبح من الضرورة تزويد معلم العلوم بكل جديد وحديث في أساليب ووسائل وطرائق التدريس يتمكن من تحقيق النتائج المطلوبة ولتعويض أي نقص محتمل في مناهج والكتب والبرامج المدرسية والإمكانات المادية والفنية الأخرى.

أختيار طريقة التدريس

من الصعب ان نقترح طريقة أو أسلوب يصلح لتحقيق جميع الأهداف والغايات المنشودة في تدريس العلوم، فقد تصلح طريق ما لموقف تعليمي معين ولا تصلح نفس الطريقة لموقف آخر، وما يلائم معلم ما، قد لا يلائم معلم آخر.

ويتوقف اختيار طريقة التدريس على عدة عوامل أبرزها مايلي:

١) **المرحلة التعليمية:** أي المرحلة التعليمية التي يدرس فيها العلم أهي إبتدائية أم أساسية أم ثانوية....، لأن مايلائم مرحلة تعليمية معينة لا يلائم مرحلة تعليمية متقدمة أخرى.

٢) **مستوى الطلبة ونوعيتهم:** هل الطلاب الذين يدرسهم المعلم أذكياء وموهوبين أو بطيئوا التعلم أو وسط، هل هم ذكور أم إناث، وما هي أعمارهم، هل هم من بيئة واحدة ام من بيئات مختلفة، وما هي أعمارهم، هل هم من بيئة واحدة أم بيئات مختلفة، ماهي مستوياتهم وخلفياتهم الإجتماعية والإقتصادية والثقافية والدينية.. .

٣) **الهدف المنشود:** ما الهدف (الأهداف) التي يسعى معلم العلوم لتحقيقها؟ وهل يسعى المعلم لاعداد طلابه لاجتياز امتحان عام؟ أو اكساب الطلاب مهارة خاصة، أو تنمية التفكير العلمي وتعليم التفكير... أو تكوين ميول علمية جديدة وتنميتها.. .

٤) **طبيعة المادة (المحتوى) الدراسية:** ما طبيعة المادة التي يعلم المعلم؟ وما هي الاشكال المعرفية وما مستوى ونوع المعرفة العلمية فيها، وهل المادة صعبة أم سهلة.

٥) **نظرة المعلم للعملية التعليمية - التعلمية:** ما النظرة التي يؤمن بها المعلم ويستخدمها في التدريس، ما شعورة تجاه عمليتي التعليم والتعلم، ومدى ارتباطه وانتمائة وحماسه... لمهنة التعليم.

- وسنعرض فيما يلي لبعض طرق وأساليب تدريس العلوم الشائعة ونترك للمعلم في اختيار الطريقة التي تناسب الموضوع الذي سيتطرق اليه مع مراعاة الشروط والظروف التي سبق أن طرحناها:

أولاً: طريقة التقصي والإستكشاف

تعتبر طريقة الاستقصاء والاستكشاف من أكثر طرق تدريس العلوم فاعلية في تنمية التفكير العلمي لدى الطلبة لأنها تتيح الفرص أمام الطلبة لممارسة طرق العلم وعملياته ومهارات التقصي- والاكتشاف بأنفسهم، لأن الطالب يتحول من خلالها الى (عالم) صغير في بحثه وتوصلة الى النتائج، كأن يحدد المشكلة ويكون الفرضيات ويجمع المعلومات ويلاحظ ويقيس ويختبر ويصمم التجارب... ثم يتوصل بنفسه الى النتائج، كما أن هذه الطريقة تؤكد على استمرارية التعلم الذاتي وبناء الطالب من حيث ثقته واعتماده على نفسه وشعوره بالإنجاز واحترامه لنفسه وزيادة مستوى طموحة وتطوير اتجاهاته العلمية ومواهبة الإبداعية، بحيث تجعل الطالب يفكر وينتج مستخدماً معلوماته وقابليته في عمليات تفكيرية عقلية وعملية تنتهي بالوصول الى النتائج.

ومن هنا يتحول دور المعلم في هذه الطريقة من مخزن للمعلومات والمعارف العلمية أو من أنبوب توصيل يوصل المعلومات العلمية من مصادرها (كالكتب والمجلات والمنشورات العلمية...) الى الطلبة، بحيث يتحول الى (موجه) و(مُلْهِم) و(مُثير) و(مُوَلِّد) للمعلومات لديهم، ويعينهم على البحث والتنقيب والتقصي والاكتشاف من خلال المواقف (المشكلة) أو الأسئلة التفكرية المفتوحة والتي تقدم اليهم وتتحدى تفكيرهم وتحثهم على البحث والملاحظة والقياس والتنبؤ والإختبار والتجريب...، وبهذا يصبح (المعلم والطالب) أكثر وعياً وفهماً لطبيعة العلم وبنيته، فيؤثر في تعديل سلوك طلبته وفكرهم ووجدانهم العلمي لمواجهة كافة المشكلات بطرق علمية أن كانت مشكلات علمية مدرسية أو حياتية واقعية.

ويستخدم بعض المعلمين في تدريس العلوم مفهومي (التقصي- والإكتشاف) بمعنى واحد، الاّ أن البعض ينظرون الى المفهومين بمعنى مختلف، ويقول البعض: أن الاكتشاف يحدث عندما ينشغل الطالب باستخدام العمليات العقلية في التأمل واكتشاف بعض المفاهيم والمبادئ العلمية، فهو يستخدم الملاحظة والقياس والتصنيف والتنبؤ والإستدلال.. .

أما في الإستصقاء (التقصي) فإنه يكون مبنياً على الإكتشاف، لان الطالب ينبغي أن يستخدم قدراته الاستكشافية مع الممارسة العملية، أي أن الإستقصاء لا يحدث بدون العمليات العقلية في الاكتشاف، ولكنه يعتمد على الجانب العملي بشكل رئيسي، لذا يصبح (التقصي) مزيجاً من عمليات عقلية وعمليات عملية.

ومهما يكن من أمر اختلاف الباحثين والمعلمين في الإستقصاء والإكتشاف، فهما توأمان ووجهان لعملة واحدة.

شروط التعلم بطريقة الاستقصاء والإكتشاف:

١. عرض موقف (مشكلة) أمام الطلاب، أو طرح سؤال (و أسئلة)تفكيرية تثير تفكير الطلبة أو تتحداهم، وعلى معلم العلوم وقبل طرح الأسئلة التفكيرية أن يضع في اعتباره الأسئلة والتساؤلات التالية:

- ماذا أريد ان أُعلم؟ وماذا أتوقع من الطلاب أن ينجزوا أو (يكتشفوا) من خلال هذه الأسئلة.
- ما نوع الأسئلة التي يجب أن أطرحها؟ هل هي أسئلة متعددة الأجوبة (متشعبة)؟ أم أسئلة محددة الجواب (تقاربية)؟
- ما مستوى التقصي والإكتشاف الذي أريده؟ هل هو مستوى إستقصائي منخفض أو مستوى مرتفع، وما مستوى الإستقصاء المناسب بكل فئة عمرية من الطلبة.
- كيف استجيب لأسئلة الطلبة؟ وكيف يمكنني الاستفادة من أسئلة الطلاب في طرح هذه الأسئلة (التفكيرية)؟ وما نوع الأسئلة ومستواها والتي يمكن أن يتقبلها المعلم من الطلبة؟
- ما نوع القدرات والمواهب التي يحاول المعلم أن يطورها أو ينميها لدى الطلبة؟.
- ما العمليات العقلية (الناقدة) التي يحاول المعلم أن يغذيها أو ينميها لدى الطلبة؟
- ما الأهداف العامة والخاصة لتدريس العلوم والتي يحاول المعلم ان يحققها؟

٢. حرية التقصي والإكتشاف: يجب إعطاء الطالب الفرصة لكي يبحث ويستقصي ويكتشف، حتى تتولد لديه القناعة والشعور و(الحفز الداخلي) والذي يدفعة للتقصي والإكتشاف المستمر.

٣. توفر ثقافة أو (قاعدة) علمية لدى الطالب: بحيث يمكن أن تكون انطلاقه بما فيه الكفاية لأن يبحث ويتقصى ويكتشف، كما يجب أن تكون انطلاقة كافية لأن يبحث ويتقصى ويكتشف، كما يجب أن تكون لديه

بعض المهارات المسبقة مثل مهارات العلم وعملياتـه لـكي يكون بمقدوره أن يلاحـظ ويقيس ويستنتج ويجرب.. .

٤. **ممارسة التقصي والإكتشاف:** على المعلم أن يدرب الطلاب على ممارسة التقصي والإكتشاف عمليـاً وليس نظرياً فقط، فالإنسان إن لم يمارس السباحة عملياً فإنه لا يتعلمها من قراءة الكتب فقط .

لذا فان طريقة التقصي والإكتشاف تتضمن سلسلة مـن العمليـات والإجراءات التـي يقوم بها الطالب والتي تشمل: عرض موقف أو سؤال يثير تفكير الطلبة، وحـث الطلبـة عـلى تكوين الفرضيات لتفسير العلاقات الممكنة، وإتاحة الفرص أمـام الطالـب لممارسة العمـل المباشر وتجريبه، والوصول الى النتائج ثم تعميمها على مواقف جديدة.

وعلى معلم العلوم أن لا يترك الطلبة لكي يستقصوا ويكتشفوا لوحـدهم بعيداً عـن المعلم، لان للمعلم دوراً أساسياً في (توجيه) عملية الـتعلم بالإستقصاء والإكتشاف، وتخطيط المشكلة (أو الموقف المشكل)، وصياغة الأسئلة التفكيرية الجيدة المتعددة الإجابة والمتسلسلة منطقياً وعلمياً والمناسبة لمستوى الطلبة العقلية والعمرية.

ولتحقيق ذلك اقترح علماء التربية كارن وصند (Carin and Sund) قائمة من النقاط التـي تبين دور معلم العلوم في طريقة الإستقصاء والإكتشاف لمساعدة الطلبة في الإكتشاف:

✓ أن يهيئ معلم العلوم الفرص أمام الطلبة للتقصي والإكتشاف، لكي يكتشفوا الحلـول أو الإجابات المناسبة للمشكلات العلمية المطروحة للبحث أو للأسئلة المثارة.

✓ أن يختار المعلم بعض الأنشطة التعليمية (المفتوحة النهاية) لمشكلات علمية، سواء التي يقترحهـا المعلم أو الطلبة أنفسهم.

✓ أن يدرك المعلم أن التعلم بالتقصي والإكتشاف يأخذ وقتاً أطول من التعلم بالطرق التقليدية، ومع ذلك يبقى التعلم بالإستقصاء والإكتشاف حيوياً وضرورياً للطلبة لكي يتعلموا ويكتسبوا عمليات العلم وطرقه ومهاراته، وبالتالي كيف يفكرون.

✓ إن التعلم بالإستقصاء والإكتشاف يأخذ إطاراً عامـاً يضمن: المناقشـة الصفية وتبـادل الأسئلة، والملاحظة والتجريب، ومناقشة وتفسير المعلومـات التي تـم الحصول عليها، وتوليد المشكلات والنشاطات العلمية الجديدة، من اجل إستمرار البحث والتقصي والإكتشاف.

- ✓ أن يقوم المعلم بتزويد طلابه ببعض (التلميحات العلمية) كلما لزم الأمر، وعندما يشعر المعلم بأن أفكار طلابه قد تشتتت بحيث لم يعد بمقدورهم المضي في عملية التحدي والإكتشاف العلمي.
- ✓ أن تكون لدى المعلم خطة عامة لارشاد الطلبة وتوجيههم أثناء القيام بالنشاطات العلمية الإستكشافية أو حل المشكلات العلمية المطروحة.
- ✓ أن يقوم معلم العلوم بتوفير الأدوات والأجهزة والمواد اللازمة لأغراض التعلم والبحث والإستقصاء.
- ✓ أن يمتلك معلم العلوم فن فهم إعداد وطرح الأسئلة الصحيحة والمناسبة لمستوى وقدرات الطلاب، لأن نوعية هذه الأسئلة وطرحها بشكل صحيح يعتبر معياراً أساسياً في نجاح أو فشل عملية التعلم بالإستقصاء والإسكتشاف.

مما سبق نستنتج أن هذا الجو التعليمي يحول التركيز من محور تزويد النتائج الى محور البحث الأصيل في الظواهر عن طريق إثارة الأسئلة، حيث أن البحث عن الإجابات من جانب الطالب هو الطريق المتبقي للتعلم الفعّال، لذا فالتعلم بالضرورة عملية إستقصاء مستمرة يثيرها الكشف والإبداع.

وهنا ينبغي أن نشير الى اهم خصائص المتعلم (الطالب) والتي تتمثل في ما يلي:

١) لديه أنشطة عقلية وجسمية هائلة.

٢) لديه فضول وحب إستطلاع.

٣) أن المتعلم (الطلاب) متقلب المشاعر والأهواء.

٤) لديه دوافع قويه نحو التعلم.

لذا تكون لعملية التعلم أهمية كبيرة عندما يبدأ الطالب من ذاته، ويتجه الوجهة التي يميل إليها، ولا ينفصل عن اهتماماته وتطلعاته.

فالمعلم اليوم - ومن منطلق استقصائي - مطالب بأن يتيح الفرصة للطالب بأن يعبر عن نفسه وأفكاره وأحاسيسه ومشاعرة في جو خالٍ من التسلط والكبرياء، وأن يخلق جو يسوده الأمان والثقة والدعم والتشجيع، بحيث يمارس فيه المعلم دور الوسيط بين التعلم والمتعلم، وهذا يعني:

١. تنظيم محتويات بيئة التعلم بطريقة تثير وتشجع اهتمامات الطلبة وميولهم واتجاهاتهم.

٢. أن يسمح للطلبة بالإستكشاف في جو خالٍ من السخرية أو الإستهزاء أو العقاب.

٣. أن يراعي المعلم الفروق الفردية بين الطلبة، ويقود عملية التعلم بما يتناسب ومستوى كل متعلم.

٤. أن يسمح للطالب باستعمال ما لديه من طاقات وامكانات لاستكشاف العلاقات من أنواع مختلفة.

٥. إتاحة الفرص للطلاب بالتفاعل مع البيئة من جوانبها المختلفة الإجتماعية والبيئية.

إن الهدف من مراعاة الجوانب الهامة السابقة هو المساعدة على تنمية اتجاهات ومهارات ومعارف وقيم الطلبة بحيث يتمكنوا من التفكير بطريقة استقصائية حول الواقع الذي يعيشون فيه.

إن طريقة التدريس التقليدية تركز على أن الطالب يجب أن يقبل ما يعتقده معلمه وأن يقبل كل ما جاء في الكتاب دون نقاش أو رأي، فالمعلم يربط اجابة الطالب بأسئلة مثل: ماذا قلت لك؟ اهذا ما قلته لك؟ ماذا يقول الكتاب؟ أهذا ما ورد في الكتاب؟

في حين ان المعلم الإستقصائي يثير للطلاب أسئلة مثل:

ما دليلك على هذا؟ ما المعايير التي استخدمتها لإصدار هذا الحكم؟

لذا ففي غرفة الصف التقليدية تهتم بحفظ المعلومات وكتابة الملاحظات والمذكرات، أما في غرفة الصف الإسقتصائية فيشجع المعلم طلبته على النقاش وتحدي وجهات نظر بعضهم بعضاً، وأعطاء براهين لتدعم وجهة نظرهم، ففي غرفة الصف التقليدية يتم الإقتصار على محتوى المادة والكتاب المقرر فقط، بينما في غرفة الصف الإستقصائي يقوم الطلبة بالبحث عن المعلومات من مصادر متعددة لـدعم وجهات نظرهم.

* دعنا نفكر للحظة بترك طفل تُرك بحرية في حديقة المنزل أو حديقة المدرسة مع مجموعـة مـن الأشياء ليكتشفها، سيبدأ الطفل في إكتشاف هذه الأشياء عن طريق لمسها أو سحبها أو جرِّها، أو ضربها، أو محاولة تجزئتها، لذا يتعلم الطفل عن الأشياء وكيف تتفاعل عن طريق إكتشافها وتطوير أفكار خاصة بـه عن تلك الأشياء بالتعلم القصير والمختصر، أي بالإستقصاء.

خطوات الطريقة الإستقصائية

الخطوة الأولى: إستنتاج أسئلة الطلاب وتسجيلها:

إذا لم تتوفر لدى الطلبة الخبرة السابقة عن المفهوم، على المعلم أن يحث الطلبة على طرح الأسئلة عن طريق تزويد الطلبة بالحدث المتناقض – أو عن طريق فيلم- أو إجراء تجربة، أو عرض بعض اللوحات الهادفة.

الخطوة الثانية: تحديد نوع الأسئلة المرتبطة بالموضوع فقط وتوزيعها على المراحل التالية:

أمثلة لبعض الأسئلة المتوقعة:

○ لماذا تستخدم الأدوات التالية؟

○ ما الخطوات التي تتبعها لإنجاز هذه التجربة؟

○ ما الهدف من التجربة؟

○ كيف نستطيع تحديد نقطة البداية؟

الخطوة الثالثة: التخطيط لعملية البحث

تحديد الأدوات المناسبة واستعمالها ، جمع المعلومات، تحديد الوقت، الأهتمام بالبيئة، إختيار مصادر التعلم المناسبة، الإستعانة بالخبرات البشرية.

مثال: عند التخطيط لتجربة:

■ تحديد الهدف من التجربة

■ تحديد الأدوات اللازمة لتنفيذ التجربة.

■ توضيح إجراءات السلامة العامة.

■ توضيح خطوات التجربة.

الخطوة الرابعة: متابعة عملية البحث والمراقبة

■ تقديم المساعدة والتشجيع على مواصلة البحث والإستقصاء.

■ تدوين البيانات والملاحظات.

الخطوة الخامسة: مساعدة الطلبة على التوصل إلى النتائج.

■ تسجيل النتائج مع تقديم الإرشاد والمساعدة اللازمة.

■ إجراء المناقشات حول النتائج التي تم التوصل اليها.

■ الرجوع الى المصادر التي تم حصول المعلومات منها.

أمثلة :**مشكلات علمية تعالج بأسلوب إستقصائي:**

(الخشبة العائمة والخشبة الغارقة):

يعرض المعلم قطعتين من الخشب مختلفتين في الحجم، ويضعهما على كفتي اليدين بشكل متوازن، نضع القطعتين الخشبيتين في وعاء يحتوي ماء، نلاحظ أن القطعة الأكبر والأثقل سوف تطفو على الماء بينما القطعة الأصغر سوف تغرق!!

هذا الحدث المتناقض يمكن صياغته كاستقصاء من خلال الأسئلة التالية:

- لماذا طفت القطعة الخشبية الثقيلة بينما غرقت الخفيفة؟
- لماذا تطفة أشياء وتغرق أشياء؟
- لماذا تطفو سفينة ضخمة وكبيرة بينما يغرق مسمار معدني صغير في الماء؟

المبدا العلمي الذي ينشأ من هذه الأسئلة هو : مبدأ أرخميدس والضعط.

التكهرب (الكهرباء الساكنة):

١. بعد أن يختار المعلم المشكلة أو القضية التي تحير وتربك الطلبة، يقدم العرض التالي:

- يحضر المعلم قضيبين من البلاستيك وقطعتين من الصوف ومقاصات صغيرة من الورق.
- يقوم بدلك قضيب البلاستيك الأول بقطعة الصوف ويقربه من قصاصات الورق، فتنجذب اليه.
- يقوم بدلك قضيب البلاستيك الثاني بقطعة الصوف ثم يقربه من قصاصات الورق فلا تنجذب اليه.

ملاحظة : تم وضع قطعة الصوف الأولى في الشمس والثانية في الظل داخل المختبر.

٢. بعد إجراء التجربة السابقة يعلن المعلم بأنه سوف يجيب على أسئلة الطلاب بـ (نعم) او بـ (لا) فقط.

٣. يقّسم الطلاب أنفسهم الى مجموعات لمناقشة المشكلة، ويدونون الأسئلة التي سيطرحونها على المعلم.

قد يسأل الطلاب:

- ❖ س: هل يختلف نوع البلاستيك من قضيب الى آخر؟
- ❖ س: هل يختلف نوع الصوف من قطعة الى أخرى؟
- ❖ س: هل قام المعلم بوضع مادة ما على القضيب الثاني؟
- ❖ س: هل قام المعلم بدلك القضيب الأول أكثر من الثاني؟
- ❖ س: هل وَضْع المعلم لاحدى قطع الصوف تحت الشمس والثانية في الظل أثر في عملية الجذب؟

٤. يكلف المعلم أحد الطلاب بإعادة العرض السابق وبنفس الأدوات " قد يلاحظ الطلبة الفـرق في درجة حرارة قطعتي الصوف" وإذا لم يلاحظوا؛ يقوم المعلم من خلال طرح الأسئلة بالإيحاء الى اكتشاف الأختلاف وما السبب.

٥. يناقش المعلم والطلبة المعلومات والبيانات والملاحظات للتوصل الى تفسيرات للظاهرة.

٦. يدعو المعلم الطلبة الى شرح تفسيراتهم والقواعد التي ارتكزوا عليها.

٧. يقوم المعلم والطلبة بتقييم تفسيراتهم والتوصل الى "أن أشعة الشمس تكسب الكترونـات ذرات الصوف طاقة، لذا تقوم هذه الإلكترونات بالإنتقال بسرعة الى قضيب البلاستيك" .

وبنفس الطريقة السابقة يمكن لمعلم العلوم أن يثير تساؤلات حول مشكلات مختلفة مثل:

✓ لماذا يصدأ الحديد والنحاس إذا تعرض للرطوبة، بينما لا تصدأ بعض المعادن الأخرى؟ مـا السـبب؟ ما الخسائر الضخمة التي يتعرض لها المواطنون والتجار نتيجة صدأ هذه المعادن؟ ما خطورة هـذا الصدأ على صحة الإنسان؟ كيف يمكن حماية هذه المعادن من الصدأ ما دور عنصر الأوكسجين الموجود في الهواء في الصدأ؟

✓ لماذا يجذب المغناطيس الحديد والفولاذ؟

✓ لماذا لا يجذب المغناطيس الزجاج والورق والخشب والمعادن الأخرى؟

✓ ما دور المغناطيس في توليد الكهرباء؟

✓ ما العلاقة بين المغناطيسية والكهرباء؟

ثانيا:طريقة حل المشكلات

إن هذه الطريقة من أهم الطرق التي يلجأ إليهـا المعلمـون في تـدريس العلـوم لأنهـا تهـدف إلى تشجيع الطلبة على البحث والتنقيب والتساؤل والتجريب الذي يمثل قمـة النشـاط العلمـي، لـذا يصبح الغرض الأساسي من طريقة حل المشكلات هو مساعدة الطلبة عـلى إيجـاد الحلـول (للمواقـف المشكلة) بأنفسهم والوصول إلى حلها، لأن نجاح الطلبة في معالجة المشكلات والمواقف المشكلة وحلها سوف يهيىء الطلبة للنجاح في معالجة القضايا والمشكلات التي تصادفهم في حياتهم اليومية.

وتتداخل طريقة حل المشكلات في العلوم مع طريقة الاستقصاء والاكتشاف، حتى إن كثيراً من التربويين يعتبرونها جزءاً لا يتجزأ منها، أو أنها امتداد لها، بخاصة إذا علمنا أن طريقة التقصي- والاكتشاف تتطلب (موقفاً مشكلاً) أو مسؤولاً تفكيرياً يثير تفكير الطالب ويتحدى عقله بحيث يقود إلى البحث والتقصي والتساؤل وجمع المعلومات والتفسير والاستنتاج والتجريب للوصول إلى حل المشكلة.

ويتخلص هذا الأسلوب في اتخاذ إحدى المشكلات التي تتصل بموضوع الدراسة محوراً لها ونقطة بداية، ومن خلال التفكير في حل هذه المشكلة وممارسة أنواع النشاط التعليمي المختلفة (جمع المعلومات، وإجراء التجارب، وتحليل النتائج.. يكتسب الطلاب المعارف والمعلومات ويتدربوا على أسلوب التفكير العلمي وبعض المهارات العقلية والعملية المفيدة).

لذا فإن طريقة حل المشكلات تتمشى مع الاتجاهات الحديثة في تدريس العلوم، كما تستند إلى أسس ومبررات تربوية حديثة أهمها:

١- تتمشى طريقة حل – المشكلات مع طبيعة عملية التعلم لدى المتعلمين والتي تقضي- أن يوجه لدى الطالب هدف أو غرض يسعى لتحقيقه ويدفعه للنشاط ويحدده اتجاه هذا النشاط، لذا فإن استخدام معلمي العلوم هذا لأسلوب وإثارتهم (لمشكلة علمية) أو (سؤال علمي محير) كمدخل للدروس العلمية يشكل حافزاً ودافعاً قوياً وداخلياً للتفكير ومتابعة النشاط التعليمي لحل هذه المشكلة.

٢- تتشابه طريقة حل المشكلات وتتفق مع مواقف البحث العلمي الحقيقية، والتي تنمي روح التقصي والبحث العلمي لدى الطلبة، فالتفكير العلمي يبدأ من الإحساس بمشكلة تحتاج إلى حل ولهذا فإنه ينمي في الطالب روح البحث العلمي ويدربهم على أسلوب التفكير العلمي الصحيح وعلى اتباع خطوات الطريقة العلمية، وهذا بحد ذاته هدف أساسي في التربية العلمية وتدريس العلوم.

٣- إن هذه الطريقة تحقق وظيفة التعلم (المعارف والمهارات)، فتحصيل المعرفة والمهارات هنا يتم في موقف وظيفي ليحقق حل المشكلة.

لذا يحاول معلمو العلوم أن يجعلوا تحصيل الطلبة للمعرفة العلمية وعمليات العلم وطرقه ومهاراته يتم في مواقف تعليميه – تعلمية (مشكلة) تحقق

حل – المشكلات المطروحة مـن خـلال اسـتخدام طريقـة حـل – المشكلات وبالتـالي تظهر قيمتها الوظيفية.

٤- إن هذه الطريقة تجمع في إطار واحد بين شقتي العلم بمادتـه وطريقتـه أي بـين أسـلوب العلـم ومضمونه، فالمعرفة العلمية هنا وسيلة للتفكير العلمي ونتيجة له في نفس الوقت، وعليه يحاول المعلمون جهودهم في استخدام الطريقة ويطبقها لمساعدة الطلبة في اتباع الأسلوب العلمي والاتجاه الاستقصائي والاستكشافي لتحقيقه لدى الطلبة وبالتالي الجمع بين العلم بمادته وطريقته.

٥- تتضمن طريقة حل المشكلات في العلوم اعتماد الفرد (الطلاب) على نشاطه الذاتي لتقديم حلول للمشكلات العلمية المطروحة، كما تمكن الطالب من اكتشاف المفهوم أو المبدأ أو الطريقة التـي تمكنه من حل المشكلة مدار البحث وتطبيقها في مواقف مختلفة جديدة غير مألوفة.

اختيار المشكلة:

تعرف المشكلة بوجه عام على أساس أنها حالة يشعر فيها الطالب أنه أمام موقف أو سؤال محير يجهل الإجابة عنه ويرغب في معرفة الإجابة الصحيحة.

ويقترح الأدب التربوي العلمي على معلم العلوم أن يراعي في اختيار المشكلات (المواقف) العلمية التي تتخذ محوراً للدرس عدة أمور أهمها:

١- أن يحس الطالب بأهمية المشكلات (المواقف) المبحوثة، كأن ترتبط المشكلات بحاجـة الطالـب أو اهتماماته أو حاجات مجتمعه.

٢- أن تكون المشكلات المبحوثة في مستوى تفكير الطالب وقدراتهم، بحيث تسـتثير أفكـاره وتتحـدى قدراته وتخلق فيه الحافز القوي إلى حلها.

٣- أن ترتبط هذه المشكلات (المواقف) بأهداف الدرس، بحيث يكتسب الطالب خلال حلها (حقائق، مفاهيم، مبادىء...) والمهارات والمعارف والاتجاهات والميول العلمية.. وغيرهـا مـن أوجـه الـتعلم المرغوبة من الدرس.

خطوات حل المشكلة

يرى كارن وصند (Carin and Sund, 1989) أن حل المشكلة إجرائياً يشير إلى جميع النشاطات العقلية والعملية (التجريبة) التي يستخدمها الطالب في محاولته لحل المشكلة (الموقف)، فالطالب الذي يمارس حل المشكلات عملياً، يحدد المشكلة التي يرغب في حلها، ويقوم بجمع المعلومات ويسجلها ويصوغ الفرضيات ويختبرها ويجريها ويتوصل إلى استنتاجات من هذه التجارب.

وليس بالضرورة أن تسير الخطوات المتضمنة في الطريقة العلمية خطوة إثر خطوة وفور نظام محدد جامد التخطيط، ولا وفق نظام متتابع، بل من الممكن للطالب (المتعلم) أن ينتقل من خطوة إلى أخرى أماماً وخلفاً، فيبدل ويغير ويفسر ويتنبأ ويبحث ويجري في محاولة لعلاج المشكلات للوصول إلى حلها.

وعلى الرغم أنه لا يوجد اتفاق مطلق على عناصر وخطوات حل المشكلة، إلا أن الأدب التربوي العلمي يتفق على العناصر الأساسية المشتركة التالية في الطريقة العلمية لحل المشكلات وهي:

١- الشعور (الإحساس) بالمشكلة.

٢- تحديد المشكلة وصياغتها في صورة (إجرائية) قابلة للحل، إما في صيغة سؤال (موقف مشكل) أو في صورة تقديرية.

٣- جمع البيانات والمعلومات ذات الصلة بالمشكلة المطروحة.

٤- وضع أفضل الفرضيات أو (التفسيرات) لحل المشكلة.

٥- اختبار الفرضية أو (الفرضيات) بأية وسيلة علمية.

٦- الوصول إلى حل المشكلة.

٧- استخدام (الفرضية) كأساس للتعميم في مواقف أخرى مشابهة.

١- الشعور بالمشكلة:

ينبغي على المعلم أن يهيىء مواقف (مشكلة) بحيث يشعر فيها الطلبة بالحاجة والرغبة إلى طرح أسئلة.

كما يمكن للمعلم أن يطرح الأسئلة التفكيرية التي تتضمن التأمل والتفكير والتفسير والتعليل.

كما يمكن للمعلم أن يعرض تجربة أمام الطلاب.. بحيث تنتهي بنتيجـة غـير متوقعـة لـدى الطلاب، تحيرهم وتربكهم وتثير فيهم الفضول لإيجاد تفسير علمي ومنطقي لهذه النتيجة ثم البحث عن حل علمي مقنع لهذه المشكلة، ومثال ذلك إجراء تجربة غليان الماء على درجة حرارة منخفضـة أو بدون حرارة.

٢- تحديد المشكلة:

يمكن لمعلم العلوم أن يكلف الطلاب كتابة المشكلة أو صياغتها، ويمكن كتابتهـا عـلى السـبورة في الصف وقراءتها ومناقشتها، كما يمكن للطلبة من صياغة بعض الجمل والتساؤلات التي تتعلق بالمشكلة.

٣- جمع المعلومات (البيانات) وتنظيمها وتبويبها:

يقوم المعلم باقتراح بعض المصـادر والمراجع والمقـررات العلميـة المتعلقـة بحـل المشكلة وعـلى الطلبة مراجعتها لجميع البراهين المتعلقة بالمشكلة قيد الدرس.

كما يقوم الطلبة بتنظيم هذه المعلومـات وترتيبهـا وتبويبهـا مـن خـلال العنـاصر المشـتركة بينهـا والمختلفة، ثم إعداد التجـارب للإجابة عـن السـؤال (المشكلة) ومـن ثم اختبـار الأفكـار، والـتخلص مـن المعلومات التي ليس لها علاقة مباشرة بالمشكلة.

ثم يقوم الطلاب بوضع قائمة بالحقائق التي يعرفونها عن المشكلة والتي تشكل المعرفة السـابقة أرضية صالحة لها، ثم وضع قائمة أخرى بالقضايا التي لا يعرفونها وإعداد مجموعة من الأسئلة التي تتعلق بالمشكلة، كما يطلب من كل عضو في المجموعة أن يحـاول إيجـاد إجابـة لهـذه الأسـئلة للتوصـل إلى حـل المشكلة وتحديد مصادر الحصول على المعلومات التي تقود إلى حل المشكلة.

٤- صياغة الفرضيات أو الحلول المؤقتة:

بعد جمع البيانات والمعلومات وتنظيمها وتفسيرها، يمكن أن يطلب مـن الطلاب كتابة بعـض التفسيرات أو (الفرضيات) اعتماداً على المعلومات المتوافرة، وبالتالي اقتراح طرق أو أساليب لاختبـار هـذه التفسيرات أو الفرضيات.

٥- اختيار واختبار أنسب الفرضيات:

يقوم الطلاب باختيار أنسب الفرضيات التي قد تبدو أنها تقـود إلى حـل المشـكلة والإجابـة عـن الأسئلة المحيرة، وبالتالي رفض الفرضيات الأخرى من خلال المنطق العلمي والمناقشة والتجريب، وعليه فإن الفرضية المختارة ستختبر وتجرب مرة أخرى للتحقق من صحتها.

٦- الاستنتاجات والتعميمات:

إن الفرضية التي تم اختبارها هي في الواقع الاستنتاج الذي تم الوصول إليه، ولكن يمكن للطلبـة التوصل إلى استنتاجات أخرى من خلال الحوار والمناقشة والتلاقح العلمي للأفكار المختلفـة، ثم يمكن في النهاية عمل (التعميم) من خلال إجراء عدد من التجارب التي تـدعم وتؤكد الاستنتاج نفسـه الـذي تم التوصل إليه.

٧- تطبيق التعميم على مواقف جديدة:

تتضمن هذه الخطوة، دعوة الطلاب إلى تطبيق التعميم الذي توصلوا إليه عـلى جميـع مواقـف حيـاتهم اليومية، وهذا يؤدي إلى تجسير الفجوة والهوة بين الموقف التعليمي الصفي والموقف الحقيقي في الحياة.

ثالثا:طريقة المختبر (الدروس المعملية)

وهي الدروس التي يقوم فيها الطلاب بأنفسهم بإجراء التجارب أو الفحوص وغيرها مـن النشـاط العملي، لذا فإن اتخاذ العمل المخبري والعملي أساس في تعلم العلوم يعتبر ابـرز الاتجاهـات المعـاصرة في تدريس العلوم، حيث يعتبر المختبر القلب النابض في تدريس العلوم في مراحل التعليم المختلفة، ولذا قيل: "إن العلم ليس علماً ما لم يصطحب بالتجريب والعمل المخبري".

وقد أشار العديد من التربويين إلى أن الأنشطة المخبرية لها تأثير إيجابي في اتجاهات الطلبـة نحـو العلوم وبالتالي فهي تزيد من تحصيلهم العلمي. وتعزز العلاقات الاجتماعية وتنمـي الاتجاهـات العلميـة وتعزز النمو المعرفي لدى الطلبة، كما أن لها تأثير كبير على اكتساب عمليات العلم المختلفة.

وهناك إجماع عام في الأدب التربوي العلمي يرى أن المختـبر يحقـق الأغـراض والفوائـد التاليـة في تدريس العلوم:

١- يتيح المختبر للطالب فرص التعلم عن طريق العمل، وتضع الطالـب موضع المكتشـف، لذا فهو يكتسب المعرفة العلمية التي

تتميز بالواقعية والعملية والخبرة المباشرة بدلاً من الخبرات المنقولة عن طرق أخرى، لذا فهو يتدرب على أسلوب البحث العلمي عملياً وميدانياً، وهذا يؤدي إلى اكتساب الطالب خبرات علمية حسية مباشرة، وبقاء المادة العلمية المتعلمة والاحتفاظ بها مدة أطول.

٢- تكسب الطالب المهارات العملية، فالمهارة لا يمكن أن تكتسب إلا من خلال العمل والممارسة. مثل:

أ- المهارات اليدوية: وتتعلق بكيفية استخدام الأدوات والأجهزة والتحكم بها ومعالجتها والمحافظة عليها وصيانتها، وكيفية اتخاذ احتياطات الأمان خلال وبعد استخدامها.

ب- المهارات الأكاديمية (التعليمية): مثل تسجيل البيانات وجمعها وتحديد المراجع واستخدامها، وعمل الرسوم البيانية وكتابة التقارير المخبرية... إلخ.

ت- المهارات الاجتماعية: وتتمثل في العمل المخبري الجماعي وتفاعل الطلبة مع بعضهم البعض، واحترام العمل الجماعي وتقديره وتوزيع الأدوار وتعلم احترام آراء واقتراحات الآخرين وتقديرها، والتعاون وتبادل الرأي.

٣- اكتساب وممارسة مهارات عمليات العلم الأساسية والمتكاملة، كما في عمليات الملاحظة والقياس والتصنيف والتنبؤ والاستدلال وضبط المتغيرات.. والتجريب.

٤- تشكيل الاتجاهات والميول العلمية الإيجابية وتنميتها، وتقدير جهود العلماء.

٥- يتيح المختبر للطالب فرص التعلم الذاتي، من خلال تطبيق طرق العلم والطريقة العلمية في استقصاء المعرفة وحل المشكلات.

٦- يعتبر التعلم من خلال العمل المخبري أفضل طريقة لتثبيت المعلومات، فما يكتشفه الطالب بنفسه لا ينساه، ويتذكره في أغلب الأحيان.

٧- تثير حب الاستطلاع المتأصل لدى الطلاب، وتشجيعهم على المثابرة والصبر والمداومة في دراسة العلوم، ومتابعة كل جديد في مجال العلوم.

٨- اكتساب مهارات الأمان والسلامة المخبرية، في كيفية التعامل مع المواد الخطرة والسامة أو الحارقة، وكيفية خزن المواد الكيماوية، والصيانة العامة للأدوات والأجهزة، وكيفية التعامل الأولي (الإسعافات الأولية) مع الإصابات البسيطة وحفظ البيانات والحيوانات المخبرية، واستخدام أدوات التشريح والعناية بها... إلخ.

أنواع العمل المخبري (التجارب العملية)

١- المختبر التوضيحي (التدريبات العملية)

ويهدف هذا النوع من التجارب الى التحقق والتأكد من معلومات علمية سبق أن تعلمها الطالب بمساعدة المعلم غالباً، ولعل معظم الدروس العملية التي تتم في مدارسنا ليست سوى تدريبات على إستخدام الأجهزة المخبرية، ويهدف بعض هذه التدريبات الى إنماء بعض المهارات العملية مثل التدريب على التشريح أو إجراء عملية التعادل أو إستخدام الميزان، كما يهدف بعضها الى توضيح أو تأكيد حقيقة أو مبدأ يعرفه الطلاب من قبل مثل التدرب على التشريح حيوان و رؤية أجزاء الجهاز الهضمي الذي سبق أن شرحه المعلم لهم، أو أن يجروا بعض التجارب الكيماوية للتعرف على خصائص ملح أو حامض معروف لهم أو دراسة تركيب زهرة سبق دراستها نظرياً، وفي هذا الأسلوب المخبري يتم تزويد الطلاب بخطوات إجراء التجربة (خطوة خطوة) وكذلك المواد والأدوات النظرية، ويبدو أن هذا الأسلوب المخبري (التوضيحي) هو الأسلوب السائد في تنفيذ النشاطات المخبرية في مدارسنا.

٢- المختبر الإستقصائي الإستكشافي في (الدروس العلمية الكشفية):

وهي الدروس التي يقوم فيها الطلاب بالتوصل الى حل مشكلة ما أو التعرف الى حقيقة جديدة أو الكشف عن مبدأ أو قانون عن طريق القيام بتجارب أو فحوص يخططون لها بأنفسهم ويسجلون نتائجها.

ويهدف هذا الأسلوب الى وصول الطالب الى تقصي المعرفة العلمية واكتشافها بمساعدة وتوجيه محدود من المعلم، وفي هذا الأسلوب يزود الطلاب بالحد الأدنى من المعلومات عن النشاط المخبري ويكون دور الطالب هو الاساس في عملية تقصي العلم واكتشافه، في حين يكون دور المعلم دور الموجه و المرشد أثناء إجراء هذه التجارب، كما يمكن للمادة النظرية أن تسبق التجربة أو تكون ملازمة لها، لذا فإن هذا الأسلوب (الإستقصائي - الإستكشافي) هو الذي يحقق أهداف العمل المخبري وفوائده الكبيرة المتمثلة بالتعلم عن طريق العمل (المخبري) العلمي الإستقصائي، وتنمية التفكير وطرق العلم وعملياته ومهاراته، وتكون الميول

والإتجاهات العلمية، أما النمط المخبري المستخدم، فقد يكون النمو المخبري الفردي أو التعاوني أو التنافسي.

وعادة تبدأ مثل هذه الدروس بمشكلة يثيرها المعلم، ولكن قد تختلف صور معالجتها، فقد يترك المعلم لكل طالب أو (لكل مجموعة) حرية التخطيط لحل المشكلة وإجراء ما يرونه من تجارب توصلاً للحل.

فقد يبدأ المعلم في مناقشة طلابة في أسلوب حل المشكلة للتوصل الى إقتراح التجارب والفحوص اللازمة، ثم يترك بعد ذلك الفرصة لهم للقيام بهذه التجارب وعرض نتائجها.

فمثلاً حين يثير المعلم في درس "الضوء" مشكلة العلاقة بين بعد جسم عن عدسة وبعد الصورة وقوة العدسة، قد يقوم الطلاب كل على حدة أو (في مجموعات) بإجراء التجارب متعددة يختلف في كل منها بعد الجسم عن العدسة، وتكرر هذه التجارب مع تغيير العدسة، ثم يتم جمع النتائج وتستخلص العلاقة.

أو أن توزع التجارب على (مجموعات الطلاب) بحيث تقوم كل مجموعة بعمل التجارب باستخدام عدسة ما، وتقوم مجموعة أخرى بالتجربة مستخدمة عدسة ذات قوة مختلفة... وهكذا، وفي نهاية الأمر تضع كافة المجموعات نتائجها تجاربها المختلفة في جدول واحد وبقيادة المعلم يتم إستخلاص العلاقة وتسجيلها على السبورة أو على دفاتر المختبر.

الفرق بين التجربة التوضيحية والتجربة العملية:

إن التجربة التوضيحية هي عرض عملي يقوم به المعلم أمام الطلاب لبيان ظاهرة معينة أو توضيح فكرة أو تطبيق قانون معين بدون قياسات أو رصد نتائج.

أما التجربة العملية فهي نشاط يمارسه الطالب بنفسه أو (المعلم) لتحقيق قانون أو التوصل الى نتائج أو تثبيت من صحتها، أي في حال إجراء التجربة ترصد النتائج بدقة وتستلخص منها العلاقة الرياضية التي تربط بين المتغيرات في التجربة.

فالمعلم الذي يعرض (جهاز بويل) ليبين أن حجم الغاز المحصور يتغير بتغير الضغط الواقع عليه، يقدم عرضاً.

اما المعلم الذي يستخدم هذا الجهاز ليثبت أن حجم الغاز المحصور يتناسب عكسياً مع الضغط الواقع عليه فهو يجري تجربة.

وفي حال تقديم التجربة لعرض عملي يكون التلاميذ في الغالب موقف المشاهد والمتفرج، بينما في حال التجريب فإن الطلاب أنفسهم يقومون بالعمل، فيتدربون إستعمال الأجهزة والأدوات، وتصحيح التجارب، ويكتسبون مهارة أخذ القياسات وكتابة النتائج ومن ثم الوصول الى العلاقات والقوانين.

وقد يظن بعض المعلمين ان إجراء التجارب العملية غير ممكنة في مرحلة التعليم الإساسي المتقدمة لصعوبة تعامل الطلاب مع الأجهزة أو العدم توفر الإمكانات الكافية في المدارس، غير ان هذا الظن خاطئ، لأن البيئة مليئة بالمواد الأساسية والأدوات البسيطة، ومليئة بالإمكانات المادية البديلة والتي يمكن للمعلم أن يستعيض بها عن الأجهزة المخبرية، وهنا يجد الطلاب متعة في العمل ورغبة في التعلم ومتابعة هذا النشاط في الحياة العامة.

لذا على المعلم الناجح أن يشجع طلابه على جمع نماذج وعينات كثيرة من البيئة للإستفادة منها في تصميم وإجراء التجارب ويتوقف نجاح هذا النشاط على الأسلوب الذي يُستخدم فيه، فقد يقوم المعلم بإجراء التجربة أمام الطلاب بمساعدة بعضهم وتكليف آخرين برصد النتائج، ثم إشراك الجميع في إستخلاص النتائج.

وقد يُحضر المعلم مجموعة من التجارب ويوزع الطلاب في مجموعات ويتيح لهم حرية العمل وفق تعليمات واضحة ومكتوبة.

ومهما يكن من امر فإن جميع الدروس المخبرية بأنواعها المختلفة تتطلب من المعلم مراعاة الأمور الهامة التالية:

١. **تحديد الغرض من الدرس العملي:**

أن وضوح الغرض من الموقف العملي (تجربة أو فحص أو تنفيذ عمل ما) أمام الطلاب أمر ضروري لإثارة اهتمامهم به وتوجيه نشاطهم أثنائه وإستخلاص النتيجة بعد ادائه، لذا على المعلم أن يسجل الغرض أو الهدف من التجربة بشكل واضح على السبورة ليكون واضحاً أمام الطلاب في كل لحظة من أجل تنظيم خطوات العمل والتجربة وعدم الخروج عن الهدف.

٢. **مناقشة التعليمات الخاصة بالدرس:**

إن نوع التعليمات التي يعطيها المعلم لطلابه أو يناقشها معهم تعتمد على نوع الموقف العملي ونوع التجربة، وفي جميع الحالات يفضل تلخيص هذه التعليمات وتكليف الطلاب بكتابتها.

٣. **إعداد المواد والأجهزة اللازمة:**

على المعلم أن يتأكد من توفير جميع المواد اللازمة والأجهزة المطلوبة للتجربة ومعدة في المكان المخصص للعمل وفي مكان يسهل الوصول اليه بسهولة دون إحداث إضطراب في المختبر.

٤. تحديد حجم المجموعات:

قد لا تسنح الفرصة ليقوم كل طالب بالعمل بمفرده، لأن هنالك عوامل عديدة تتحكم في ذلك، لذا قد يلجأ المعلم الى تقسيم الطلاب الى مجموعات يتحكم في إعدادها عوامل كثيرة منها: مساعدة المختبر، الإمكانات المتاحة في المواد والأدوات، والزمن بالنسبة لعدد التجارب وحجم العمل المطلوب، وعدد طلاب الصف.

وفي ظل عمل الطلاب في مجموعات على المعلم أن يتخذ الضمانات التي تتيح لكل تلميذ المساهمة في العمل، ومنع سيطرة طالب ما على المجموعة وقيامه بكل العمل بمفردة.

٥. دور المعلم أثناء العمل المخبري:

بعد مناقشة الأهداف وأسلوب خطة العمل يفضل أن يبقى المعلم في خلفية المختبر يتيح الفرصة بحرية عمل الطلاب، ويتحرك بهدوء مشجعاً وموجهاً ومجيباً عن أسئلتهم وأن لا يقاطع العمل الاّ اذا لاحظ خطأً شائعاً، فهنا يوقف العمل لفترة قصيرة لتصحيح هذا الخطأ ثم يتابع الطلاب تجاربهم.

٦. تسجيل الدرس والتجربة والنتائج :

إن الطريقة المعتادة في متابعة تسجيل التجربة هي ان يقوم الطالب بكتابة (هدف التجربة، والمواد والأدوات المستعملة في التجربة، وخطوات العمل، والملاحظات والإستنتاج) وقد يلجأ الطلاب الى عمل بعض الرسوم التوضيحية والجداول والرسوم البيانية، لذا على المعلم أن يحدد أسلوب التسجيل وفقاً لطبيعة الدرس.

٧. إستخدام النتائج:

في نهاية التجربة على المعلم أن يجتمع بطلابه لمناقشة النتائج التي توصلوا اليها وتدوينها والتأكد من تحقيق الهدف المحدد للدرس، وتحديد الأخطاء والصعوبات التي واجهتهم خلال عملهم لتداركها في التجارب القادمة.

رابعا: الرحلات التعليمية التعلمية

إن الرحلات الميدانية العلمية هي نشاط تعليمي - تعلمي منظم ومخطط يقوم به المعلم والتلاميذ خارج غرفة الصف لتحقيق هدف تربوي معين، وليس من الضروري أن تدوم الرحلة فترة طويلة، أو أن يقصد منها مكان بعيد عن المدرسة، فالبيئة الخارجية لحجيرة الصف والمتملثة بالواقع الطبيعي الذي نعيشه تحتوي على الكثير من المصادر التي يمكن اعتبارها أساساً لاكتساب الخبرات التعليمية المتعددة،

ومن هذه المصادر، التربة بأنواعها والصخور، والنباتات والحفريات، والعيادات الطبية، والمستشفيات، والمعارض والمتاحف والمصانع والموانئ والأنهار والبيئة الصحراوية والبيئة المائية والجبال ومجاري الأنهار.

ولهذا ينبغي أن تعتبر الزيارات الميدانية والرحلات التعليمية التعلمية جزءً أساسياً من العمل المدرسي لان هذه الرحلات الميدانية تحقق الأغراض التالية:

١. تسهل عملية التعلم: فالخبرات الميدانية تعطي معنىً حقيقياً للألفاظ والقوانين والمبادئ وتوفر خبرات حسّية عن طبيعة الأشياء عن طريق الإبصار أو اللمس أو الشم أو التذوق أو السمع، فما يشاهدة الطالب امامه حقيقة مثل صناعة الصابون، او حين يشم بعض الروائح غير الضارة والصادرة عن بعض الصناعات، أو أن يتذوق منتجاً غذائياً من أحد المصانع في رحلة عملية أو حين يسمع الصوت الصادر عن عملية صهر المعادن في مصنع الحديد والصلب.

وهكذا فإن إستخدام الحواس المختلفة في الرحلات الميدانية العلمية يعمل على تقريب المادة العلمية الى أذهان الطلاب وزيادة فهمهم لها وزيادة مدة إحتفاظهم بها، وكذلك القدرة على توظيف هذه المعلومة في الحياة العملية واليومية.

٢. تزويد الطلاب بحقائق ومفاهيم مستمدة من الخبرة المباشرة: وتوفر الخبرات التعليمية التي يصعب الحصول عليها في الغرفة الصفية، أو صعوبة ممارسة العمل في صورته الواقعية، فملاحظة النباتات وهي تنمو والقيام بعمليات الرصد الجوي ومشاهدة توربينات توليد الكهرباء وهي تدور بفعل اندفاع المياه أو بفعل بخار الماء المضغوط... وغيرها من المشاهد والتي لا يمكن أن تتم داخل غرفة الصف وكذلك مشاهدة الحيوانات في حديقة الحيوان، ومشاهدة الطبيعة كالشلالات والجبال والوديان والسهول والنخيل والأشجار، والأماكن السياحية والأثرية ومصبات الأنهار وعوامل الطبيعة المؤثرة في الصخور والتربة... وغيرها الكثير من الخبرات التي لا يمكن أن تتم داخل غرفة الصف فقط.

٣. تعمل على تنمية الميول والإتجاهات العلمية المفيدة لدى الطلاب مثل: التعاون والإنتماء وحب العمل الجماعي وتحمل المسؤولية وحب الإستطلاع والعمل المنظم وعقد الصداقات والحفاظ على البيئة مثل عدم التعرض لبيوض الطيور أو أعشاشها أو إتلاف النباتات حديثة النمو أو تلويث المياه...الخ.

وكذلك رؤية المصانع التي يقوم عليها أساس الحقائق والقوانين العلمية أو مشاهدة المزارع التي تعتمد على الخبرات والأساليب الزراعية الحديثة والقيام بمساعدة المزارعين في مقاومة الآفات والأمـراض الزراعية المعتمدة على أسس علمية نتيجة دراسات وتجارب علمية حقيقية، إن هـذا يـؤدي الى انماء ميل الطلاب الى العمل العلمي وتكوين اتجاهات مرغوبة لديهم مثل الإتجاه نحو تأييد العلم وتجاربه ومنجزاته، والإتجاه نحو ربط العلم بالحياة.

٤. إثارة مشكلات حقيقية يمكن إتخاذها محوراً للدراسة والبحث: فالرحلات العلمية تنمي المهارات العلمية المختلفة لدى الطلاب والتي أهمها التفكير العلمي الناقد وأسلوب حل المشكلة، من خلال التعرض لمشكلات حقيقية موجودة في البيئة المحلية، مثل: مشكلات تلوث المياه ومشكلة إنتشار مرض معين نتيجة ممارسة عادات خاطئة في الغذاء أو الشراب أو النظافة.

وكذلك فزيارة الطلاب مع معلمهم الى محطة تكرير البترول (مصفاة البترول) قد تثير لـدى الطلاب أسئلة حول الحاجة الى تكرير البترول ومكونات البترول الخام.

ومن المهارات الأخرى التي تساعد الرحلات التعليمية على إكتسابها، مهارة الملاحظة وجمع المعلومـات والمقارنة والرسم وإدراك العلاقـات بـين الكائنـات الحيـة في مواقعهـا الطبيعيـة، وحسـن الإستماع وتوجيه الأسئلة وتبويب المعلومات وتصنيفها وكتابة التقارير.

٥. تعمل الرحلات العلمية على تنمية شخصية الطالب وبلورتها،فمن خلال الرحلات يكتسب الطالب الثقة بالنفس وأسس النجاح والإنفتاح على العالم والمجتمعات المختلفة، ومبادئ القيادة والإتصـال والثقة بالآخرين والتعاون معهم والتخطيط السليم للوصول الى أهداف حقيقية وصحيحة.

٦. إن الرحلات العلمية تتيح الفرصة أمام الطلاب لتكامل الخبرات التعليمية المكتسبة، مما يؤكد مبدأ المنهج التكاملي بـين مـواد الدراسـات المختلفـة، كـما هـو الحـال عنـد زيـارة موقـع ذبـح اللحـوم (المسلخ)، حيث يأخذ الطلاب فكرة عن مكونات المواشي المذبوحة (مثلاً) على الطريقـة الإسلاميـة الصحيحة في الذبح، وأخذ فكرة عن أسعار اللحوم (بالجملة) وسعرها (بالمفرق) ومقارنـة الأسعـار من ناحية إقتصادية (التجارة) ومورد الربح، (أمور علمية، صحية، إقتصادية، فنية...الخ)

وتوثيق العلاقة بين المدرسة والبيئة الخارجية، مما ينعكس إيجاباً على الطلبة من حيث إدراكهم المباشر والمحسوس لمقتنيات البيئة التي يعيشون فيها والإستفادة من خبرات القادة التربويين والإقتصاديين وأرباب الصناعة والمهن المختلفة.

٧. إن الرحلات العلمية تتيح للطلاب القيام ببعض التجارب، فتجارب سرعة الضوء وصدى الصوت تحتاج الى مكان فسيح وواسع ذو مواصفات معينة للقيام بها، وقوانين الحركة والتي يمكن إثباتها بصورة أفضل في مكان يسمح للأجسام بالحركة.

٨.المراجعة والتدريب:فالطالب الذي يدرس العائلات النباتية أو أجزاء الزهرة، قد تفيده رحلة الى الحقل أو حديقة الزهور لمراجعة معلوماته التي سبق أن درسها، والطالب الذي درس الدوائر الكهربائية قد يستفيد من هذه المعلومات إذا ذهب مع والده لاصلاح تلفزيون أو مسجل أو جهاز كهربائي.

مما سبق يتضح لنا الفائدة الكبيرة والقيم المستفادة من الرحلات الميدانية العلمية، ولكن ينبغي علينا أن ندرك أن هذا النشاط لا ينبغي أن يتم بصورة عشوائية والاّ فقدنا معناه وقيمته التربوية، لذا ينبغي التخطيط له كجزء من التخطيط العام للتدريس.

وسنحاول فيما يلي أن نوضح خطوات القيام بهذه الرحلات العلمية:

اولاً: قبل القيام بالرحلة (مرحلة التخطيط والإعداد للرحلة):

١.على المعلم أن يحدد الهدف من الرحلة:

- هل الهدف من الرحلة هو إثارة إهتمام الطلاب بموضوع معين؟

- هل الهدف هو جمع معلومات عن مشكلة والبحث عن اجابات عن أسئلة أثيرت حول هذه المشكلة؟ أو جمع معلومات حول موضوع معين؟

- هل الهدف هو تثبيت معلومات؟ مثل القيام برحلة كوسيلة لتثبيت معلوماتهم أو التأكد من صحة ما درسوه أو تلقوه عنها.

- هل الهدف من الرحلة، هو اختيار أماكن تصلح لاجراء بعض التجارب مثل تجارب الصوت والضوء... الخ

- وهل الهدف هو القيام ببعض التدريبات أو إكتساب مهارات خاصة مثل التدرب على أساليب الزراعة ومقاومة الآفات الزراعية أو تقليم الأشجار.. الخ.

٢. على المعلم ان يحدد مكان الرحلة وشروط تنفيذها:

على المعلم أن يتأكد أن هذا المكان يحدد الأهداف المرسومة في الخطة، وهل الوصول على هذا المكان ميسوراً وسهلاً، هل وسيلة النقل متوفرة وآمنة، وهل المكان مناسب لمستوى الطلاب العقلي العلمي.

وهل تم الحصول على موافقة أولياء أمور الطلاب، وهل تم توزيع المسؤوليات العلمية والإجتماعية بين الطلاب، هل تم توجيه الطلاب الى السلوك القويم أثناء الرحلة، وهل تم إعلام الطلاب بالمعلومات الاساسية عن الرحلة (المكان، والملابس المناسبة، الغذاء المناسب، مياه الشرب، تحديد أعداد الطلاب المشاركين في الرحلة، المشرفين.

٣. على المعلم أن يحدد وقت الرحلة والزمن اللازم لها، ويضع جدولاً زمنياً مناسباً

- هل يتعارض وقت الرحلة مع نشاطات المدرسة الأخرى؟
- هل وقت الرحلة يناسب الجهة التي سيتم زيارتها؟
- هل الأمر المخصص للرحلة كافياً ويحقق الأهداف؟
- هل الأحوال الحيوية مناسبة للقيام بالرحلة؟
- هل وسيلة النقل مناسبة وصالحة وآمنة؟

ثانياً: القيام بالرحلة (أثناء الرحلة):

١) الإلتزام ببرنامج الرحلة والإشراف على سلوك الطلاب.
٢) تنظيم الطلاب في مجموعات صغيرة منعاً للفوضى وحفاظاً على النظام وسلامة الطلاب.
٣) إتاحة الفرصة للطلاب بمشاهدة وملاحظة الأشياء والنماذج والعينات والنواحي الهامة وجذب اهتمامات الطلاب الى الأشياء الرئيسية التي تحقق الأهداف.
٤) التزام الطلاب بإجراء وتنفيذ التعليمات والتوجيهات والمهام التي كلفوا بتنفيذها مثل توجيه الأسئلة، جمع الصور، جمع العينات والنماذج.
٥) توجيه الطلاب الى السلوك الحسن في القول والفعل.
٦) أن يكون المعلم قدوة حسنة لطلابه في السلوك القويم والتصرفات اللائقة.
٧) متابعة أمن وسلامة الطلاب في جميع مراحل الرحلة.
٨) اعتماد اللمسة الإنسانية في التعامل مع التعامل وتجاوز بعض الرسميات والقيود في حدود تبادل الاحترام مع الطلبة.

ثالثاً: بعد الرحلة (تقويم الرحلة):

إن متابعة الرحلة وتقويمها أمران ضروريان لضمان نجاحها وتتضمن:

١.مدى تحقيق الرحلة العلمية لأهدافها، ما الأمور الإيجابية والأمور السلبية؟

٢.مناقشة الطلاب بعد الرجوع من الرحلة حول موضوعها، وهل الجهد والوقت والمال المبذول في هذه الرحلة كان مناسباً مع الفوائد التي تحققت منها.

٣.عرض بعض الصور والنماذج والعينات التي تم الحصول عليها والتعليق عليها وحفظ المناسب منها في المختبر.

٤.هل أثارت الرحلة اهتمامات وميول وحماس الطلاب وحققت بعضاً من حاجاتهم؟.

٥.تكليف الطلاب بكتابة تقارير أو تعبئة اوراق عمل خاصة عن الرحلة ودراستها والإستفادة منها كتغذية راجعة للمستقبل.

٦.توجيه رسائل شكر وتقدير للمسؤولين والجهات التي تمت زيارتها وللمرافقين أيضاً.

خامساً:طريقة العرض (العروض العملية) Demonstration Mehod

يعتبر هذا الأسلوب في تدريس العلوم من أكثر طرائق التدريس شيوعاً وبخاصة في مرحلة التعليم الأساسي ويعود ذلك إلى عدة أسباب أهمها:

أ-   الظروف الاقتصادية المحدودة في المدارس.

ب- الاقتصاد في التكلفة.

ج-   مدى توافر المواد والأدوات والأجهزة المخبرية.

د-   توفير الجهد والوقت.

ﻫ-   تجنب خطر إجراء التجارب المخبرية.

ونعني بالعرض العملي "العمل الهادف المنظم والمخطط الذي يقوم به المعلم أمام الطلبة أو يشرف عليه من خلال قيام طلبته به مصحوباً بالشرح النظري اللفظي".

ومن الأمثلة على <u>العروض العملية</u>:

- تقديم توضيح للحقائق العلمية مثل: (المرآة المحدبة تفرق الأشعة المتوازية التي تسقط عليها، بينما المرآة المقعرة تجمع الأشعة المتوازية الساقطة عليها. أو حقيقة (غاز الأوكسجين يساعد على الاشتعال).

- توضيح المفاهيم، كمفهوم التقطير أو الكثافة، أو القانون (كقانون نيوتن)، أو قاعدة (كقاعدة أرخميدس).

- كما يمكن توضيح طريقة إعداد شريحة ميكروسكوبية مثلاً لخلية حيوانية أو نباتية.

● وتمتاز العروض العملية بمزايا إيجابية عديدة، لاستخدامها في دروس العلوم أهمها:

١- توفر للطلاب عنصر المشاهدة (الملاحظة)، مما يثير اهتمام الطلاب وانتباههم نتيجة مشاهدتهم الأشياء المحسوسة، بعكس الاقتصار على الجانب اللغوي اللفظي والذي يؤدي إلى الملل وقلة اهتمام الطالب بالموضوع.

٢- تحقيق الاقتصاد في النفقات والكلفة، لأن استخدام المعلم أو أحد الطلاب لجهاز واحد، أو مجموعة أدوات مرة واحدة تكون تكاليفه أقل مما إذا استخدم كل طالب أو كل مجموعة لجهاز لأننا في هذه الحالة سنحتاج إلى أكثر من جهاز وأكثر من أداة.

٣- توفر الوقت والجهد المبذول من قبل معلم العلوم، إذا ما قورنت بطريقة العمل المخبري التي تتطلب توفير الأجهزة والأدوات لكل طالب، وتأخذ جهداً كبيراً في إعداد وتحضير المواد والأجهزة اللازمة لتنفيذ التجارب العلمية في الوقت المناسب.

٤- توفر قدراً مشتركاً من الخبرات لتلاميذ، وذلك عند قيام المعلم بعرض توضيحي لفكرة أو مفهوم أو جهاز أو ظاهرة أو عمل أمام الجميع، كما توحد تفكيرهم في اتجاه واحد من حيث تخطيط وتنفي الموقف التعليمي – التعلمي والوصول إلى النتائج المطلوبة.

٥- لها تأثير في زيادة تذكر الطلبة للمعرفة العلمية، وأثر التعليم يكون أبقى، أي أن احتفاظ الطلاب بالمعلومات يكون لفترة أطول بعد التعلم، لأن أسلوب التعلم واكتساب المعلومات في هذه الطريقة أجدى من اكتسابها بالطريقة اللفظية أو النظرية.

٦- توفر قدراً معقولاً من الهدوء والنظام في الصف، وتتيح للمعلم فرصة أكبر لضبط الصف والسيطرة عليه، لأن الجميع يكون مشدوداً للمعلم أو الجهاز الوحيد المستخدم في العرض.

٧- تمكن المعلم من تدريس كمية كبيرة من المادة العلمية الدراسية المنظمة، وفي وقت أقل مقارنة بطريقة المختبر والذي يحتاج إلى نشاطات مرافقة وإضافية.

٨- تعتبر طريقة العروض العملية طريقة مفضلة في حالة التجارب العلمية الخطرة والصعبة، لذا فهي تحقق شروط الأمن والسلامة، وتجنب الطلبة الخطر الذي قد يترتب على قيامهم بالتجربة (الخطرة)، كما في تحضير بعض الغازات السامة أو المواد المشعة أو الأحماض المركزة... إلخ.

٩- إن هذا الأسلوب يوحد تفكير الطلاب في اتجاه واحد، فبدلاً من أن يقوم كل طالب بالعمل بمفرده، سواء في جمع البيانات أو اختبار صحة الفروض لحل مشكلة، فإنهم يشتركون معاً في التخطيط للموقف التعليمي وتنفيذه والوصول إلى النتائج.

مجالات وأغراض استخدام طريقة العرض

(دواعي استخدام العروض العملية)

وبناء على ما تقدم يمكن استنتاج أن طريقة العرض تستخدم في مجالات علمية عديدة أهمها:

١- تستخدم كمدخل أو مقدمة لتقديم المادة العلمية وإثارة اهتمام الطلاب بموضوع المادة أو المشكلة المطروحة لبحث والدراسة، كأن يعرض المعلم فيلماً عن الوراثة دون مناقشة مسبقة، بهدف إثارة انتباههم وشدهم لموضوع الوراثة ثم التوسع فيه حسب المطلوب، وقد يبدأ المعلم درس عن وسائل الوقاية من أخطار الكهرباء، بإمرار تيار كهربائي ذو جهد عالٍ في دائرة لا تحتمل مثل هذا الجهد، ويعبتره مدخلاً لموضوع الدرس.

٢- لإيضاح جزء من الدرس: أي لتوضيح بعض أشكال المعرفة العلمية من الحقائق العلمية (غاز الهيدروجين يشتعل بلهيب أزرق)، أو المفاهيم العلمية (الانقسام غير المباشر أو القواعد العلمية (قاعدة برنولي أو قاعدة أرخميدس)، أو القوانين العلمية (قانون بويل) أو توضيح علاقة (حركة الحجاب الحجاز بعملية الشهيق والزفير).

٣- تستخدم لحل مشكلة علمية، أو للإجابة عن بعض التساؤلات التي يطرحها الطلاب أو المعلم نفسه من حين لآخر، فحين تظهر مشكلة أو يثار سؤال يمكن الإجابة عنه بتجربة (عرض عملي).

٤- تستخدم للمراجعة: كما في مراجعة بعض الموضوعات (الوحدات) العلمية أو إعادة التجارب أمام الطلبة لتوكيد ما تم التوصل اليه سابقاً وتثبيت نواتج التعلم النظرية من جديد، أو اجراء تجارب للوصول الى مبدأ علي معين، مثل ان يقوموا بتجارب لبيان العلاقة بين زاوية السقوط وزاوية الإنعكاس على المرايا المستوية، وقد يقوم المعلم بإعادة التجربة مرة أخرى أمام الطلاب لمراجعة الموضوع وللتأكد على صحة المبدأ العلمي الذي وصلوا اليه من خلال تجاربهم.

٥- لعرض كيفية القيام بعمل أو تجربة ما: أي لتوضيح عمل جهاز أو أداة أو تشريح أو تحضير مواد كيماوية وغيرها فمثلاً مثل ان يقوم الطلاب بالتدرب على تشريح حيوان معين (أرنب أو ضفدع) يلزم ان يقوم المعلم بعملية التشريح أمامهم حتى يوجههم الى كيفية القيام بذلك بطريقة علمية صحيحة...، وهكذا الأمر بالنسبة للمواقف التي تتطلب تدريب الطلاب على مهارة علمية معينة.

٦- لتوضيح حقيقة أن (غاز النيتروجين يخفف من حدة الأوكسجين في الهواء الجوي)، أو مفهوم (الاحساس، الكثافة، التبخر) أو قاعدة (أرخميدس) أو قانون (نيوتن، بويل) وذلك بعد شرحها من قبل المعلم، أي الانتقال من المجرد الى المحسوس.

٧- تستخدم كوسيلة لجمع المعلومات عن مشكلة علمية ما سبق بحثها، وكذلك اختبار صحة الفرضيات العلمية المقترحة لحل المشكلات التي يطرحها أو يقترحها الطلاب او المعلم.

٨- تستخدم لتطبيق مهارات عمليات العلم والتقصي والاكتشاف كما في الملاحظة والقيام والتصنيف والاستنتاج والاستدلال والتجريب..) وذلك لتنمية العمليات العقلية والتفكير لدى الطلبة.

٩- تقويم أعمال الطلبة: عن طريق إعادتهم لبعض العروض أو أجزا منها، أو طرح الأسئلة عليها أثناء إجرائها من قبل المعلم، كأن يختبر معلم العلوم طلابه في معلوماتهم (النظرية والعملية) عن طريق الامثلة الشفوية أو الإختبارات التحريرية أو العملية منها التحقق من معرفة

الطلاب وكيفية تحضير الشرائح المجهرية المؤقته (المبللة) او الدائمة او تحضير قطاع طولي في جذر او التاكد من معرفتهم لاجراء عملية قياس شدة التيار أو كيفية استخدام الميزان الحساس... الخ

١٠- حين تشكل التجارب خطرا على الطلبة اذا قاموا باجرائها بانفسهم كما هو الحال في تحضير بعض الغازات السامة او المشكلة او تفاعلات الصوديوم او استخدام القواعد او الحوامض المركزة او المواد المشعة.

انواع العروض العملية

تختلف العروض العملية من حيث الإعداد والأداء باختلاف الأهداف التي يجري تحقيقها وهنالك بعض العروض العملية التي تتميز بمميزات خاصة وتصمم لتحقيق اهداف خاصة منها

١. العرض العملي الصامت

ويؤدي هذا العرض من قبل المعلم بهدوء ووضوح دون تعليق ودون إعلام الطلاب باسماء الأدوات أو الأجهزة المستخدمة ويكون دور الطلاب في هذا العرض المشاهدة الواعية وكتابة الملاحظات والتقارير العملية عما لاحظوه وشاهدوه واستخلاص النتائج

وهذا النوع من العروض يحتاج دقة في الإعداد وإتقاناً في الأداء ووضوحاً في الأهداف.

وغالباً ما يشتمل العرض العملي الصامت على تجربة توضيحية تكون فيها جميع الأدوات المستخدمة من النوع المألوف كما يمكن عرض فيلم أو عرض رسومات توضيحية.

٢. عروض الإكتشاف

في هذا النوع من العروض يقدم المعلم العرض على شكل تجربة توضيحية بحيث تصمم التجربة وتجري بطريقة تثير اهتمام وتساؤلات الطلاب وتبعث فيهم الحماس والرغبة وحب الإستطلاع وعلى المعلم أن يكون حذرا فلا يجيب على تساؤلات الطلاب ولا يعطيهم أجوبة بل بالتوجيه واثارة النقاش وايجاد التفاعل التام يستطيع الطلاب من الوصول الى الأجوبة الصحيحة لجميع الأسئلة وهذا النوع من العروض يعطي الطلاب فرصة الاستمتاع بالبحث واكتشاف المجهول بالنسبة اليهم من خلال الملاحظة والمقياس والتصنيف والإستنتاج.

وفي عروض الاكتشاف يقوم المعلم بعرض العينات والنماذج أو الأدوات أو الصور الهادفة في المختبر او في مكان بارز في المدرسة بشكل يثير اهتمامات

الطلاب والمشاهدين ويحفزهم على الإطلاع والتعرف على الأهداف التي تعرض هذه العينـات مـن أجلهـا ويمكن أن يلجأ المعلم والطلاب الى تغيير الأشياء المعروضة أسبوعياً او بين فتـرة وأخرى لتبقـى وسيلة حيـة للبحث والمشاهدة وجمع المعلومات والإستفادة منها.

<u>٣. مرحلة التقويم (بعد العرض):</u>

يبدأ المعلم في هذه المرحلة بالتفكير في تقويم العرض العملي من حيث:

أ-   نتيجة التعلم.

ب-   طريقة الأداء.

أ- نتيجة التعلم:

يمكن للمعلم أن يتعرف على مدى ما تعلم الطلاب من العرض العملي عن طريـق المناقشـة التي تلي العرض مباشرة، أو في الدرس الذي يليه و عن طريق الاختبارات. فإذا تبين للمعلم أن فهـم طلابه لم يكن بالمستوى المطلوب، فقد يلجأ إلى إعادة العرض بطريقة أفضل، أو باستخدام نشاط آخر يحقق الأهداف المطلوبة.

ب: طريقة الأداء:

أما اذا اكتشف المعلم أنه لم يكن موفقاً في تقـديم العـرض، فحينئـذ يجب معرفـة جوانـب الضعف التي أدت الى هذه النتيجة، ليتمكن المعلم من تلافيها في المرة القادمة.

شروط يجب مراعاتها لنجاح طريقة العروض العملية:

ولكي يجعل معلم العلوم العروض العمليـة ونشـاطاتها (المخبريـة) المرافقـة، نشـاطاً تربويـاً ناجحاً ومحققاً للأهداف المعرفية والوجدانية والنفسحركية، فإنه لابد لمعلـم العلـوم مـن مراعـاة مـا يلي:

١.   توجيـه طريقـة العـرض توجيهـاً إستقصـائياً بـدلاً مـن الإقتصـار عـلى الكـلام والمناقشـات والشروحات التقليدية التلقينية.

٢.   إتاحة الفرص للطالب للقيام بالعروض العمليـة (الفرديـة والجماعيـة) المقـررة او المقترحـة، خاصة التي تقدم أفكاراً علمية مثيرة.

٣. إستخدام العروض الصامتة بين الحين والآخر، وإتاحة الفرصة للطلبة لكي يكتبوا ويعبروا عما لاحظوه أو شاهدوه في صيغة تقرير علمي له أصوله وأسسه العلمية.

٤. تقديم مشكلات علمية من العروض العملية، لإثارة اهتمام الطلبة وشدهم اليها، ومن ثم محاولة التصدي لها وبحثها ودراستها من أجل الوصول الى الحل المناسب والصحيح لها.

٥. مراعاة أن تكون العروض العملية: ملاحظة أو مشاهدة من جميع الطلبة، ومسموعة ومثيرة وزمن انتظار كافٍ عند طرح الأسئلة بحيث يسمح للطلبة بالتفكير والإستجابة والتفاعل الإيجابي مع العروض العلمية.

٦. أن يتمكن المعلم من إكتساب مهارة وفن طرح الأسئلة الإستقصائية وعرض الموقف التعليمي (المشكل) بحيث يستفز الطلبة ويثير اهتماماتهم وميولهم نحو المشكلة أما اذا فشل المعلم أو أخفق في طرح الأسئلة وتوجيهها إستقصائياً لسبب أو لآخر، فإنه قد يمنع (لاشعورياً) نجاح طريقة العرض وبالتالي تحقيق أهدافها التدريسية في تعليم العلوم وتعلمها، لذا ينبغي أن يضع المعلم في ذهنه بعض الأسئلة العامة مثل:

- ماذا اريد ان اعلم؟
- ماذا اتوقع من الطلبة أن ينجزوا او (يكتشفوا) من خلال الأسئلة؟
- ما مستوى ونوع الأسئلة (متقاربة، متباعدة، مفتوحة النهاية، تفكير منتج، تفكير غير منتج..) التي يجب أن أطرحها؟
- كيف أستجيب لأسئلة الطلبة؟
- كيف يمكن الإستفادة من أسئلة الطلاب وأجوبتهم ومناقاشاتهم في توجيه الأسئلة؟

٧. إعداد العروض العملية، وتخطيطها إعداداً وتخطيطاً مسبقاً، وتحويل العروض العلمية غير الناجحة الى مواقف تعليمية-تعلمية جديدة لمناقشتها والتعرف الى أسباب فشلها أو نجاحها وهذا يتطلب ضرورة إعداد وتخطيط العروض العلمية ملاحظة وممارسة.

سادساً: طريقة المناقشة Discussion Method

تعتبر طريقة المناقشة تطويراً إيجابياً لأسلوب المحاضرة والإلقاء، وذلك لأنها تعتمد من حيث المبدأ على لون من ألوان الحوار الشفوي بين المعلم وطلابه، وبين الطلبة مع بعضهم البعض باشراف وتوجيه المعلم في طرح المادة العلمية لمناقشتها وبالتالي وفهمها وتفسيرها وتحليلها وصفها وتقويمها.

وهذا الأسلوب من الأساليب الشائعة في تدريس العلوم منفرداً، أو مرافقاً للأنشطة المستخدمة الأخرى في التدريس، إذ يمكن أن تثار مناقشة فكرة معينة، أو مجموعة من الأفكار أثناء المحاضرة أو العرض العملي أو أثناء إجراء تجربة بسيطة أو رحلة ميدانية

مزايا وإيجابيات طريقة المناقشة:

١. تتيح للطالب المشاركة الإيجابية في النقاش والحوار ومشاركته الفاعلة في عمليتي التعليم والتعلم، وبالتالي الحرية في التعبير عن وجهة نظره من خلال مشاركته الإيجابية في المناقشة وطرح الأسئلة وتبادل الأفكار...، بحيث لا يقتصر دور الطالب على مجرد استقبال الحقائق والمعلومات.

٢. تساعد الطلاب على اكتساب مهارات الإتصال والتواصل والتفاعل، وخاصة المهارات الإجتماعية مثل الإتصالات والإستماع الى آراء الآخرين ومهارات الحديث والكلام والتعبير وإدارة الحوار العلمي والدفاع عن وجهة نظره، كما أنها تسهم في اكساب الفرد الأسلوب الديموقراطي القائم على احترام رأي الآخرين وعدم التسرع في إصدار الأحكام.

٣. يتدرب الطالب من خلال المناقشة على إكتساب اتجاهات إيجابية مثل: التعاون واحترام الآخرين وحب الإستطلاع ونبذ الخرافات، كما أن طريقة المناقشة تتطلب أن تكون علاقة معلم العلوم بطلبته علاقة قائمة على الإحترام المتبادل، مما يعني احترام وتقدير ما يطرح من موضوعات ومسائل علمية بشكل جدّي والتعرف الى صحة أو خطأ اتجاهاتهم وذلك من خلال احترام توجيهات وارشادات معلمهم.

٤. تتيح طريقة المناقشة لمعلم العلوم التعرف الى الخلفية العلمية والثقافية السابقة لطلابه، مما يعتبرها أساساً لعملية التعلم والتعليم اللاحق، كما تمكن معلم العلوم ان يتعرف مدى تتبع طلبته لدروس العلوم ومدى فهمهم واستيعابهم له، بحيث تمكن المعلم من إتخاذ الإجراء المناسب بالإستمرار في إدارة دقة الحوار أو إيقافه لفترة

قصيرة أم طويلة (حسب الموقف) أو بتغيير نقطة الحوار الى حين العودة اليها مرة أخرى.

٥. يشارك الطلبة في إجراء مناقشات حول مشاكل وقضايا مهمة تعترضهم في حياتهم اليومية، مما يؤكد للطلبة فائدة هذه المعلومات، وبأنه لا يوجد فاصل بين ما يجري داخل غرفة الصف والحياة العملية اليومية العادية، لذا يتوصل الطلبة الى المعلومات والمفاهيم والأفكار العلمية بتوجيه المعلم وبأنفسهم، بحيث تمكنهم من إستخدام وتوظيف وتطبيق معلوماتهم ومعارفهم العلمية السابقة واللاحقة في حياتهم العملية، مما يؤدي الى ربط العلم بالحياة.

٦. تثير المناقشة اهتمام الطلبة وميولهم بالدروس وبالحصص وبالمادة العلمية مما يوجه انتباههم الى التحضير والإعداد المسبق للمناقشة حتى يتمكن الطالب من المناقشة الفاعلة والبروز أمام زملاؤه بأنه محاور ومناقش جيد من أجل إكتساب ثقة واحترام معلمه وزملاؤه أيضاً.

٧. تعطي الطالب خبرة جيدة في الحوار الشفوي والتعبير العلمي الشخصي، كما تتيح له الفرصة للإستفادة من إجابات وآراء زملاؤه وأفكارهم العلمية المطروحة.

٨. إن الأسئلة والأجوبة المطروحة والمتبادلة في طريقة المناقشة لها فائدة في تقدير إتجاهات الطلبة، ومدى فهمهم للمادة العلمية، وتقدير قدراتهم على التفكير، وكذلك أنواع السلوك الذي اكتسبه الطلبة نتيجة لدراستهم العلوم ومدى قدرتهم على التفكير العلمي في حل مشكلاتهم المدرسية والحياتية المختلفة.

ولكي يجعل معلم العلوم طريقة المناقشة نشاطاً تربوياً تعليمياً تعلمياً ناجحاً ومفيداً ومحققاً لأهداف تدريس العلوم، فإنه لابد من مراعاة الأمور التالية:

أولا: إعداد وتخطيط المناقشة:

وهذا يتطلب من معلم العلوم الإجراءات التالية:

- ضرورة تحديد الهدف التعليمي من المناقشة في ضوء الأهداف التعليمية التعلمية المنشودة من دراسة العلوم.
- إعداد الأسئلة إعداداً جيداً بحيث تثير التفكير وتحفز الطلبة على المشاركة الفاعلة الإيجابية خلال النقاش.

ثانياً: أسلوب الحوار والمناقشة:

إن المبدأ الـذي تقـوم عليـه طريقـة المناقشـة هـو: أسـلوب الحوار ومناقشة الأفكار المطروحـة ومحاكمتها عقلياً بين الطلبة والمعلم، وبالتالي فإن نجـاح عمليـة المناقشـة وتحقيـق أهـدافها يتطلـب مـن معلم العلوم الإسترشاد بما يلي لزيادة فاعلية تبادل الأسئلة والأجوبة وهي:

➤ أن يتناسب السؤال مع الهدف الذي استخدم من أجله، وأن يكون ضمن إطار خطة الدرس العلمي.

➤ أن يوجه السؤال الى كافة الطلبة قبل ان يحدد طالباً للإجابة عنه، لأن تحديد المجيب قبـل توجيه السؤال يؤدي الى عدم اهتمام بقية الطلاب بالسؤال.

➤ أن يكون السؤال محدداً وواضحاً مـن الناحيـة اللغويـة، وأن يلقـى السـؤال بلغـة واضحة يفهمها جميع الطلاب نفس الفهم، وعدم طرح اسئلة مشتتة للأفكار قـد تخرجهم عـن الموضوع الأساسي أو تبعدهم عن الهدف التعليمي المنشود.

➤ أن تكون الأسئلة مناسبة لقدرات الطلاب التفكيرية وخبراتهم السابقة، وأن تراعي الفـروق الفردية بينهم، ولعل الأسئلة التي تنطلق من خبرات الطلاب تكون حافزاً لاستمرار الحوار والمناقشة وشد الإنتباه.

➤ تنويع مستويات الأسئلة من حيث صعوبتها وذلك لإشراك جميع الطلبة في عمليـة الحـوار والتفاعل والإتصال، وعدم إحتكار (عدة طلاب) للإجابة عن معظم الأسئلة ومناقشتها.

➤ أن يحتوي السؤال على فكرة واحدة أو مفهوم رئيسي واحد، لان احتواء السـؤال عـلى أكـثر من فكرة واحدة أو مفهوماً واحداً يشتت ذهـن الطالـب ويخلط عليـه الأمـور، بحيـث لا يتمكن من التمييز الصحيح للإجابات المختلفة.

➤ أن يطرح السؤال بنبرة حيادية طبيعية (غير مفتعلة)، ويبدو فيهـا الإهـتمام وتـوحي بثقـة المعلم بطلابه، وبحيث لا يشير السؤال سلباً أو إيجاباً الى جوانب.

- ➢ تنويع الأسئلة (محددة، مفتوحة، سابرة)، وطرحها في الوقت المناسب بشكل واضح وبطريقة تثير الانتباه وتحافظ على التركيز، ومن أمثلة ذلك:
  - هل هناك أفكار أخرى حول الموضوع؟
  - ماذا يمكن أن تضيف إلى ما قاله زميلك (فلان)؟
  - من لديه فكرة أخرى؟
  - هل هناك طريقة أفضل؟
  - كيف توصلت إلى هذه الفكرة؟
  - أهذا كل ما لديك؟
  - هل تريد أن تضيف شيئاً آخر؟
  - ما الذي يجعلك تتبنى هذا الموقف؟
  - لماذا تفكر بهذا؟
  - من لديه فكرة أخرى؟
  - ماذا تعني بقولك؟
  - هل تتفق مع زميلك (فلان)؟
  - من يؤيد قول زميلكم (فلان)؟
  - ما رأيك في .... ؟

أما فيما يتعلق بأسئلة الطلاب، فينبغي على المعلم أن يعطيها جل اهتمامه، بل يجب أن يشجعهم على التساؤل، لأن أسئلة الطلاب هي الوسيلة الوحيدة التي يكشف عما يدور في عقولهم، فبعض الأسئلة قد تكتشف عن عدم فهم الطلاب لبعض الحقائق العلمية، وبعضها الآخر يكتشف عن حاجتهم إلى معلومات إضافية. كما قد تكون أسئلتهم سابقة لأوانها، وفي هذه الحالة ينبغي على المعلم أن يوجه التلاميذ إلى تأجيل السؤال إلى مرحلة قادمة، وقد يلقي الطالب سؤاله في صورة غير مفهومه وعلى المعلم وفي هذه الحالة أن يساعده في إعادة صياغته، وأحياناً قد يكون السؤال مفاجئاً للمعلم بحيث يحتاج إلى وقت للتفكير في الإجابة عليه، لذا قد يعيد المعلم إلقاء السؤال على الطلاب ويشركهم

معه في الإجابة، أما إذا لم يكن المعلم قادراً على الإجابة عن السؤال في هذا الدرس، فيمكن أن يعد الطلاب بالإجابة عنه في الدرس القادم.

ثالثاً: دور معلم العلوم في المناقشة:

ينبغي لمعلم العلوم، كموجه للنشاط التعليمي - التعلمي في المناقشة مراعاة ما يلي:

أ- إثارة اهتمام الطلبة وحفزهم على التفكير والبحث.

ب- توجيه المناقشة وقيادتها نحو الأهداف المنشودة التي تم التخطيط لها.

ت- قيادة المناقشة والإعداد لها مسبقاً بحيث يكون قادراً على إثراؤها بما لديه من معرفة علمية وخبرات تعليمية كافية.

ث- أن يكون قادراً على تقيم وجهات النظر والأفكار العلمية المطروحة ومحاكمتها عقلياً، وبالتالي بيان مدى دقتها أو صحتها العلمية وارتباطها بموضوع درس العلوم أو المشكلة المطروحة للبحث والمناقشة.

أنماط (نماذج) المناقشة:

وتتطلب المناقشة تفاعلاً إيجابياً بين الطلبة ومعلم العلوم، وبالتالي فإن فاعليتها تعتمد بكثافة على نوعية العلاقات البينة بين المعلم والطالب ويرى بعض علماء التربية أن هناك نمطين (نموذجين) من المناقشة الموجهة توجيهاً استقصائياً - استكشافياً بوجه عام هما:

الأول: مناقشة على نمط لعبة كرة الطاولة Ping Pong games discussion

وفي هذا النمط (النموذج)، يقول (أو يسأل) المعلم شيئاً، ثم يجيب طالب، ثم يسأل المعلم شيئاً، ويجيب طالب، وهكذا، بمعنى أن المناقشة تجري بين المعلم والطالب كما هو واضح في الشكل التالي:

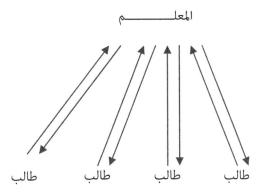

ويوصف هذا النمط بأنه نمط المناقشة – الاستقصائية ذات المستوى المنخفض.

الثاني: مناقشة على نمط لعبة كرة السلة Basketball game Discussion

وفي هذا النمط (النموذج) يكون هناك تفاعل في المناقشة بين الطلبة أنفسهم أولاً، ثم المعلم، ويعطي المعلم وقتاً كافياً لانتظار توليد الأفكار، مثله في ذلك مثل رقيب السير (المعلم*) الذي يوجه حركة السيارات (تفاعل الطلبة) كما يوضحه الشكل التالي:

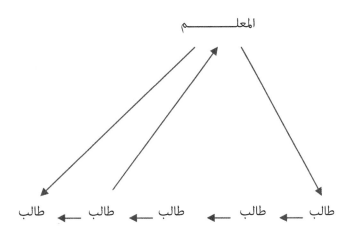

ويوصف هذا النمط بأنه نمط المناقشة – الاستقصائية الذي يعتبر المتعلم (الطالب) هـو محـور عملية المناقشة وبالتالي توصف بأنها مناقشة المستوى المرتفع.

تصنيف أسئلة المناقشة

ويقوم أسلوب الحوار والمناقشة على الأسئلة التي يوجهها المعلم لطلابه، والأسئلة التي يوجههـا الطلاب له ولزملائهم، والأجوبة المتبادلة بينهم، لذا ينبغي على المعلم أن يعرف كيف ومتى يسأل طلابه، وكيف يستجيب لأسئلة طلابه.

ويمكن تصنيف فئات (أنواع) الأسئلة المطروحة في المناقشة إلى:

١- أسئلة تدور حول حقائق:

وتتناول هذه الأسئلة أفكاراً ومفاهيم وحقائق سبق للطلبة أن تعرفوا إليها من خلال شرح مسبق للمعلم أو من خلال أدائهم لها وممارستها في حياتهم اليومية.

<u>ومن أمثلة هذه الأسئلة:</u>

- ماذا يعني مفهوم "التدريس" لك؟

- ما عاصمة السودان؟

- ما الأجزاء الرئيسية للخلية الحيوانية؟

- ما عدد أشهر السنة؟

- أين تقع الكعبة المشرفة.

٢- أسئلة تدور حول مشكلات:

وهي أسئلة تجميعية تتطلب حلولاً مقترحة مـن الطلبة لمشـاكل أو قضايا تعترضهم أو تعترض مجتمعهم، وهذا النوع يهدف إلى توجيه تفكير الطلاب نحـو حـل مشكلة أو تساؤل معـين، ويجـب أن تتحدى هذه الأسئلة قدرات وتفكير الطلاب، بشرط أن لا تكون أعلى بكثير من مستواهم، ولا تكون سـهلة تماماً فتسبب لهم اللامبالاة، أي يمكن للطلاب الإجابة عنها في ضوء تبين علاقـات جديدة بـين معلومـاتهم السابقة.

ومن الأمثلة على هذا النوع:

- ما أوجه الاختلاف بين التدريس والتعليم؟

- كم خمسة في العدد ٤٣؟

٣- أسئلة تفريعية (أسئلة الرأي):

وتهدف هذه الأسئلة إلى التعرف إلى آراء الطلاب حول موضوع أو شيء معين، ومن الواضح أن هذه الأسئلة لا تحتاج إلى إجابة صحيحة أو محددة بعينها.

وتتطلب هذه الأسئلة سعة في الخيال والتصور مما يؤدي بصاحبها في أغلب الأحيان إلى الإبداع.

ومن أمثلة هذه الأسئلة ما يأتي:

- ماذا تفعل لو كنت مكان العالم أرخميدس حين اكتشف قاعدته؟

- ماذا كنت تسمي الخلية لو أنك اكتشفتها بدل من روبرت هوك؟

- ماذا كنت تفعل لو كنت مكان العالم نوبل لذي اكتشف البارود؟

٤- أسئلة التقويم:

وهي الأسئلة التي يطلب فيها إصدار حكم أو قيمة أو تفضيل مثل: هل تفضل العيش على القمر؟ وغيرها.

وهناك فئات أخرى للأسئلة تختلف باختلاف أسس تصنيفها، فإذا كانت نوعية الإجابة هي الأساس فإن للأسئلة الفئات الآتية:

١- الأسئلة المغلقة.

٢- الأسئلة المفتوحة.

وفي الأسئلة المغلقة تحدد الإجابة (بنعم أو لا)، وغالباً ما تتعلق (بالمعارف) فقط.

أما في الأسئلة المفتوحة فيكون الهدف الكشف عن مدى فهم الطلبة وذلك بعدم تحديد الإجابة.

سابعاً: طريقة الإلقاء (المحاضرة) في تدريس العلوم

يعتبر هذا الأسلوب من أكثر أساليب التدريس قدماً وشيوعاً، وفي هذه الطريقة يقوم المعلم بنقل المعلومات والمعارف العلمية بأشكالها المختلفة من الكتاب إلى الطلبة ويشرح المفاهيم والمبادىء والقوانين العلمية مستعيناً من حين إلى آخر بالطباشير والسبورة، لشرح ما يعتقد أنه غامض على الطلبة بينما يستمع الطالب إلى المعلم بهدوء ويسجل الملاحظات أو بعض ما يقوله أو يشرحه المعلم، ومن المفروض في هذه الحالة أن يكون لدى الطلاب القدرة والخبرة التي تساعدهم على متابعة الإلقاء (المحاضرة) وفهم ما يقدم لهم من حقائق ومعلومات وقوانين ومبادىء.

وعلى الرغم أننا لا نؤيد الأخذ بهذا الأسلوب كطريقة عامة في التدريس، إلا أننا نرى أن المعلم قد يلجأ إليها في كثير من المواقف سواء أثناء الدروس النظرية أو غيرها من الدروس.

فهو يستخدم الإلقاء والشرح لبيان أهمية موضوع الدرس وارتباطه بما سبق دراسته، أو بالأهداف التعليمية المرغوبة، أو لإعطاء فكرة عامة عن موضوع الدرس، أو تزويد التلاميذ بالمعلومات والحقائق اللازم لممارسة أنواع من النشاط التعليمي المختلفة، أو تلخيص ما تم دراسته، أو توضيح معالجة أمر أو مشكلة ما.

وفي الحقيقة، كثيراً ما يعتبر الإلقاء الجيد كوسيلة لنقل المعلومات أكثر فاعلية من قراءة هذه المعلومات في الكتب، إذ أنه يتيح الفرصة للتعبير عن المعنى تعبيراً أدق، كما أنه يحصر انتباه الطلاب، وتتوافر لهم فرصة الاستفهام، كما قد يكون الإلقاء أكثر فاعلية من التوجيهات في شرح كثير من العمليات العملية، وخاصة إذا كان الإلقاء مصحوباً بالتوضيح العملي أو بالوسائل التعليمية الأخرى.

ويستطيع المعلم الجيد أن يجعل من هذه الطريقة أسلوباً فاعلاً ومشوقاً بأنه كان واعياً للأهداف التي يريد تحقيقها، كان مُعداً لموضوع المحاضرة إعداداً جيداً يأخذ في الاعتبار قدرات وإمكانات الطلاب على المتابعة وخبراتهم السابقة، وإشراكهم بإتاحة الفرصة بين الحين والآخر إلى تساؤلاتهم واستفساراتهم، والتقيد بخطوات متسلسلة ومنظمة حسب ما تقتضيه المادة، وأن يبتعد عن الاستطراد أو الابتعاد عن موضوع الدرس، وأن يستخدم خلال المحاضرة الوسائل السمعية والبصرية مثل: (الأفلام والشرائح والشفافيات...) وذلك للمحافظة على انتباه الطلاب وعدم تشتيت أفكارهم أو انتباههم وعدم تسرب الملل إلى نفوسهم.

وقد أثبتت التجربة العملية أن مدى قابلية الأفراد للاستماع بتركيز وانتباه يزيد أو ينقص تحت تأثير عوامل عديدة أهمها:

- صعوبة الموضوع المطروح أو سهولته.
- مدى ارتباط الموضوع بميول واهتمامات الطلاب.
- تنوع الأفكار ومدى إثارتها.
- درجة التشويق أثناء العرض.

وقد أثبتت الدراسات التربوية والعملية أن هناك مجموعة من العوامل تساعد على فعالية طريقة المحاضرة في التدريس أهمها:

١- تحديد أهداف المحاضرة بدقة وعناية، وأن يكون على معرفة كافية بالمادة العلمية التي سيلقيها أو بالتطبيقات المتصلة بها.

٢- التحدث بسرعة معتدلة، وبوضوح تام، وبشكل مسموع من قبل الجميع، مع توزيع النظرات على جميع الحاضرين، بحيث يشعر كل فرد بأن المحاضر يخاطبه شخصياً.

٣- إعطاء الشروحات الواضحة والمفاهيم الأساسية لضمان فهم واستيعاب الحاضرين لما يقال، وعدم التردد في طرح الأمثلة التوضيحية اللازمة.

٤- اللجوء إلى تكرار بعض النقاط والأفكار التي تحتاج إلى ذلك وبأسلوب جديد أمثلة جديدة حيث يكون ذلك ممكناً.

٥- التنويع من نبرات الصوت واستخدام علامات التوقف بما يتناسب والمعاني والأفكار المعروضة.

٦- تجنب السلوك والحركات التمثيلية والمشتتة، واستخدام المرح والبشاشة دون إسراف في ذلك.

٧- تنويع أساليب العرض ووسائله بشكل وظيفي واضح.

٨- استخدام السبورة لتدوين النقاط الرئيسية التي يجري تناولها في أثناء العرض، وتلخيص أهم الأفكار والنقاط التي تمت معالجتها.

٩- تشجيع الطلاب والدارسين على تدوين الملاحظات في أثناء العرض.

١٠- اتباع المحاضرة بنقاش حول مضمونها أو بمجموعات عمل صغيرة تتناول جوانب المحاضرة بالدرس والمتابعة.

١١- تشجيع الطلاب على طرح الأسئلة في أثناء المناقشة، والإجابة عن الأسئلة المطروحة بوضوح تام.

١٢- استخدام العروض التوضيحية باستخدام الرسوم أو الصور أو البطاقات والأفلام والشرائح والشفافيات.. التي ترتبط بالموضوع، وتلقي مزيداً من الأضواء على جوانبه المختلفة.

١٣- عدم الإطالة، وضرورة تخصيص الوقت الكافي والمحدد للإلقاء والتي تتناسب مع حجم المادة المطروحة، حتى لا يتسرب الملل إلى الطلاب.

١٤- بدأ الإلقاء والمحاضرة بما يثير حب الاستطلاع لدى الطلاب، كما يفضل أيضاً إعطاء فكرة لهم عن العناصر الرئيسية التي سيتناولها الشرح.

١٥- اختبار الطلاب بين آن وآخر بسؤال أو تمرين للتأكد من تتبعهم للشرح وفهمهم لما يلقى عليهم، وإتاحة الفرصة أمام أسئلة الطلاب واستيضاحاتها.

ثامنا: التعلم التعاوني

إن المتأمل لواقع التربية في العالم العربي يجدها تواجه الكثير من الصعوبات والتحديات والتي لها تأثير كبير على العملية التعليمية، مما أدى إلى التفكير بضرورة السعي لإيجاد طرق حديثة في التدريس بديلة للأساليب التقليدية وذلك لإعداد أبنائنا لمواجهة التحديات الكثيرة التي تواجههم في كافة المجالات، ومن هذه الأساليب البديلة والحديثة المطروحة على المساحة التربوية "أسلوب التعلم التعاوني" والذي يعني ترتيب الطلاب في مجموعات، وتكليفهم بعمل أو نشاط يقومون به مجتمعين متعاونين، وهذا حال العلماء والمهندسين إذ يكونوا باستمرار يعملون على شكل مجموعات، ونادراً ما نراهم يعملون على شكل مفرد، وهذا ما يجب أن يكون عليه الطلاب في تعلمهم حتى يتوصلوا إلى فهم مشترك.

وقد أثبتت الدراسات النفسية أن التعليم يتقدم وتزداد كفايته في المواقف الجماعية، وأن التعلم في المجموعات الصغيرة أفضل منه في المجموعات الكبيرة ويعتبر أسلوب التعلم التعاوني من الاتجاهات المعاصرة في مجال طرق التدريس.

وقد أثبتت الدراسات أن أهمية أسلوب التعلم التعاوني لا تنحصر فقط على زيادة نسبة التحصيل لدى الطلاب فقط، وإنما في جوانب عديدة منها:

- زيادة تحصيل الطلبة، وارتفاع نسبة التحصيل في كثير من المواد الدراسية.

- ازدياد التفاهم والتفاعل الإيجابي بين أفراد المجموعة.

- نمو العلاقات الاجتماعية والشخصية بين لطلاب.

- تتيح لهم فرص جمع البيانات والأدلة والشواهد والعمل الميداني.

- تساعدهم وتفتح أمامهم المجال لتقويم الأشياء وإصدار الأحكام.

- إن العمل التعاوني يُشعر الطلاب بدورهم في العملية التعليمية، وأنهم قادرون على أن يُعلموا أنفسهم بدرجة ما، مما يؤدي إلى تعلم أفضل.

- تساعد الطلاب على التحدث في مواضيع مختلفة، بحيث يعني القدرة على حل المشكلات.

- تساعد على تعلم يحدث في أجواء مريحة نفسياً وخالية من التوتر والقلق.

- تؤدي إلى رفع دافعية الطلبة للعمل والإنتاج بشكل كبير كونها تقود إلى التنافس الشريف بين المجموعات، بحيث تنمي القدرة على الإبداع والابتكار.

تعريف التعليم التعاوني:

لقد ورد في الأدب التربوي عدة تعريفات للتعلم التعاوني، لا مجال لذكرها هنا، ولعل التعريف التالي يجمع الخصائص والعناصر الواردة في تلك التعريفات وهو

"هو أسلوب من أساليب التعلم الذي يجعل الطالب يعمل في جماعة صغيرة لحل مشكلة معينة أو تحقيق هدف ما، وبذلك يشعر كل فرد في الجماعة بالمسؤولية نحو الجماعة، فنجاحه يعد نجاحاً للمجموعة، وفشله يعود على المجموعة، لذلك يسعى كل فرد من أفراد المجموعة لمساعدة أي زميل له من المجموعة".

● مبادىء التعلم التعاوني (عناصر التعلم التعاوني):

إن التعاون لا يعني جلوس الطلبة ليتحدثوا مع بعضهم البعض خلال قيامهم بإنجاز العمل المطلوب مهم، والتعاون ليس كتابة تقرير حيث يقوم طالب بإعداده ويقوم بقية الطلبة بوضع أسمائهم عليه، والتعاون أكثر بكثير من كون الطالب قريب من طلبة آخرين، أو مناقشة مادة تعليمية مع آخرين أو مساعدة آخرين وعلى الرغم من أن كل من هذه الأمور مهم في العمل التعاوني، وحتى يكون التعلم التعاوني حقيقياً وفاعلاً يجب أن يتضمن خمسة عناصر (مبادىء) أساسية في تعلم المجموعات وهي:

١- الاعتماد المتبادل الإيجابي:

إن أول متطلب لدرس منظم على أساس تعاوني فعال هو أن يعتقد الطلبة أنهم "إما أن يغرقوا جميعاً أو أن ينجوا جميعاً".

وللطلبة مسؤوليتان في المواقف التعلمية التعاونية وهي:

أ-   أن يتعلموا المادة المخصصة.

ب-   أن يتأكدوا أن جميع أعضاء مجموعتهم يتعلموا هذه المادة.

والتسمية الفنية لهذه المسؤولية المزدوجة هي "الاعتماد المتبادل الإيجابي"

ويتوافر الاعتماد المتبادل الإيجابي عندما يدرك الطلبة أنهم مرتبطون مع أقرانهم في المجموعة بشكل لا يمكن أن ينجحوا هم ما لم ينجح أقرانهم في المجموعة أو بالعكس أو عليهم أن ينسقوا جهودهم مع جهود أقرانهم في مجموعتهم، ليكملوا مهمة عهدت إليهم. لذا فإن الاعتماد المتبادل يعزز مواقف يدرك فيها الطلبة أن عملهم يفيد أقرانهم في مجموعتهم أو بالعكس، ويعمل فيها الطلبة في مجموعات صغيرة ليدفعوا بتعليم جميع أعضاء المجموعة إلى أقصى حد ممكن من طريق المشاركة في المصادر، وتوفير الدعم المتبادل، والاحتفال بنجاحهم المشترك.

لذا فإن الاعتماد المتبادل الإيجابي يؤكد ما يلي:

١- إن جهود كل فرد في المجموعة مطلوبة لا يمكن الاستغناء عنها لنجاح المجموعة.

٢- لكل فرد في المجموعة إسهام فريد يقدمه إلى الجهد المشترك بسبب مصادره، أو دوره ومسؤوليات المهمة التي تسند إلى المجموعة.

٢- التفاعل المباشر المعزز (المشجع):

إن التعلم التعاوني يتطلب تفاعلاً وجهاً لوجهة بين الطلبة، يعززون من خلاله تعلم بعضهم البعض ونجاحهم، لذا تتطلب الدروس التعاونية أن تعظم الفرص أمام الطلبة لأن يساعوا على نجاح بعضهم بعضاً، وذلك بدعم وتشجيع ومدح جهود كل عضو في المجموعة لتعليم الآخرين، وحتى يكون التفاعل وجهاً لوجه مثمراً يجب أن يكون حجم المجموعات صغيراً (من عضوين إلى ستة أعضاء) وذلك من جل تحفيز مشاركة كل عضو وزيادة جهوده وفاعليته.

٣- المساءلة الفردية والمسؤولية الشخصية:

وهذا يعني إحساس الفرد بمسؤولياته الفردية تجاه الجماعة التي ينتمي إليها، فكل فرد في المجموعة مطالب بإنجاز المهمة الموكلة إليهم بالإضافة إلى بدل تقديم كل المساعدة لزملائه في المجموعة، ومن المهم أيضاً أن يعرف أعضاء المجموعة أنهم لا يستطيعون أن يتطفلوا على عمل الآخرين، أي أن لا يعملوا ثم في النهاية توضع أسماءهم مع أسماء الآخرين الذين قاموا بالعمل.

وللتأكد من ذلك يحتاج الأمر إلى ما يلي:

أ- تقويم مقدار الجهد الذي يسهم به كل عضو في عمل المجموعة.

ب- تزويد المجموعات والأفراد (لطلبة) بالتغذية الراجعة اللازمة.

ت- تجنب الأطناب من قبل الأفراد.

ث- التأكد من أن كل عضو (طالب) مسؤول عن النتيجة النهائية.

٤- المهارات الخاصة بالعلاقات بين الأشخاص والمجموعات الصغيرة (مهارات العمل الجماعي)

وهي المهارات الخاصة بالعلاقة بين الأشخاص وبعمل المجموعات الصغيرة، حيث علينا أن نؤكد أن مجرد وضع طلاب ليست لديهم مهارات اجتماعية في مجموعة، ونطلب منهم أن يتعاونوا، لا يضمن قدرتهم على عمل ذلك بفعالية، لذا فإنه يجب أن يتعلم الطلبة مهارات العمل ضمن المجموعة والمهارات اللازمة لإقامة مستوى راق من المواد والتعلم وتحفيزهم على استخدامها. ومن هذه المهارات:

الاستماع للآخرين، احترام الرأي الآخر، تشجيع الآخرين، الاتصال والتعبير عن الرأي بوضوح، حل الصراعات والخلافات بطرق إيجابية وبناءة.

إن مهارات العلاقات بين الأشخاص، وعمل المجموعات الصغيرة تشكل الرابطة الأساسية بين الطلبة، وإذا أريد لعمل الطلبة مع بعضهم أن يكون منتجاً، وان يتغلبوا على الإجهاد والتوتر الذي يصاحب ذلك فيجب عليهم أن يمتلكوا الحد الأدنى من تلك المهارات.

٥- المعالجة الجمعية:

المعالجة الجمعية توجد عندما يناقش أعضاء المجموعة مدى تقدمهم نحو تحقيق أهداف ومدى محافظتهم على علاقات عمل فعالة، ويتأتى ذلك بالتفكير والتأمل من قبل المجموعات بمدى سير ونجاح عملها، ومن أجل اتخاذ قرارات حول أي الأعمال التي ينبغي الاستمرار فيها، وأي الأعمال التي ينبغي تغييرها، أي معرفة الأعمال التي كانت مساعدة والأخرى التي لم تكن مساعدة.

<u>لذا فإن المعالجة الجمعية تساعد على ما يلي:</u>

أ- تمكن مجموعات التعلم من المحافظة على علاقات عمل جيدة بين الأعضاء.

ب- تسهل تعلم مهارات التعلم.

ت- تضمن للأعضاء الحصول على تغذية راجعة عن مشاركتهم.

ث- تضمن للطلبة الارتقاء بالتفكير إلى ما وراء المعرفة، إضافة على التفكير على المستوى المعرفي.

ج- توفر الوسيلة لتحتفل المجموعة بنجاحها، وتعزيز السلوك الإيجابي لأعضائها.

خطوات تنفيذ التعلم التعاوني

يرى علماء التربية أنه لابد من توافر شرطين لتحقيق تحصيل مرتفع من خلال التعلم التعاوني هما:

١. توافر الهدف الذي يجب ان يكون مهماً لأعضاء الجماعة.

٢. توافر المسؤولية الجماعية في كل مجموعة.

لذا ولتحقيق تعلم تعاوني فعّال لابد من اتباع الخطوات التالية:

١. إختيار وحدة أو موضوع دراسي، يمكن تعليمه للطلاب في فترة محددة، بحيث يحتوي على فقرات، يستطيع الطلاب تحضيرها، ويستطيع المعلم عمل اختبار فيها.

٢. عمل ورقة منظمة من قبل المعلم لكل وحدة تعليمية يتم فيها تقسيم الوحدة التعليمية الى وحدات صغيرة، بحيث تحتوي هذه الورقة على أهم الأشياء والمعلومات في كل فقرة.

٣. أن يقوم المعلم بتنظيم فقرات التعلم وفقرات الإختبار، بحيث تعتمد هذه الفقرات على ورقة العمل، وتحتوي على الحقائق والمفاهيم والمهارات التي تؤدي الى تنظيم عال بين وحدات التعلم وتقييم المخرجات.

٤. تقسيم الطلاب الذين يدرسون بهذا الأسلوب الى مجموعات تعاونية عدد كل مجموعة بين (٢-٦) طلاب، بحيث تختلف في بعض الصفات والخصائص كالتحصيل، ومجموعة الخبراء في بعض استراتيجيات التعلم التعاوني حيث تتشكل المجموعات التعاونية من مجموعات أصلية غير متجانسة تحصيلياً ترسل مندوبين عنها للعمل مع مندوبين من جميع المجموعات الأصلية يشكلون مجموعات خبراء تقوم بدراسة الجزء المخصص لها من المادة التعليمية، حيث يدرسون الكتاب والمراجع الخارجية دراسة متأنية، ومن ثم يقومون بنقل ما تعلموه الى زملائهم.

٥. وبعد أن تكمل مجموعة الخبراء دراستها ووضع خططها، يقوم كل عضو منها بإلقاء ما اكتسبه اما مجموعته الأصلية، وعلى كل مجموعة ضمان أن كل عضو يتقن ويستوعب المعلومات والمفاهيم والقدرات المتضمنة في جميع فصول الوحدة.

٦. خضوع جميع الطلبة لاختبار فردي، حيث أن كل طالب هو المسؤول عن إنجاز المهمة أو الموضوع المكلف بانجازه، ويتم تدوين العلامة في الإختبار لكل فرد على حدة، ثم تجميع علامات تحصيل الطلبة

للحصول على اجمالي درجات المجموعات، وبهذا يكون كل فرد مسؤول عن رفع أو تدني علامات مجموعته النهائية.

٧. حساب علامات المجموعات، ثم تقديم المكافآت الجماعية للمجموعة المتفوقة.

تشكيل مجموعات التعلم التعاوني:

حتى ينجح أسلوب التعلم التعاوني لابد من اتباع الخطوات التالية في تشكيل هذه المجموعات:

١. أن يقوم المعلم بتوزيع الطلاب الى مجموعات غير متجانسة يتألف كل منها من طالبين الى ستة طلاب، بحيث يعتمد حجم المجموعة على المهمة التعليمية الموكلة اليها.

٢. ضرورة تمثيل التباينات في الجنس والعرق والثقافة ومستوى المهارة الأكاديمية والإعاقات الجسمية والعقلية في كل مجموعة.

٣. أن يؤخذ في الإعتبار قدرة الطلبة على العمل معاً بصورة فعّالة.

٤. أن يتم تغييرالمجموعات عند كل مهمة تعليمية جديدة، الاّ أن إبقاء الطبة في المجموعة نفسها لعدة أسابيع يوفر الإستمرارية في تطوير المهارات الإجتماعية والمهارات التعاونية، كما يوفر وقت المعلم في التنظيم.

٥. أن يؤخذ في الإعتبار الفرص المتاحة للطلبة للإختيار، أو المشاركة في اختيار المجموعات من وقت لآخر، وننصح المعلمون باستخدام مجموعات من طالبين أو ثلاثة في البداية، ثم يزداد حجم المجموعة، وتعقّد المهمة التعليمية عندما يعتاد الطلاب على أسلوب التعلم التعاوني.

٦. على الجميع أن يدرك (معلمين وطلاب): أن هدف التعلم التعاوني هو اتقان المجموعات المهارات أو الأساليب أو التعيينات، فكل فرد في المجموعة مسؤول عن اتقان المهارة الخاصة به من جهة، واتقان المجموعة كلها المهارة من جهة أخرى.

٧. قد يقوم المعلم من وقت لآخر بإعادة ترتيب توزيع الطلبة على المقاعد، أو تجمعات المقاعد، أو إعادة ترتيب أثاث الغرفة الصفية لتسهيل نشاط المجموعة، فقد تستخدم حوامل الألواح أو اللوحات، والسبورات المحمولة، والشاشات والحواجز المتنقلة لتقسيم الغرفة الى مناطق عمل مميزة واضحة واضحة المعالم تخدم هدف عمل المجموعة.

٨. ضرورة تخصيص مكان آمن لخزن العمل غير المكتمل، وأماكن أخرى لخزن المواد.

دور المعلم في العمل التعاوني:

لاشك أن المعلم هو العامل الرئيسي في نجاح العملية التعليمية، ومهما توصلنا الى مناهج جيدة أو إستراتيجيات تدريس فاعلة فلن تنجح العملية التعلمية الاّ إذا توافر المعلم القادر على تطبيق وتنفيذ كل هذه النظريات والخطط.

ويتلخص دور المعلم في التعلم التعاوني في الآتي:

١. أن يعمل المعلم باستمرار وبثبات على جعل مفهوم العمل في مجموعات مهارة حياتية ذات قيمة للطالب.
٢. نمذجة التعلم التعاوني بالإلتحاق بالمجموعة، أو المجموعات عند ظهور الحاجة.
٣. تحديد الأهداف التعليمية المطلوبة.
٤. إعداد بيئة التعلم والمواد اللازمة التي تستخدم للمعالجة.
٥. تقسيم الصف الى مجموعات محددة، وتحديد حجم كل مجموعة.
٦. تزويد الطلاب بالمشكلات والمواقف.
٧. متابعة إسهامات الطلاب داخل المجموعة و حثهم على التقدم ورفع معنوياتهم.
٨. مساعدة الطلاب على تغيير الأنشطة وتنويعها بهدف إستمرار تفاعلهم ونشاطهم وحيويتهم.
٩. مراقبة المجموعة والإستماع الى الحوار والمناقشة التي تدوربين الأفراد في كل مجموعة ليتأكد من مدى قيامهم بأدوارهم، ومدى إنجازهم لأهداف الموقف التعليمي، حتى يتمكن من الدخول للمساعدة في الوقت المناسب.
١٠. تقديم المديح والدعم للطلاب، وخلق الممارسة لديهم.
١١. القيام بتنشيط المجموعة عندما تكون الدافعية منخفضة لديهم.
١٢. القيام بتعليم الطلاب مهارات عملية التعلم التعاوني من خلال الدروس المباشرة والممارسة الجماعية المنظمة.

دور المتعلم (الطالب) في العمل التعاوني

في التعلم التعاوني يتم إسناد دور محدد لكل عضو في المجموعة، وتوزع هـذه الأدوار ليكمـل بعضها البعض، ومن الأفضل ان يقوم المعلم بنفسه بتوزيع هذه الادوار على الطلاب وأن لا يـترك للطلاب أنفسهم ومن هذه الأدوار:

قائد المجموعة (الباحث الرئيسي):

ويتولى مسؤولية إدارة المجموعة، وقيادة الحوار، والتأكد من مشاركة الجميع، ومنع إهدار الوقت أو تقريب وجهات النظر، وفض النزاعات، وتوزيع المهـام عـلى أفـراد المجموعـة، ويتـولى مسؤولية الأمـن والسلامة خلال العمل.

مقرر المجموعة:

يقوم بكتابة وتسجيل ما يدور من نقاشات أو ما تتوصل اليه المجموعـة مـن قـرارات وتلخيصها وقراءتها على المجموعة قبل إرسالها الى المعلم أو إلى الصف.

المستوضح:

ومهمته أن يطلب من كل فرد في المجموعة أن يوضح رأيه بشكل أفضل، إذ يطلب منـه توضيح كلامه بأمثلة أو يطلب منه مزيداً من الشرح والتوضيح والتبسيط، ويتأكد أن كل فرد في المجموعة قد فهم مايدور من أفكار ومناقشات وآراء.

المراقب:

ومهمته التأكد من تقدم المجموعة نحو الهدف، ويتأكد مـن قيـام كـل فـرد بـدوره، ويتأكـد مـن حسن استخدام الموارد المتاحة.

المشجع:

وهو الذي يقوم باستحسان ما كتبه زميله، ويظهر نواحي القوة فيه مع تبرير هذا الإستحسان، أي أن يبرر إعجابه بهذا الجزء مثلاً، ولماذا يمتدح هذا الأسلوب.

الناقد:

وهو الذي يظهر جوانب القصور فيما قرأه زميلة، ويبرر رأيه، وأحياناً يطلب منه إقتراح التعـديل المطلوب لتحسين الموضوع.

مسؤولية المواد:

وهو الطالب الذي يتولى مسؤولية إحضار جميع تجهيزات ومواد النشـاط مـن مكانهـا الى مكـان عمل المجموعة، وهو الطالب الوحيد الذي يسمح له بالتجوال داخل غرفة الصف بحرية.

مسؤول النظافة:

وهو الطالب الذي يتولى مسؤولية تنظيف المكـان بعـد إنهـاء التجربـة أو العمـل وإعـادة المـواد والأجهزة الى أماكنها المحددة.

وهكذا تتعدد الأدوار، وقد يضيف المعلم أدواراً أخرى، لكن المهم تحديد هـذا الأدوار ووصـف مهام كل دور وبيان أهميته.

تقويم التعلم التعاوني:

على المعلم في نهايـة العمـل التعـاوني أن يقـوم بتقـويم المجموعـات كوحـدات عاملـة لا كأفـراد يتنافسون للحصول على علامات أعلى أو الحصول على رضا واستحسان المعلـم، إذْ ينبغـي تقـويم الوحـدة بناء على اتقان الطلبة للمادة الدراسية وعلى قدرتهم في العمل معاً كمجموعة لا كأفراد، **لذا فقد تتضمن** معايير تعيين العلامة على ما يلي:

- هل المشروع كامل، ومضبوط؟
- هل المشروع حديث في معلوماته؟
- هل أسهمَ كل عضو في المجموعة، وقام كل بدوره المُسند إليه؟
- هل راعت المجموعة ودققت الإملاء، والنحو وعلامات الترقيم في المشروع؟
- هل ما قامت به المجموعة جهد جيد، وهل أعضاء المجموعة فخورون بعملهم المنجز؟

وقد يعتمد التقويم على اسلوب آخر، هـو تعيين المعلم علامة المجموعة إعتماداً عـلى تقـويم المجموعة، وملاحظات المجموعة، أو جودة الإنتاج، أو كليهما بحيث يحصل كل فرد على العلامة نفسها.

تاسعاً: التعلم باللعب في تدريس العلوم

أن العديد من الدراسات قد أثبتت بأن الكثير من المدارس قـد نجحـت بشـكل متميـز في تعزيـز تحصيل طلبتها، وذلك من خلال مجموعة من العوامل، كان أهمها خلق المناخ المناسب لخلق الدافعية الى التعليم، وزيادة انهماكهم في النشاطات المرغوبة لدى الطلاب، ومن ضمنها المرح واللعب التعليمـي، ومـن خلال تطوير صفوف تسودها الديموقراطية والتركيز على التعاون بين الطلاب وتوفير الجـو النفسي ـ المريح والظروف البيئية الاكاديمية والعاطفية والإجتماعية في غرفة الصف والمدرسة والسـاحات ومرافـق المدرسـة المختلفة، وذلك من أجل تحقيق تعلم أفضل وخلق متعة في التعلم.

لذا فالتعلم من خلال اللعب، والمرح المحبب لدى الطلاب يضفي جواً من المرح والمتعة والبهجة في الصف، ويجعل المعلم قريباً من قلوب طلابه، لأن إقامة علاقات جيدة مع الطلاب يؤدي الى التعلم الواثق، الماهر، ويزيد من تعلق الطلاب بمعلمهم، وشعورهم بالأمان والإنتماء، مما يزيد من الدافعية للتعلم لديهم، ويؤدي بالنتيجة الى زيادة تحصيل الطلبة واعدادهم للمستقبل.

كما يشتمل اللعب الذي يسهم في تنمية الطالب وتربيته على أنماط (حسيه حركية، وعاطفية، وشفهية، وادراكية وخيالية) وعمليات (تقصي وتكرار وتحويل) يمكن ان تؤدي الى نتاجات رفيعة للسلوك، كما أن بعض المنجزات التكنولوجية كالحاسبات الإلكترونية تساعد التربية العلمية والتفكير العلمي عبر الألعاب، إذْ يمكن تصميم برامج تربوية في مختلف مجالات العلم لتكون مسلية وجذابة للأطفال من جهة، وحافزة للنمو من جهة أخرى.

وإن إستخدام أسلوب اللعب في التعلم يتطلب تدريب الطلاب على ممارسة عمليات التعلم ومهارات جمع المعلومات وجمع العينات من البيئة وتصنيفها وإجراء بعض التجارب واستخلاص النتائج.. ففي هذا يسلك الطالب سلوك العالم المعلم الصغير، فهو وحده الذي يبحث عن الإجابة لما يعرض له من تساؤل يشكل مشكلة بالنسبة له وحتى يتوصل الى نتيجة مرضية ومقنعة بالنسبة له.

مما سبق نستنتج بأن اللعب هو (نشاط موجه يقوم به الأطفال لتنمية سلوكهم وقدراتهم العقلية والجسمية والوجدانية، ويحقق في نفس الوقت المتعة والتسلية، وأسلوب التعلم باللعب، هو استغلال أنشطة اللعب في اكتساب المعرفة، وتقريب مبادئ العلم للأطفال وتوسيع آفاقهم المعرفية).

وقد أكدت الدراسات بأن الأطفال يتعلمون بشكل أفضل عندما يتعاملون مباشرة مع مواد مثيرة ومسلية، وتكون بنفس الوقت ذات معنى بالنسبة لهم، فعن طريق اللعب يستطيع الطفل أن يتعرف الى الأشياء ويعمل على فرزها وتصنيفها، وبالتالي تعلم مفاهيمها والتعميم بينها على أساس لفظي لغوي.

أهمية أسلوب التعلم باللعب:

إن أهمية هذا الأسلوب تكمن في أنه يحقق الأهداف التالية:

١. بناء الطالب من حيث الثقة والإعتماد على النفس وشعوره بالإنجاز وتطوير مواهبه.
٢. تنمية المهارات المتصلة بالإكتشاف والإستقصاء، مثل: الملاحظة والقياس والتفسير والتجريب والتصنيف والتعميم... .
٣. تنمية مهارات التفكير العملي لدى الطالب.

٤. حفز وتشجيع الطالب لمزيد مـن التعلـم الـذاتي بالإستقصـاء الحـر واكتشاف المفاهيم والمبـادئ المتصلة ببعض الظواهر الطبيعية ومحاولة تفسيرها.

٥. تنمية قدرات الطالب على التخطيط والتنظيم وتحمل المسؤولية.

وقد أورد الدكتور عايش زيتون في كتابه (أساليب تدريس العلـوم/١٩٩٤م) أربعـة شـروط للـتعلم بأسلوب اللعب هي:

١. عرض مشكلة أمام الطلبة، أو طرح سؤال يتحدى تفكيرهم.

٢. إتاحة المجال للطالب للبحث بنفسه.

٣. توفير قاعدة علمية مناسبة لدى المتعلم (الطالب) تؤهله لإستقصاء والإكتشاف .

٤. ممارسة هذا اللون من النشاط والصبر على تبعاته.

ويقوم المعلم من خلال هذا الأسلوب بتهيئة كـل مـا يلـزم للطلاب مـن معلومـات وتوجيهـات ونشاطات تعليمية أو غيرها مما ييسر على الطلبة متابعة السير بصبر وبثبات.

مثال:

إذا رغب المعلم أن يستخرج أسـلوب الإستقصـاء والإكتشـاف في تـدريس موضـوع (المغنـاطيس) فيمكن المعلم ان يلجأ الى الخطوات التالية:

١) يقوم المعلم بتهيئة أذهان الطلاب بطرح التساؤلات مثل:

○ من منكم شاهد المغناطيس؟

○ ماذا يمكن أن نعمل به؟

○ كيف يغلق باب الثلاجة ذاتياً؟ هل يوجد مغناطيس على أطراف باب الثلاجة الداخلي؟

○ هل لاحظت وجود مغناطيس في بعض العابك؟

٢) طرح مشكلة للإستقصاء والإكتشاف:

○ كيف يمكنك التعرف على المواد الذي يجذبها المغناطيس؟

○ هل يستطيع المغناطيس جذب جميع المواد مثل الحديد، النحاس، الزجاج، الورق...؟

٣) توزيع مواد وأشياء مختلفة على الطلاب (مجموعات الطلاب الصفية): مغنـاطيس، قصاصات من ورق والكرتون، دبابيس،

مسامير، قطع خشبية صغيرة، حصى صغيرة، قطع زجاج صغيرة، قطع نحاس، المنيوم، قطع بلاستيك صغيرة، حبوب ارز، حبوب حمص،...الخ.

٤) الطلب من الطلاب محاولة تقريب المغناطيس من المواد الموزعة عليهم، ثم اكتشاف ماذا يحدث، وثم تصنيف المواد التي يجذبها المغناطيس عن المواد التي لا يجذبها المغناطيس أو جدول على دفاترهم هكذا:

المواد التي يجذبها المغناطيس	المواد التي لا يجذبها المغناطيس

٥) طرح أسئلة جديدة مثل:

- ماذا تلاحظ في المواد التي جذبها المغناطيس؟ (الملاحظة)
- ما الصفة المشتركة بين المواد التي جذبها المغناطيس؟ (الإستنتاج)
- هل تستطيع أن تستنتج هذه الصفة؟
- عدد اشكال المغناطيس التي تعرفها؟
- هل جميع المغناطيسات بأشكالها المختلفة لها خاصية الجذب؟ جرب ذلك عملياً (التجريب).

٦) إستخلاص النتائج: أن المغناطيس (بغض النظر عن شكله) يجذب مواداً معينة تسمى (مواد مغناطيسية) مثل....، لكنه لا يجذب مواداً أخرى تسمى (مواد غير مغناطيسية) مثل... .

مقترحات عملية لتنظيم تعلم الطلاب في المرحلة الإبتدائية:

١. إثراء بيئة الطفل بالأشياء الحسّية.

٢. إتاحة فرص التفاعل مع الطلاب الآخرين في غرفة الصف وخارجها.

٣. اعتماد طريقة الإستكشاف في التعلم، واستغلال رغبة الطالب بان يكتشف الأمور بنفسه.

٤. الإكثار من التعلم من خلال الألعاب التربوية، واستغلال رغبة الطالب في المشاركة في العمل التربوي.

٥. إستغلال قدرة الطالب على تسجيل الإنطباعات من خلال الرسم، والتلوين، والمجسمات، ورغبته في التعاون مع الآخرين في النشاطات المختلفة، وقدرته على تصنيف الأشياء وفق معايير حسّية.

٦. أن يدرك المعلم بان العديد من الطلاب ينفرون من المدرسة في البداية نظراً للجو الجديد الذي يحد من حريتهم ويجبرهم على اتباع أنظمة صارمة وحازمة... ، لذاعلى المعلم أن يهيئ الجو المريح والحرية المنظمة والاساليب الجاذبة للطفل حتى يستمر في شوق الى المدرسة باستمرار لما فيها من متعة ومرح وسرور وألعاب هادفة، وحنان ومحبة تنتظرة من معلمة ومديره... .

زميلي المعلم:

تخيل متعة الطالب الصغير وسعادته وهو يمثل دوراً تعليمياً...، وهو يلبس نظارة.. أو قبعة.. أو يضع شارباً.. أو يلبس باروكة، أو يضع لحية.. أو يلبس طربوشاً.. او يضع كوفية وعقالاً على رأسه.. فهذه الأوضاع سوف تثري خيال الطالب وأفكاره، وتنمي مشاعرة وشخصيته... وتحقق الأهداف التي نرجوها جميعاً...، فقدرة الأفراد على العمل مع الآخرين تشكل حجر الزاوية في بناء صداقات ثابتة، وتطويرها، فالتعلم في جو غير مألوف يسهم في تعليم الطلاب كيف يعملون معاً... وكيف يشجع بعضهم بعضاً.. وكيف يحترم بعضهم بعضاً.

دور المعلم في التعلم باللعب:

ينقسم دور المعلم في أربع مراحل وهي:

<u>أولاً: مرحلة الإعداد:</u>

١. التخطيط السليم لهذه النشاطات، لخدمة أهداف تربوية تتناسب وقدرات وامكانات واحتياجات الطلاب.

٢. دراسة اللعبة بدقة، والتأكيد على النقاط الهامة المراد التوصل إليها، وتحديد وقت إستعمالها وكيفية تنفيذها.

٣. تحديد عمليات العلم المطلوب التوصل اليها واكسابها للطالب (معرفية، وجدانية، نفسحركية).

٤. إعداد وتجهيز المكان المناسب لممارسة اللعب.

٥. توفير المواد المألوفة والضرورية من البيئة المحلية، بحيث تكون غير ضارة وغير خطرة وبسيطة وسهلة الإستعمال.

٦. مراعاة السلامة العامة للطلاب في المواد المستخدمة والمكان المناسب لتنفيذ هذه الألعاب.

٧. تغذية أذهان الطلاب وإثارة إنتباههم حتى يعرفوا المطلوب منهم أداؤه.

<u>ثانياً: مرحلة الإستخدام:</u>

١. يقوم المعلم بتقسيم الطلاب مجموعات صغيرة اعتماداً على عدد الطلاب وسعة المكان وتوفر المستلزمات والمواد وطبيعتها، وعلى الهدف من التجربة.

٢. أن يترك المعلم الفرصة للطالب للعمل حتى يصل الى الهدف المنشود، مع مراقبة المعلم ومتابعته لطلابه من بعيد حتى لا يبتعدوا عن الهدف المطلوب.

٣. أن يتقبل قدراً من الحركة والصخب الذي قد يصاحب هذا النوع من التعليم الـذي يحتـاج الى الحركة والحرية المنظمة.

٤. أن يكون المعلم جاهزاً للأجابة عن تساؤلات الطلبة.

<u>ثالثاً: مرحلة التقييم:</u>

في هذه المرحلة ينبغي على المعلم أن يشترك مع طلابه لتقييم:

١. مدى نجاح الطلاب في تحقيق الهدف المطلوب، والإبتعاد عـن كـل مـا مـن شـأنه أن يثبط مهمـة الطالب ويقلل من عزيمته، أو يجعله ينفر من اللعب.

٢. تقييم ردود فعل الطلبة، وانطباعاتهم عن اللعبة ومدى تقويمها للواقع.

<u>رابعاً: مرحلة المتابعة:</u>

١. على المعلم أن يقوم بمتابعة الطالب، ويعمـل عـلى تنويـع الخبرات التي تـؤدي الى زيادة الخبرة بالتدريج.

٢. تنويع الخبرات التي تؤدي الى الحصول على الخبرة نفسها حتى نتأكد من أن المتعلم قـد وصـل الى المستوى المناسب المقبول من الأداء.

٣. تشجيع الطلبة على توضيح ما يتعلموه من اللعبة، ثم ربـط ذلك بالنشـاطات التـي يمارسونها في مهنهم المتوقعة في المستقبل.

أمثلة واقعية للتعلم من خلال اللعب

الحساب (الجمع والطرح):

على المعلم أن ينتبه عند تعليم الحساب للطلاب الى ضرورة استخدام الوسائل المحسوسة والبسيطة في الالعاب التربوية مثل: العدادات، الملاقط، المكعبات، الأقلام، العيدان، العصي، الصور، الحبوب، البطاقات، الحزم، ...الخ، وذلك لتقريب المفاهيم المجردة الى عقلية الطلاب من خلال أسلوب علمي محبب.

كما ينصح المعلم باستخدام الألعاب المتعلقة بالطرح... لأنها تحث الطلاب على التفاعل وخلق روح التنافس داخل الصف ... وخارجه.

كما على المعلم الإنتباه الى قضية هامة، وهي ربط أهمية الرياضيات بالبيئة والحياة اليومية، حتى يدرك الطالب بأن المادة التي يتعلمها ذات معنى له، لذلك يطلب من المعلم أن ينظم أنشطة عملية وألعاباً تربوية يقوم الطلاب بتنفيذها مثل: (القياس، وعد النقود لاظهار الجانب الوظيفي للحساب، والوسائل كالصور والرسوم، والأمتار والنقود، وتوظيفها بشكل مناسب وفاعل، ونشاطات مخطط لها، كإعادة تخطيط ملعب المدرسة، واستخدام الامتار، وأدوات القياس والحبال (الجمع والطرح)، أو اللعب من خلال فتح دكان، أو زيارة المقصف المدرسي، فهذه الألعاب الهادفة الممتعة توفر للطلاب مهارات: كالمساومة، والتعاون، والإصغاء، والملاحظة، والتأييد، كما تغرس فيهم روح القيادة والتعاون والحرية المسؤولة.

<u>مثال عملي</u>:

١. يشرح المعلم لطلابه المهمة المطلوبة داخل غرفة الصف، ثم يخرجهم على شكل طابور بانتظام الى الساحة... يتعلم الطلاب فن القيادة والنظام والتعاون واحترام المسؤولين.

٢. يعين المعلم ثلاثة طلاب: الاول يكون في المقدمة، والثاني في المؤخرة، والثالث ينظم الوسط، يراقب المعلم طلابه وينظمهم.

٣. يقسم المعلم طلابه الى مجموعات (فرق)، ويقوم بتدريس عمليات الحساب، (الجمع والطرح والقسمة...) بإضافة لاعب الى هذه الفرقة وإخراج آخر من فرقة أخرى.

كما يستطيع المعلم من خلال خبرته أن يستنبط أساليب أخرى لتحقيق أهدافه المنشودة، وهكذا تتحول حصة الحساب الى رياضة، والرياضة الى علوم... وهكذا.

كما يمكن إتباع أسلوب التمثيل واللعب والتعلم معاً، فقد يطلب من الطالب تقليد حركات الفلاح عند الحراثة.. وحفر التربة.. وعزقها... وإخراج الماء من البئر، وتقليد الفلاحين في اللعب بالعصي والدبكة في الأفراح والأعراس، أو

تقليد أصوات وحركات الحيوانات، أو تقليد أصوات الطيور، وهكذا يستطيع المعلم الموهوب أن يحول حصص التربية الرياضية في الملاعب والساحات الى حصص علمية هادفة ويستطيع من خلالها تحقيق العديد من الأهداف التعليمية التعليمية والتي يصعب تحقيقها داخل الغرف الصفية المغلقة.

ومن هنا، فالمعلم الجيد هو الذي يستغل رغبة طلابه الدائمة وميلهم الى اللعب والحركة، لكي يحقق أهدافه النبيلة من خلالها، وذلك بخلق جيل الغد وأمل المستقبل، فالطلاب والأطفال فراشات تهوى الحركة والتنقل وليسوا مسامير مثبتة في المقاعد داخل غرف الصفوف.

عاشراً: إستخدام الحاسوب في تدريس العلوم

لاشك بأننا نعيش اليوم في عصر تطورت فيه وسائل الإتصالات وتكنولوجيا المعلومات، وأصبح لزاماً على الأوساط التربوية المحلية والعربية والعالمية مواكبة هذا التطور الهائل، وضرورة تطوير وسائل المعلم بشكل يواكب هذا التطور، مما يمكن المعلم من تحقيق أهدافه المطلوبة في مجال التعليم، لذا أصبح من الضرورة أن يتعامل المعلم مع جهاز الحاسوب في الصف كوسيلة تعليمية يلجأ اليها المعلم وقت الحاجة يستخدمها هو وطلبته لتحقيق الأهداف المرجوة من الدرس.

فإذا لم تساند تكنولوجيا الإتصالات والمعلومات المعلم داخل الغرفة الصفية وفي متابعة تعلم الطلبة، فإنه لن يكون قادراً على المبادرة في تطوير الأساليب والأنشطة التي يمكن أن يستخدم فيها الحاسوب لتحقيق الأهداف التعليمية، وفي سبيل تنمية قدرات الطالب وتزويده بالمهارات اللازمة في هذا القرن، ومن أجل ذلك يجب إدخال إستخدام الحاسوب وتكنولوجيا الإتصالات والمعلومات في حياة المعلم اليومية من اجل إكساب المعلم المهارات المطلوبة لاستخدام هذه المهارات بأسلوب مفيد وفاعل ينعكس على الطلبة علماً وفكراً وممارسة.

تنظيم غرفة الصف:

يفضل أن يكون تنظيم غرفة الصف أو مختبر الحاسوب بحيث:

١. يستطيع المعلم الوقوف بسهولة الى جانب العرض، والإشراف على الطلبة أثناء عملهم بجهاز الحاسوب.

٢. يستطيع الطلاب الحركة والإنتقال من وإلى أجهزة الحاسوب بسهولة ويسر.

٣. يوضع الحاسوب والأجهزة الملحقة به في مكان بعيد عن أشعة الشمس، الماء أو الرطوبة، أو غبار الطباشير، أو المواد الكماوية أو الاجهزة الكهربائية الأخرى.

٤. يتيح للطلبة فرصة العمل في مجموعات صغيرة.

إدارة الصف (مختبر الحاسوب):

١. وضع قائمة بأسماء المجموعات في مكان بارز في غرفة الصف لتحديد أسماء الطلاب الذين سيستخدمون جهاز(أجهزة) الحاسوب كل يوم.

٢. الشروع مباشرة في تنفيذ النشاط أو المشروع وعدم الإنشغال في قضايا جانبية أو ثانوية وعدم إضاعة الوقت، كما يفضل أن يبدأ بالعمل الطلبة أصحاب الخبرة والمعرفة بالبرمجية التي سيتم إستخدامها لتنفيذ المهمة المطلوبة، وعلى المعلم أن يوضح للطلبة أنه يمكن أن نجد العشرات من البرمجيات التي يمكن أن تؤدي الغرض نفسه، وبهذا يكون إستخدام جهاز الحاسوب في غرفة الصف فرصة للمعلم والطلبة لتبادل الآراء والخبرات مما يزود الجميع بثقافة واسعة في مجال تكنولوجيا المعلومات والإتصالات الحديثة.

٣. توجيه الطلاب لتوظيف أجهزة الحاسوب في منازلهم في خدمة العمل داخل الصف والمدرسة توفيراً للجهد والوقت.

٤. مراعاة توزيع العمل بين الطلاب بالتساوي وأن لا يستأثر أحد بالعمل على حساب الآخر.

٥. توفير فرص العمل التعاوني في غرفة الصف.

٦. وضع لائحة بآداب التعامل مع أجهزة الحاسوب، وكيفية الحصول على المساعدة، وما هي حقوق ومسؤولية الطالب تجاه الحاسوب.

٧. التأكيد على ضرورة التحضير المسبق مما يتيح الإستثمار الأمثل للوقت عند إستخدام الحاسوب.

٨. الإحتفاظ بملفين، الأول للأعمال والمشاريع التي تم انجازها، والآخر للمشاريع الجاري تنفيذها.

٩. تعليق لوحة إرشادات حول ابرز الأوامر والمصطلحات الشائعة في مجال تكنولوجيا الإتصالات والمعلومات.

١٠.إستخدام أسلوب التعلم عن طريق الأقران مع مراعاة ما يلي:

- توزيع الطلاب في مجموعات يتكون كل منها من طالبين الى خمسة طلاب على الأكثر.
- التأكد من مدى إمتلاك الطلاب لمهارات الحاسوب وتوفر الأجهزة الحاسبة وإمكانية الدخول الى الشبكة العالمية (الإنترنت) في منازل الطلبة، أو في مقاهي الإنترنت.
- إعادة توزيع وتنظيم المجموعات من جديد كلما لزم الأمر.
- إتاحة الفرص للطلاب والوقت اللازم للعمل بعيداً عن أجهزة الحاسوب من أجل التخطيط للمشاريع، ومراجعة ما تم تنفيذه ولإتاحة فرصة الحوار والعصف الذهني، وتقييم ونقد وتعديل المشاريع التي يتم تنفيذها باستخدام الحاسوب.
- الإستفادة من خبرات المتخصصين في مجال الحاسوب لتزويد الطلاب بالمعلومات والخبرات والإشتشارات، وقد يكون هؤلاء المتخصصون من أولياء أمور الطلبة أو إخوانهم أو متطوعين من المجتمع المحلي.

إستخدام جهاز الحاسوب داخل غرفة الصف:

على المعلم أن يكون على علم بامكانات المدرسة التي يعل بها، ففي حالة عدم توفر ربط للجهاز مع الشبكة العالمية (الإنترنت)، فيمكن للمعلم أن يستخدم الأقراص الليزرية CD لبعض الموسوعات العالمية، أو بعض الموسوعات التخصصية حسب طبيعة المبحث أو الوحدة الدراسية، كما يمكن أن يطلب المعلم من الطلاب كجزء من الإعداد المسبق للدرس أن يقوموا بحفظ (Saving) بعض صفحات الإنترنت ذات العلاقة بموضوع الدرس على اقراص ليزرية CD أو على وسائط تخزين الفلاش Flash Memory يتم عرضها باستخدام الجهاز المتوفر في غرفة الصف.

وفيما يلي بعض الإستخدامات الممكنة لجهاز الحاسوب في غرفة الصف:

١) إستخدام الإنترنت كمدخل تمهيدي لموضوع دراسي معين، فقد يرغب المعلم أن يختار بعض الأحداث الجارية، أو قضية عالمية ترتبط بموضوع الدرس أو الوحدة الدراسية، وبهذا يدرك الطالب أن الناس في مناطق مختلفة من العالم يتحدثون عن نفس الموضوع الذي يقوم بدراسته، مما يجعل التعلم ذي معنى من جهة وفي زيادة دافعية الطالب نحو التعلم من جهة أخرى.

٢) إستخدام بعض المواقع على الانترنت كمادة إثرائية، أو لتقديم نشاط يعـزز فهـم الطلبـة لموضوعات الكتاب المدرسي، فقد يستطيع الطالب الـدخول الى المتاحف والمكتبات العلميـة والثقافية والتاريخية والفنية العالمية، بحيث يتجول فيها كيفما يشـاء ويتـزود بمعـارف علميـة أصيلة وبصورة اكثر فاعلية.

٣) يمكن إستخدام الأنترنت لتنمية مهارات التفكير الإبداعي والتفكير النقدي لـدى الطلبـة، مـن خلال زيارة المواقع التي تقدم تمارين ومسائل تعليمية تتطلب إستخدام مهارات حـل المشكلة ومهارات تفكير عليا.

٤) إنشغال الطلبة في مغامرات وألعاب تعليمية عبر الإنترنت مـن خـلال بعـض الشركات وبشـكل مجاني، من خلال الإتصال الصوتي أو المطبوع أو كلاهما، فيتحاور الطلبة وهـم في غرفة الصـف مع طلبـة آخرين في بـلاد أخرى فيتعرفون الى عـاداتهم ومشـاكلهم الإقتصادية والإجتماعيـة والبيئية التي تواجه سكان تلك البلاد.

٥) يمكن إستخدام محركات البحث مثل (Google-Yahoo!-bing) للحصول على معلومات يمكن أن تساهم في الإجابة على بعض الأسئلة التـي يطرحها الطـلاب والتـي قـد تحتـاج الى جـداول إحصائية أو ثوابت علمية او خرائط جغرافية أو صورة دقيقة لكائن حي...الخ.

٦) إستشارة الخبراء، يمكن للمعلم والطلبة في غرفة الصف توجيـه أسـئلة الى خـبراء متخصصـين في موضوع معين على الشبكة من أجل الحصول على إجابات دقيقة وموثوقة.

٧) إستخدام جهاز الحاسوب كوسيلة توضيحية، كإستخدام برنامج عرض الشرائح (Microsoft® ™ Office PowerPoint) لعرض وثيقة أو برنامج أعده المعلم مسبقاً، أو لعرض مشاريع الطلبة، أو لكتابة جمل مفيدة، أو قوانين علمية او لعرض رسوم توضيحية....الخ.

التعلم الذاتي باستخدام الانترنت

إن شبكة الحاسب الآلي –الإنترنت- تعد مثالاً عـلى تكنولوجيـا المعلومـات والتي تعـرف بانها إستخدام الإلكترونيات في تجميع وتخزين ونقل واسترجاع المعلومـات بكـل أشـكالها ، مـع الأخـذ بعـين الإعتبار النتائج الإجتماعية والإقتصادية لهذا الإستخدام، كما تعـرف شبكة الحاسوب بأنها شبكة عالميـة تربط مجموعة كبيرة من الحاسبات معاً.

وعندما يستخدم المعلم هذا الأسلوب في تعليم طلابه، فأنه يطرح موضوعاً معيناً تراعى فيه ميول الطلاب وحاجاتهم، ثم يوجه الطلاب الى جمع المعلومات وتلقي الإجابات عن الموضوع من خلال البريد الإلكتروني (E-mail) ومجموعات الأنباء(News Groups) ، والتقنيات الحديثة في تلقي المعلومات بشكل فوري مثل (RSS feeds) ومن ثم مناقشة الموضوع قيد الدرس مع المختصين من جميع أنحاء العالم من خلال هذه الشبكة، بينما يجلس الطلاب أمام شاشات الكمبيوتر في غرفة الصف.

ويكون دور المعلم في هذه الحالة، هو تمييز الصالح من الطالح بالنسبة لهذه المعلومات، وإرشاد الطلبة لما هو صالح ومفيد.

ولشبكة الحاسبات الإلكترونية المستخدمة في التعلم الذاتي إيجابيات متعددة نذكر منها ما يلي:

١. حداثة المعلومات وسهولة وسرعة الحصول عليها.

٢. تعدد مصادر المعلومات، وتنوعها.

٣. شمولية المعلومات: لتوفرها من مصادر عديدة من مختلف أنحاء العالم.

٤. إستخدامها للتعبير عن ميول الطلبة، حيث يمكن للطالب أن يتبادل المعلومات مع من يرغب اليهم ومع غيرهم عبر البريد الإلكتروني (E-mail).

٥. إن إستخدام هذه الطريقة يؤدي الى الكشف عن إبداعات الطلاب وتنميتها، لأنها تتيح الحرية لكل طالب إنشاء صفحة خاصة به على الشبكة وبالموضوع الذي يختاره والمحتوى والطريقة التي يريدها.

٦. إن هذا الأسلوب يؤكد على الإتجاه الحديث للمدارس في تضمين التربية الأخلاقية في مناهجها، لأن هذه الطريقة توفر قيماً جديدة ومهارات، وأهمها القيم المتعلقة بالمواطنة الصالحة، والمهارات المتعلقة بدقة إختيار القيم وصحتها.

٧. تسهم في تنمية التفكير الناقد، حيث يتطلب إستخدامها التفكير الناقد الضروري من أجل نقد القيم والتمييز بينها، واختيار الصالح منها.

٨. تقلل من الحواجز والفواصل السياسية والجغرافية بين المتعلمين، حيث يمكن لأي طالب هنا الإتصال مع اي طالب في العالم وينتظر جوابه...، وهكذا فإن هذا النوع من التعلم يتضمن تعلماً لقيم مشتركة

بين هذا المناطق مثل الديموقراطية، والحرية، والعدالة، وحقوق الإنسان.. وغيرها.

٩. تسمح بإجراء رحلات تعليمية حقلية بينما يجلس الطلبة في الصف، حيث يمكن زيارة متحف في نيويورك أو موسكو أو اليابان...الخ، ويتجول بحرية في ذلك المتحف جامعاً المعلومات التي يريدها، وكذلك الأمر بالنسبة لزيارة حديقة حيوان، أو اي مكتبة عالمية، أو أي صرح علمي أو أدبي أو فني أو ثقافي آخر.

١٠. تسهل على المتعلم إجراء البحوث، وذلك لسهولة الحصول على المعلومات وجمعها.

١١. تساعد في تعلم مهارات مختلفة من خلال هذا الشبكة، مثل تعلم طريقة إستخدام جهاز ما من خلال فني متخصص، أو طريقة إجراء تجربة من عالم معاصر... وغيرها من المهارات.

وعلى الرغم من الإيجابيات العديدة لاستخدام شبكة الحاسب الآلي في التعلم الاّ أن لها بعض السلبيات، والتي يمكن تجاوزها من خلال تحسين طريقة التعلم الذاتي بشبكة الحاسب، وذلك باتباع ما يلي:

١. وضع ضوابط أو روابط لمنع اتصال المتعلم بما هو غير مرغوب به من أشخاص أو مواقع أو معلومات.

٢. دمج جزء من التعليم العادي الذي يكون به المعلم عنصراً مهماً مع هذا النوع من التعلم، وذلك لأهمية العنصر الإنساني وتأثيرة القوي في عمليات التعلم.

٣. دمج طريقة تدريس أخرى مع هذا النوع من التدريس، كالمناقشة أو العروض العملية أو التجارب الحقيقية.. أو مع أي طريقة تدريس أخرى مناسبة للموقف التعليمي التعلمي الذي يراه المعلم.

٤. ضرورة معرفة المعلم التامة بكيفية إستخدام الشبكة، وبأنواع البرامج التعليمية (Software)، والمواد المختلفة المستخدمة فيها، حتى يتكمن المعلم من متابعة ومراقبة وتقويم أعمال الطلاب وأنشطتهم المختلفة.

حادي عشر: الخرائط المفاهيمية في تدريس العلوم

إن المفهوم هو صورة ذهنية لشيء محدد تجمعه خصائص مشتركة، ويريد أن يكون له معنى، فقد يكون المفهوم فكرة أو مجموعة أفكار يكتسبها الفرد على شكل تعميمات.

كما يمكن تعريف المفهوم على أنه مجموعة من الأشياء أو الحوادث أو الرموز التي تُجمع معاً على أساس خصائصها المشتركة العامة، والتي يمكن أن يشار إليها باسم أو رمز خاص مثل: الشجرة، الماء، الديمقراطية، العمل، الأم، الجهاد، الصداقة، التلفاز.

والمفاهيم لا تنشأ فجأة بصورة كاملة الوضوح، ولا تنتهي لدى الفرد عند حد معين ولكنها تنمو وتتطور طوال الوقت، ويكون تعليم المفاهيم أكثر فعالية عندما يتم تدريسها بصورة تكاملية، أي تتبع المفاهيم في جميع المواد بصورة تكاملية في وقت واحد، فتكون جميع الدروس متوافقة لتعطي فعالية أكثر لدى الطالب.

ولقد لاحظنا أنه من خلال تقييمنا لتعلم طلابنا سواء في المعارف أو في السلوكات أو المهارات، بأن هذا التعلم لا ينعكس غالباً على هذه الجوانب، وذلك لأسباب عديدة أهمها:

١- أن المنهاج أو المحتوى لا يركز على انعكاسات هذه المفاهيم والقيم على سلوكات وممارسات الطلاب، لأن ما يتعلمه الطالب لا يشعره أن له معنى في حياته أو له ارتباط بمارسه وبما يدور حوله، أي ن هذه المفاهيم والمعلومات والمهارات، لا يتم تدريسها للطلاب بشكل وظيفي.

٢- ضرورة التركيز على التربية الشاملة من أجل تهيئة الطلاب للمشاركة العقلية الفاعلة، في عالم يتزايد فيه تأثير العلم والتكنولوجيا، والابتعاد عن عالم الجهل والخرافات.

٣- ضرورة التركيز على تدريب المعلم وتغيير أدواره من الأدوار التقليدية، ليصبح قادراً على سرعة استيعاب الجديد، والتكيف مع الظروف المتغيرة والمتجددة، بحيث يكون معلم المستقبل منظماً للمواقف والخبرات التعليمية والتي تنشط الطلاب، ليأخذوا دوراً إيجابياً يتفاعلون من خلاله مع بيئتهم تفاعلاً يؤدي إلى تطور كليهما.

٤- حيث أن الطالب في مدارسنا يتعلم المفاهيم بشكل منفصل وغير مترابط مـع المـواد الأخـرى، لذا فإن هذه القيم لا تتفاعل مع الحدث، لذا وجب تعلـيم الطـلاب المـواد المختلفـة بشـكل مترابط ومتكامل، من أجل سد الفجوة بين هذه المواد، وتوسيع دائرة تدريس المفهوم لتوسيع تفكير الطالب وإخراجه من هذه الدائرة الضيقة إلى دائرة أوسع وأرحب، من أجل مساعدته على تعديل سلوكه، وإفساح المجال أمامه لتطبيق المفهوم على أرض الواقع.

٥- نقل دور الطالب من كونه "متلقن" إلى "متعلم"، ودور المعلـم مـن "خبـير" إلى "متعـاون" أو موجه أو مرشد.

٦- ضرورة تدريس المحتوى كمفهوم، وتوسيع مجالات تطبيق هذا المفهوم

مما سبق نستنتج أن أحد أهـداف تـدريس العلـوم الحديثـة هـو أن يتعلم الطالب المعلومـات المقدمة له تعلماً ذا معنى، ويعتبر التعلم ذو المعنى جوهر نظرية (أوزبل) والذي فرق فيهـا بـين التـعلم الاستظهاري (Rote learning)، والـتعلم ذي المعنى (Meaning Learning)، حيـث أوضـح أن التـعلم الاستظهاري يقوم على حفظ المادة دون معرفة معناها، وهو لذي يقوم على التذكر الحرفي للمادة والمعرفة بصورة أساسية، ويكون ناتج هذا النوع من التعلم عدم حدوث تعديل أو تغيير في البنية المعرفية للطالب، وأن المعلومات المكتسبة تكون عرضة للنسيان في أغلب الأحيان.

وقد أجمع العديد من التربويين بأن "خرائط المفاهيم" عبارة عن رسـوم تخطيطيـة ثنائيـة البعـد تترتب يها مفاهيم المادة الدراسية في صـورة هرميـة، بحيـث تتـدرج مـن المفـاهيم الأكـثر شمولية الأقـل خصوصية في قمة الهرم إلى المفاهيم الأقل شمولية والأكثر خصوصية في قاعدة الهرم، وتحاط هذه المفاهيم بأطر ترتبط ببعضها بأسهم مكتوب عليها نوع العلاقة.

مكونات خريطة المفاهيم

تتكون خريطة المفاهيم من:

١- المفهوم العلمي: وهو بناء عقـلي ينتج مـن الصفات المشـتركة للظـاهرة، أو تصورات ذهنيـة يكونها الفرد للأشياء، ويوضح المفهوم داخل شكل بيضاوي أو دائري أو مستطيل أو مربع، مثل: الأزهار، النبات، الحيوان.. إلخ.

٢- كلمات الربط: هي عبارة عن كلمات تستخدم للربط بين مفهومين أو أكثر مثل: تصنف إلى، هو، يتكون، يتركب، من، لها.. إلخ، ويكتب على الخط الواصل بين المفهومين أو أكثر.

مثال:

٣- الوصلات العرضية: وهي عبارة عن وصلة بين مفهومين و أكثر من التسلسل الهرمي، وتمثل في صورة خط عرضي.

٤- الأمثلة: هي الأحداث أو الأفعال المحددة التي تعبر عن أمثلة للمفاهيم وغالباً ما تكون أعلاماً، لذلك لا تحاط بشكل بيضاوي و دائري.

أهمية استخدام خرائط المفاهيم

١- أهميتها بالنسبة للطالب (المتعلم)

تكمن أهمية استخدام خرائط المفاهيم بالنسبة للطالب في كونها تساعد على:

١-   ربط المفاهيم الجديدة بالمفاهيم السابقة الموجودة في بنية المعرفة.

٢-   البحث عن العلاقات بين المفاهيم.

٣-   البحث عن أوجه الشبه والاختلاف بين المفاهيم.

٤-   الإبداع والتفكير التأملي عن طريق بناء خريطة المفاهيم أو إعادة بنائها.

٥-   جعل المتعلم مستمعاً ومصنفاً ومرتباً للمفاهيم.

٦-   إعداد ملخص تخطيطي لما تم تعلمه.

٧-   الفصل بين المعلومات الهامة والمعلومات الهامشية، واختيار الأمثلة الملائمة لتوضيح المفهوم.

٨-   ربط المفاهيم الجديدة وتمييزها عن المفاهيم المتشابهة.

٩-   تنظيم تعلم موضوع الدراسة.

١٠-   الكشف عن غموض مادة النص، أو عدم اتساقها أثناء القيام بإعداد خريطة المفاهيم.

١١-   تقييم المستوى الدراسي.

١٢-   تحقيق التعلم ذي المعنى.

١٣-   مساعدة المتعلم على حل المشكلات.

١٤-   مساعدة المتعلمين على اكتشاف علاقة العلوم بالعالم الخارجي وبالمواد الأخرى.

١٥-   زيادة التحصيل الدراسي للطلاب.

١٦-   تنمية اتجاهات الطلاب نحو مادة العلوم.

٢- أهميتها بالنسبة للمعلم:

تكمن أهمية استخدام خرائط المفاهيم بالنسبة للمعلم في كونها تساعد على:

١- التخطيط للتدريس سواء لدرس أو وحده أو فصل دراسي أو سنة دراسية.

٢- تساعد في التدريس (قبل الدرس أو أثناء الشرح، أو في نهاية الدرس).

٣- تنظيم تتابع الحصص في قاعدة الدرس.

٤- تركيز انتباه الطلاب، وإرشادهم إلى طريقة تنظيم أفكارهم واكتشافاتهم.

٥- اختيار الأنشطة الملائمة، والوسائل المساعدة في التعلم.

٦- استخدام مداخل تدريسية أكثر مغزى.

٧- كشف التصورات الخاطئة لدى الطلبة، والعمل على تصحيحها.

٨- مساعدة الطلبة على إتقان بناء المفاهيم المتصلة بالمواد، أو المقررات التي يدرسونها.

٩- تنمية روح التعاون والاحترام المتبادل بين المعلم وطلبته.

١٠- توفير مناخ تعليمي جماعي للمناقشة بين المتعلمين.

تصنيفات خرائط المفاهيم:

لقد تم الاعتماد على عنصرين أساسيين عند تصنيف خرائط المفاهيم على النحو التالي:

<u>أولاً: حسب طريقة تقديمها للطلاب.</u>

<u>ثانياً: حسب أشكالها.</u>

أولاً: تصنف خريطة المفاهيم حسب طريقة تقديمها للطلاب إلى أربعة أنواع هي:

١- خريطة المفاهيم فقط: Concept only Map

في هذا النوع يعطى الطلاب خريطة مفاهيمية ناقصة، بها مفاهيم فقط، بحيث تكون خالية من الأسهم وكلمات الربط، ويطلب من الطالب رسم الأسهم التي تربط بين كل مفهومين، وكتابة كلمات الربط عليها:

مثال:

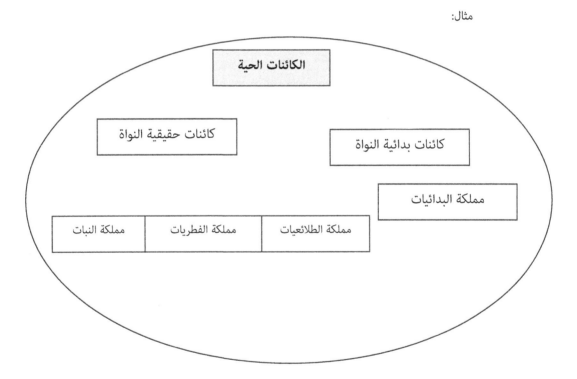

138

٢- خريطة الكلمات الربط فقط Link only Map:

يعطى للطالب خريطة مفاهيمية ناقصة، بها اسم، وكلمات الـربط وفراغـات خاصـة بالمفـاهيم، ويطلب من الطلاب كتابة المفاهيم المناسبة في هذه الفراغات.

مثال:

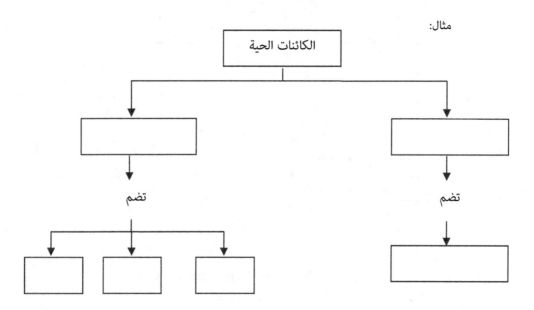

٣- خريطة افتراضية (Popositional Map)

يعطى الطالب قائمة بالمفاهيم وكلمات لربط وخريطة مفاهيميـة ناقصـة، ويطلـب مـن الطلاب إكمال الخريطة بما يناسبها من المفاهيم وكلمات الربط.

مثال:

قائمة المفاهيم: الكائنات الحية، كائنات بدائية النواة، كائنات حقيقية النـواة، مملكـة البـدائيات، مملكة الطلائعيات، مملكة الفطريات، مملكة النبات، قائمة كلمات الربط: تصنف إلى تضم.

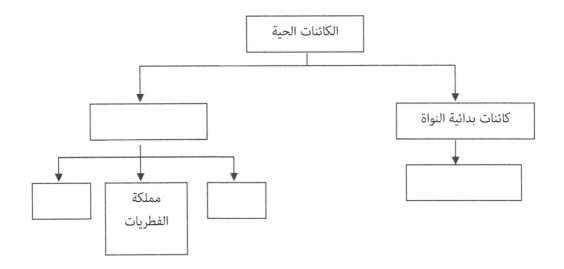

٤- الخريطة المفتوحة Froe Range Map:

يقوم الطلاب ببناء خريطة مفاهيمية لموضوع ما دون التقيد بقائمة محددة من المفاهيم أو بنص من الكتاب.

ثانياً: تصنف خريطة المفاهيم حسب أشكالها إلى ثلاثة أنواع هي:

١- خرائط المفاهيم الهرمية Hierachical concept Map

وهي نوع من الخرائط المفاهيمية يتم فيها ترتيب المفاهيم في صورة هرميـة بحيـث تتـدرج مـن المفاهيم الأكثر شمولية والأقل خصوصية في قائمة الهرم، إلى المفاهيم الأقـل شـمولية والأكـثر خصوصـية في قاعدة الهرم.

مثال:

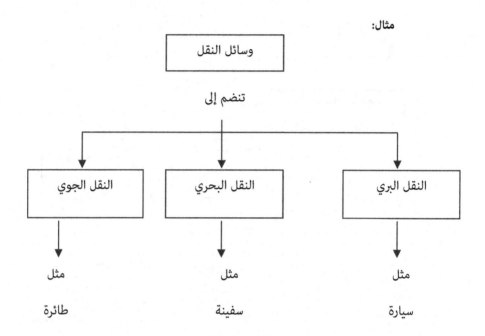

وسائل النقل

تنضم إلى

النقل الجوي · النقل البحري · النقل البري

مثل · مثل · مثل

طائرة · سفينة · سيارة

٢- خرائط المفاهيم المجمعة (Cluster Concept Maps):

وهي نوع آخر من الخرائط يتم فيها وضع المفهوم العـام في منتصـف الخريطـة، يليـه بعـد ذلك المفاهيم الأقل عمومية وهكذا حتى يتم بناء الخريطة.

٣- خرائط المفاهيم المتسلسلة Chain concept Maps

وهي نوع من خرائط المفاهيم يتم وضع المفاهيم فيها بشكل متسلسل.

٤- خرائط مفاهيم الشبكة العنكبوتية

وهي عبارة عن تصور ووصف بين الأفكار في حقل المحتوى المعرفي.

مثال:

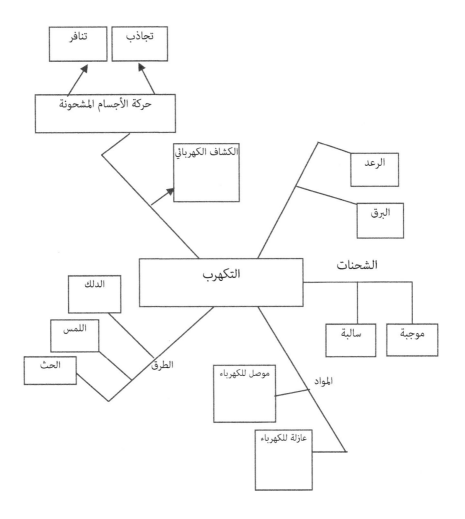

تنافر
تجاذب
حركة الأجسام المشحونة
الكشاف الكهربائي
الرعد
البرق
التكهرب
الشحنات
الدلك
اللمس
الحث
الطرق
سالبة
موجبة
موصل للكهرباء
المواد
عازلة للكهرباء

خطوات بناء خرائط المفاهيم

١- اختيار الموضوع المراد عمل خريطة المفاهيم له.

٢- اختيار الكلمات المفتاحية أو العبارات التي تشتمل الأشياء أو الأحداث، ووضع خطوط تحتها.

٣- إعداد قائمة بالمفاهيم، وترتيبها تنازلياً تبعاً لشمولها وتجريدها.

٤- تصنيف المفاهيم حسب مستوياتها والعلاقات فيما بينها.

٥- وضع المفاهيم الأكثر عمومية في قمة الخريطة، ثم تليها في مستوى تالٍ، وترتيب المفاهيم في صفين كبيرين متناظرين لمسار الخريطة.

٦- ربط المفاهيم المتصلة، أو التي تنتمي لبعضها لبعض بخطوط، وكتابة الكلمات الرابطة التي تربط بين تلك المفاهيم على الخطوط.

تدريس المفاهيم

لقد تطرقنا من خلال هذه الدراسة إلى مفهوم خريطة المفاهيم ومكوناتها واستخدامها وأهميتها وأنواعها واستخداماتها، وقد لاحظنا من خلال الزيارات المتعددة للمدارس والمعلمين بأن معظم المعلمين يدرسون المفاهيم كل حسب مادته وتخصصه بشكل منفصل عن المواد الأخرى ولا يلجأ إلى ربط المفاهيم أو المواد مع بعضها البعض بحيث ركز على انعكاسات هذه المفاهيم على قيم وسلوكات الطلاب، لذا نلاحظ أن التعليم لا ينعكس على هذه الجوانب الهامة لأن ما يتعلمه الطالب لا يشعره بأنه لا معنى في حياته وبعبارة أخرى أن هذه المواد لا يتم تدريسها بشكل وظيفي مترابط متكامل، لأن الطالب في مدارسنا يتعلم المفاهيم بشكل منفصل غير مترابط مع المواد الأخرى، لذا فإن هذه المعلومات وهذه القيم لا تتفاعل مع الحدث.

لذا سنعرض فيما يلي إلى كيفية تدريس المفاهيم بشكل مترابط ومتكامل مع المواد الأخرى بشكل سلس وفاعل من أجل تحقيق نقلة نوعية في تحقيق الأهداف المرجوة من عملية التعليم والتعلم، من خلال عرض أمثلة واقعية ثم تطبيقها في مجموعة من المدارس وكانت نتائجها إيجابية:

مثال ١:

المفهوم: "الشجرة":

يمكن تدريس هذا المفهوم من خلال مجالات متعددة وربطه بالعديد من المواد المختلفة، كالآتي:

<u>من خلال الدين الإسلامي Islamic Religion</u>

- الشجرة في القرآن الكريم: "والتين والزيتون وطور سينين...".
- وردت أسماء أشجار كثرة في القرآن الكريم مثل: التين، الزيتون، الرمان، النخيل، الأعناب.
- ما اسم الشجرة التي ورد ذكرها في القرآن الكريم، والتي سيأكل منها أهل النار يوم القيامة.
- الجواب: شجرة الزقوم، ما لونها، ما طعمها، ما شكلها؟
- استشعار عظمة الخالق في أشكال وألوان وأنواع الأشجار والنباتات التي خلقها الله سبحانه وتعالى، واختلاف أشكالها وألوانها وأزهارها وثمارها وطعمها، على الرغم من أنها تعيش في أرض واحدة وتتغذى من تربة واحدة!
- حديث شريف: "إذا قامت الساعة وبيد أحدكم فسيلة فليزرعها".

<u>من خلال الدين المسيحي Christian Religion</u>

- قصة شجرة عيد الميلاد
- ما اسم الشجرة التي أكلت منها سيدتنا "مريم" عندما وضعت سيدنا عيسى عليهما السلام؟
- الجواب: شجرة النخيل: "فهزي إليك بجذع النخلة تساقط عليك رُطباً جنياً، فكلي واشربي وقرّي عيناً" قرآن كريم.

<u>من خلال اللغة العربية Arabic</u>

- أهمية الأشجار في جمال الطبيعة، وما تضفيه على الجبال والوديان والسهول من جمال وروعة.

- درس في التعبير الكتابي والشفوي: "عيد الشجرة"، "الشجرة أمنا التائهة".

- بحوث وتقارير طلابية حول: أهمية الأشجار في الغذاء والدواء والصناعات الغذائية والصناعات الخشبية وأهمية الأشجار في توفير الطاقة.

- في حصص النشاط والتربية المهنية والفنية.

- ديوان الشاعر حيدر محمود: "شجرة الدفلى على النهر تغني".

<u>في اللغة الإنجليزية English</u>

- في الشعر Poems

- قصيدة الشجرة

The Tree

I think I Shall never see

A poem lovely as a tree

A tree whose huagry mouth is prissed,

Against the earth sweet flowing breast

قصص Stories

شجرة عيد الميلاد The tree of X – mass

<u>في الفنون Art</u>

- رسم الحدائق والأشجار والاستفادة من ألوان الأشجار الجميلة.

- الرسم على أوراق الأشجار.

- الحفر على الأخشاب وسيقان الأشجار.

- كيف نستوحي من الحدائق والأشجار والأزهار الأفكار والقصص والأشعار.

<u>في الفن المسرحي Theatre Art</u>

- قصص وروايات حول الأشجار.

- مسرحية "نموت ونحن واقفين كالأشجار".

<u>في العلوم Science</u>

- الأشجار وتوفير الأكسجين

- الأشجار وتوفير الغذاء في عملية التركيب الضوئي في أوراق النباتات الخضراء:

ماء + ثاني أكسيد الكربون ← (كلوروفيل) مواد نشوية + أكسجين

$$Coh_{12}o_6 + o_2 \xrightarrow[\text{كلوروفيل}]{} H_2o + Co_2$$

- تتركب الأشجار من: الجذر والساق والأغصان والوراق.

- الأشجار تمتص الماء والغذاء من التربة من خلال الطرق التالية:

أ- الخاصة الشعرية.

ب- الضغط الجذري.

ت- الضغط الأسموزي

- أهمية الأشجار في منع انجراف التربة ومنع التلوث الهوائي.

- تقدير عمر الشجرة من خلال عدد الحلقات في ساقها.

- النبات والتوازن الغذائي

<u>في الدراسات الاجتماعية Social Studies</u>

- يتوقع أن تكون الحروب القادمة بسبب الماء والغذاء.

- كثير من الأمراض أسبابها الرئيسية سوء التغذية.

- النباتات مصدر الغذاء الرئيسي والوحيد للإنسان والحيوان.

- تقوم الدولة على زراعة آلاف الأشجار سنوياً.

- ١٥ كانون الثاني من كل عام عيد قومي (عيد الشجرة).

- تجارة الأخشاب والصناعات الخشبية من الصناعات الهامة.

- أهمية الأشجار والأزهار والنباتات في الصناعات الطبية وصناعة الأدوية.

في الرياضيات Mathematics

- حساب المسافات بين الأشجار عند زراعتها في الحقول والحدائق والمزارع النموذجية.

- احسب كمية السماد الكيماوي اللازمة لمزرعة مساحتها ١٠ دونمات لتجهيز التربة وزراعتها بالخضروات.

- احسب كم تنكة من زيت الزيتون ينتج عند درس ١٠٠٠ كغم من الزيتون.

- احسب نسبة الأراضي المزروعة إلى نسبة الأراضي الجرداء في الأردن؟

في الحاسوب: Computer

الشبكة العنكبوتية

شجرة المعرفة

في التربية الرياضية Physical Education

- العقل السليم في الجسم السليم.

- أثر الغذاء النباتي على حيوية ونشاط الرياضيين.

- النباتات والأشجار في صناعة الزيوت والمراهم لتدليك الرياضيين.

- استخدام زيوت النباتات في المساج وعلاج المفاصل والعضلات.

في الموسيقى Music

- أثبتت الدراسات أن النباتات تتجاوب مع الموسيقى ويزداد نموها...

- آلات موسيقية تصنع من أخشاب بعض الأشجار والنباتات (العود، الكمان، البيانو...).

- الدائق الجميلة مصدر إلهام ووحي للموسيقيين والشعراء والأدبا. المسرح يصنع من أخشاب الأشجار.

English
Poems: The Tree
Stories: The tree of x.mans

Arabic
الأشجار وجمال الطبيعة
تعبير شفوي وكتابي عن عيد الشجرة
بحوث وتقارير
حصص ونشاط

Chirstian Religion
قصة شجرة عيد الميلاد
شجرة النخيل وسيدتنا مريم
أهمية الرطب حديثة الولادة

Islamic Religon
الشجرة في القرآن
الشجرة في الحديث الشريف
شجر الزقوم
عظمة الخالق تتجلى في خلق الأشجار

Phvisical Education
أثر الغذاء النباتي على حيوية ونشاط الرياضيين

Social Studies
سوء التغذية والأمراض
زراعة الأشجار في عيد الشجرة
الدول والأشجار والنباتات
الحرب القادمة حرب ماء وغذاء

Sience
الأشجار تزودنا بالأكسجين
عملية التركيب الضوئي
منع انجراف التربة والتصحر والتلوث
النباتات والتوازن الغذائي

Art
الرسم على أوراق النباتات والكتابة عليها
الحفر على الخشب
استيحاء الأفكار من الأشجار

Tree الشجرة

Music A/E
النباتات تتجاوب مع الموسيقى
آلات موسيقية تصنع من الأخشاب
الحدائق والأشجار مصدر إلهام للموسيقيين

Computer
الشبكة العنكبوتية
شجرة المعرفة

Mathematics
نسبة الأراضي المزروعة إلى الجرداء في الأردن
كل 100كغم زيتون تنتج 20كغم زيت

Theater Art
قصص وروايات حول الأشجار
مسرحية نموت واقفين كالشجر
ديوان حيدر محمود: شجر الدفلى على النهر

مثال ٢:

المفهوم: (الصلاة)

الصلاة في الدين الإسلامي:

➢ **أهمية الصلاة:** لقد فرض اللـــه سبحانه وتعالى على كل مسلم ومسلمة خمس صلوات في اليوم والليلة، وجعل أوقاتها موزعة في أول النهار وأوسطه وآخرة، حتى يكون الإنسان المسلم طاهر الجسم والنفس والقلب يتجنب ارتكاب المعاصي في الليل والنهار.

أركانها: هي الركن الثاني في الاسلام، (ڳ ڳ ڳ ں ں ڻ ڻ ڻ) [البقرة:٤٣]

❖ **آداب الصلاة:**

✓ الذهاب الى المسجد بسكينة ووقار.

✓ الخشوع في الصلاة.

✓ الوقوف بين يدي اللـه بدون حركات مخلة.

✓ عدم الأكل أو الشرب أو المضغ أثناء الصلاة.

✓ إخلاص النية لله عز وجل

❖ **شروط الصلاة:**

✓ الوضوء

✓ طهارة اللباس والمكان والجسم.

✓ التوجه الى القبلة أثناء الصلاة.

○ <u>الصلاة في الكتب السماوية السابقة وفريضتها على الأمم السابقة:</u>

(لَيْسُوا سَوَاءً مِنْ أَهْلِ الْكِتَابِ أُمَّةٌ قَائِمَةٌ يَتْلُونَ آيَاتِ اللَّهِ آنَاءَ اللَّيْلِ وَهُمْ يَسْجُدُونَ) [آل عمران:١١٣]

(فَنَادَتْهُ الْمَلَائِكَةُ وَهُوَ قَائِمٌ يُصَلِّي فِي الْمِحْرَابِ أَنَّ اللَّهَ يُبَشِّرُكَ بِيَحْيَى مُصَدِّقًا بِكَلِمَةٍ مِنَ اللَّهِ وَسَيِّدًا وَحَصُورًا وَنَبِيًّا مِنَ الصَّالِحِينَ) [آل عمران:٣٩]

❖ **الصلاة والأنشودة الإسلامية:**

إلا صلاتي ما أخليها : هي حياتي دنيتي فيها

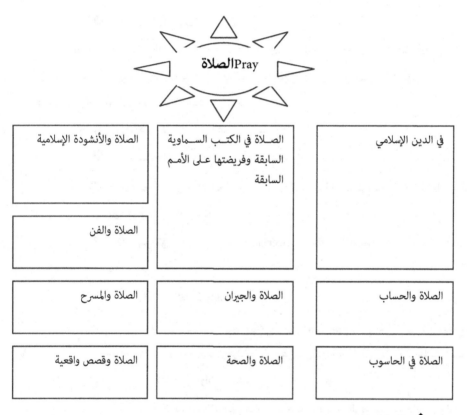

في الدين الإسلامي	الصلاة في الكتب السماوية السابقة وفريضتها على الأمم السابقة	الصلاة والأنشودة الإسلامية
		الصلاة والفن
الصلاة والحساب	الصلاة والجيران	الصلاة والمسرح
الصلاة في الحاسوب	الصلاة والصحة	الصلاة وقصص واقعية

❖ **الصلاة والمسرح:**

يخطط المعلم لعمل مسرحية أو فاصل مسرحي عن أهمية الصلاة، وكيف يأتي الشيطان ويوسوس للإنسان خلال الصلاة لتشتيت أفكاره وحتى يذهب عنه الخشوع...، مع مراعاة مستويات الطلاب وصفوفهم لأن ما يمكن تقديمه لطلاب الصفوف الدنيا، يختلف عما يقدم لطلاب المراحل العليا من معلومات وأفكار ومفاهيم.

❖ الصلاة والجيران:

ومن فوائد الصلاة وآدابها، أنها تعلم الصدق والأمانة وطاعة الوالدين واحترام الجار، وهذا بالتالي يؤدي الى محبة الجيران بعضهم لبعض، والخروج معاً الى الصلاة في الجامع القريب من الحي، حيث ان الذهاب معاً والتلاقي في المسجد مع بقية الجيران يعمق المحبة والصحبة الجيدة والتعارف والتعاون على الخير.

"أذكر الحديث الشريف الذي يحث على احترام وتقدير الجيران"

❖ الصلاة والرياضيات:

يقرأ الإنسان سورة الفاتحة سبع عشرة مرة في الصلوات المكتوبة وهي موزعة على خمس صلوات في اليوم والليلة، وكلها مكررة، للدلالة على وحدانية الله تعالى، وننهي الصلوات بصلاة الوتر وهي ركعة واحدة (أو ثلاث أو تسع) بعد صلاة العشاء.

كم مرة تكررت كلمة (الصلاة) في القرآن الكريم.

❖ الصلاة والحاسوب:

- عمل رسومات من خلال الحاسوب، للإستفادة منها وتدارك هذه الأخطاء والتي قد لايشعر بها الإنسان بذاته.
- عمل درس من خلال برنامج (Microsoft® Office PowerPoint™) عن تعلم الصلاة بشل صحيح.

❖ الصحة والصلاة:

- ✓ قال رسول الله صلى الله عليه وسلم أرأيتُم أن نهراً بباب أحدكم، يغتسل به كل يوم خمس مراتٍ، هل يبقى من درنه شيئاً، قالوا: لا، قال عليه السلام: وكذلك الصلوات الخمس.
- ✓ حركات الصلاة فيها فوائد صحية للجسم والعضلات والمفاصل والدورة الدموية من خلال السجود والركوع.
- ✓ النظافة الدائمة للملابس والجسد واليدين والوجه والرجلين.

❖ **الصلاة وقصص واقعية:**

في القرآن الكريم والسنة النبوية المطهرة والتاريخ قصص واقعية كثيرة عن استجابة الله لعباده المخلصين خلال الصلاة منها: قصة الرجل الذي جاءه قاطع طريق خلال سفره، يريد قتله، فطلب المسلم من قاطع الطريق أن يصل ركعتين، فصلى ركعتين قضاء حاجه، ودعا في السجود (يا ودود يا ودود يـاذا العرش المجيد، يا مغيث أغثني) فاستجاب الله لدعائه وبعث ملكاً من السماء، فقتل قاطع الطريق، وكان هذا الملك من السماء الرابعة.

❖ **الصلاة والفن:**

عمل لوحات تبين ترتيب أعمال الصلاة، ورسومات أخرى لشخص يصلي مع التكبير... حتى التسليم.

مثال:٣

المفهوم: (الإستعمار)

الدين الإسلامي:

- أثر الإستعمار في محاربة الدين الإسلامي والمسلمين.

- نشيد اسلامي ضد الاستعمار.

- أحاديث نبوية شريفة تحث على الجهاد ومحاربة المحتل والمستعمر.

- ورقة عمل من خلال مجموعات طلابية توضح كيف استطاع المسلمون القضاء علـى الأستعمار.

- تشجيع الطالبات على ارتداء الحجاب والرداء الإسلامي الذي يستر الجسم.

- تكليـف الطـلاب كتابـة أبحـاث وتقـارير عـن دور الإسـلام والمسـلمين في محاربـة الإستعمار والإحتلال والقضاء عليه.

- واجبنـا ودورنـا في محاربـة كـل أشـكال الإستعمار العسـكري، السـياسي، الثقـافي، الإقتصادي، الفكـري، الإجتماعـي، ومحاربـة الغـزو الثقـافي غـير الإسـلامي ومحاربـة العادات والتقاليد والأفكار غير الإسلامية.

اللغة العربية:

- قصيدة شعرية تتحدث عن خطورة الإستعمار عـلى الـدول العربيـة والإسـلامية، تلقـى بأسلوب تعبيري على مسامع الطلاب من خلال الإذاعة المدرسية أو ي مناسبات وطنيـة وقومية أو من خلال الاحتفالات المدرسية الموسمية.

- إستغلال بعض حصص النشاط وفتح المجال للحوار والحديث عن أثر الإستعمار الثقـافي على لغتنا العربية وثقافتنا أو ما يعرف بـ (الغزو الثقافي) والذي يهدف الى تشـويه لغتنـا العربية والقضاء عليها.

- إستغلال حصص التعبير لكتابة مواضيع عن الإستعمار ومراعاة تسلسل الأفكار وترابطهـا، ومراعاة أدوات الترقيم والخط الواضح والترتيب.. الخ.

الاستعمار

الدين الإسلامي:

أهمية المحافظة على الدين الإسلامي.

- دور الإسلام في القضاء على الاستعمار.
- ارتداء الحجاب الإسلامي.
- ورقة عمل.
- آثار الاستعمار على الإسلام.
- أحاديث تحث على الجهاد.
- تزايد عدد الفتيات المسلمات المحجبات.

العلوم:

التفاعلات الكيماوية.

الطاقة الشمسية، طاقة الرياح.

أهمية البترول كمصدر للطاقة.

الحروب الحالية حروب طاقة.

دراسات اجتماعية

الثورة العربية الكبرى:

الشريف الحسين بن علي.

ازدياد استخدام اللغة الفرنسية خاصة في المغرب العربي.

معركة الكرامة.

موسيقى

إعداد وتقديم مسرحية غنائية.

إعداد أغاني عربية وموسيقى عربية.

الرسم:

رسم خريطة الوطن العربي.

رسم علم الثورة العربية الكبرى.

التعرف على دلالة ألوان العلم

الرياضيات:

استخدام العمليات الحسابية الأربع.

استخدام إشارة > أو < أو =.

المسرح

إعداد مسرحية تجسد شخصية عربية بطولية حققت انتصاراً للأمة العربية وكانت سبباً في تحررها.

التعبير الأدائي عن الاستعمار الثقافي.

الإنجليزي

- قصص تتحدث عن أوضاع العرب في فترة الاحتلال.
- أهمية تعلم اللغة الإنجليزية.

الكمبيوتر

- إعداد مواقع عربية.
- تقديم برامج عبر الكمبيوتر خالية من الشوائب محافظة على عاداتنا وتقاليدنا.
- استخدام الكمبيوتر بشكل إيجابي.
- عرض برامج تمثل شخصيات وقادة عرب مثل: "عمر المختار، سعد زغلول... إلخ".

- تدريب الطلاب على فن الخطابة باللغة العربية الفصحى، ومحاولـة التحـدث باللغـة الفصحى.
- إعداد ورقة عمل تبين أثر الإستعمار على لغتنا العربية.

في اللغة الإنجليزية

- قصص تتحدث عن الإستعمار، ويفضل أن تكون القصص من إعداد مؤلفين عرب ممـن عانوا من ويلات الإستعمار.
- أهمية تعلم لغة أجنبية (اللغة الإنجليزية) ليسهل فهم العدو، مع المحافظة على لغتنا العربية.
- الإستمرار بإعطاء المعنى الحقيقي لكل مفهوم أو مصطلح إنجليزي باللغة العربية.

في الموسيقى:

- يخطط المعلم للطلبة أسباب تأخر المستوى الرياضي للدول العربية مقارنة مـع الـدول الغربية، لأنه في الفترة التي كانت تتقدم فيا الرياضة بانواعها في الدول الغربيـة، كـان العرب منشغلون في الدفاع عن أوطانهم ضد الإستعمار والإحتلال والإنشـغال في تـوفير متطلبات الحياة الأساسية من مأكل ومشرب ومسكن.
- يخطط المعلم بحيث يمارس الطلبة الرياضة والألعاب التي تعد ذات أصول عربية مثل السباحة، الرماية وركوب الخيل.. الخ، وذلك لدعم الثقافـة العربيـة، ليكون بمثابـة رد عملي على الإستعمار والمستعمر الأجنبي، وأنه على الرغم من طول فترة الإستعمار على أمتنا العربية وكل الجهود التي قاموا بهـا ضـد أمتنـا العربيـة والإسلامية، إن أن هـذه الأمة ما زالت محافظة على تراثها وعاداتها وتقاليدها العريقة ورياضتها التاريخية.

في الحاسوب:

- تزويد أجهزة الحاسوب المدرسية والتعليمية في المدرسة بمواقع تبـين أهميـة الإسـلام، وتثقف الطلاب بأثر

الإستعمار السلبي على عاداتنا ولغتنا وديننا الإسلامي السمح، ودورنـا في الحفـاظ علـى تراثنا وعاداتنا الحميدة.

- إعداد مواقع تبين أهمية الجهاد في القضـاء علـى الإحـتلال والإسـتعمار مثـل الإحـتلال الصهيوني لفلسطين ولبعض أجزاء من الوطن العربي الإسلامي.

- عرض أشرطة الفيديو و الـ CD's تبين أثر الإستعمار وأنواعـه المختلفـة، علـى شـعوبنا واقتصادنا وثقافتنا وديننا.

في الرياضيات:

- إستخدام العمليات الحسابية المختلفة (الطرح والضرب والقسـمة والجمـع) بأسـاليب وطرق مختلفة ومنتمية.

- أذكر أسماء الدول العربية التي وقعت تحت حكم المستعمر (المحتل) وأسماء الدول المستعمرة، وعدد سنوات الإستعمار التي دامت فيها.

- إعمل مخططاً بيانياً بالأعمدة يبين سـنوات الإسـتعمار التـي دامـت في هـذه الـدول العربية، هكذا:

(سوريا، لبنان، فلسطين، ليبيا، المغرب، تونس..)

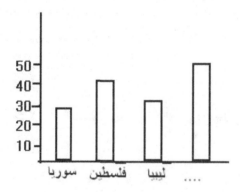

- يوظف المعلم المنهاج وأساليب التدريس المختلفة في خدمة المفهوم مثل:

- كم عدد الدول العربية التي كانت مستمرة؟

- كم عدد الدول التي استعمرها البريطانيون؟ عدِّدها.

- كم عدد الدول التي استعمرها الفرنسيون؟ عدِّدها.

- كم عدد الدول التي استعمرها الطليان؟ عدِّدها.

○ إستعمرت بريطانيا كلاً من: الأردن، لبنان، سوريا، وفلسطين.

○ إستعمرت فرنسا كلاً من: ليبيا، المغرب، الجزائر، تونس، موريتانيا.

- ضع إشارة < أو > للدول الأكثر إستعماراً للبلاد العربية فرنسا أم بريطانيا؟

في الدراسات الإجتماعية:

تعد الدراسات الإجتماعية من أكثر المواد التعليمية مجالاً لمناقشة قضايا ومشكلات المجتمع، لـذا فإن الدراسات الإجتماعية بمواردها المختلفة من التاريخ والجغرافيا والتربيـة الوطنيـة هـي مـوارد مناسـبة وغنية بالدراسات المتعلقة بموضوع المفهوم قيد الدراسة، ومن خلالها يمكن التطرق الى:

مفهوم الإستعمار

أشكال الإستعمار

فالإستعمار له العديد من الأشكال مثل: الإستعمار الثقافي والذي يهدف الى طمـس والقضـاء عـلى إرث الأمة العربية وتاريخها وعاداتها وتقاليدها ولغتها، وفرض لغته الأجنبيـة، ومـا زالـت بعـض البلـدان العربية تعاني مـن هـذا الإسـتعمار حتـى الآن حتـى بعـد أن تحـررت مثـل: بعـض دول المغـرب العربي، وموريتانيا والتي ما زالت تعتبر اللغة الفرنسية إحدى اللغات الرسمية فيها والتي تنافس اللغة العربية.

- الشهيد عمر المختار وقصته مع الإستعمار الأجنبي.

- الشريف حسين بن علي وأولاده.

- تأسيس إمارة شرق الأردن عام ١٩٢١م.

- الثورة العربية الكبرى.

- معركة الكرامة.

- القيام بزيارات ميدانية ذات دلالة وطنية مثل: الجندي المجهول في الأغوار (الشـونة الجنوبيـة)، صرح الشهيد في عمان.. الخ.

في العلوم:

- القنبلة الذرية.

- صناعة الصواريخ.

- التفاعلات الكيماوية.

- الطاقة الشمسية، طاقة الرياح أحد مصادر توليد الكهرباء.

- أهمية البترول (النفط) كمصدر للطاقة وفي العديد من الصناعات وسبب رئيسي من أسباب الإستعمار.

- الحروب الحالية حروب (بترول وطاقة) للسيطرة على العالم.

- البحث عن مصادر بديلة للطاقة.

في المسرح:

- أصبح المسرح جزء رئيسي وهام في العملية التعليمية التعلمية.

- إعداد مسرحيات تعبر عن أوضاع الأمة في فترة الإستعمار الأجنبي.

- التعبير الأدائي عن الإستعمار الثقافي للأمة العربية.

توضيح الآثار الرئيسية للاستعمار الأجنبي على الأمة العربية.

في الرسم:

- يطلب المعلم من الطلاب رسم خريطة تبين حدود الوطن العربي وأن الحدود بين الدول العربية هي حدود صنعها الإستعمار ليسهل عليه حكم والسيطرة على هـذه الـدول وتكـريس التفرقـة بـين الأمـة العربية

- يحدد الطالب على خريطة العالم الدول التي تعرضت وعانت من الإستعمار.

- رسم خرائط للـدول الأجنبيـة التـي فرضت سيطرتها وسيادتها واستعمارها ومارست الظلـم والإضطهاد على الأمة العربية.

- تكليف الطلاب بالتعبير عن أفكـارهم مـن خـلال رسـوم كاريكاتوريـة عـن الإسـتعمار بأشـكاله المختلفة.. ومناقشة هذه الرسومات وعمل معرض صفي أو مدرسي لهذه الرسوم.

مثال (٤):

المفهوم: الصداقة

في التربية الإسلامية:

- يمكن تدريس مفهوم الصداقة من خلال التربية الإسلامية من خلال الأفكار والإجراءات التالية:

- التعاون: قال تعالى: وتعاونوا على البر والتقوى ولا تعاونوا على الاثم والعدوان   [المائدة:٢]

- التحذيرات من الهجران والخصام: قـال رسـول اللـه صلى اللـه عليـه وسـلم: {الـدين النصيحة، قلنا لمن، قال: لله ولكتابه ولرسوله، ولأئمة المسلمين وعامتهم}.

159

- **إفشاء السلام:** قال رسول الـلـه صلى الـلـه عليه وسلم: {**ألا أدلكم على شـئ إذا فعلتمـوه تحاببتم، أفشوا السلام بينكم**}.

- **الأمر بالمعروف والنهي عن المنكر.**

- **وصية الرسول** صلى الـلـه عليه وسلم **في حجة الوداع:** {**أيها الناس، أسمعوا قولي وأعقلوه، إن كل مسلم أخ للمسلم، وأن المسلمين أخوة، فلا يحل لامرئ مـن أخيـه الاّ مـا أعطـاه عـن طيـب نفس منه**}.

المسرح

مسرحية Animal Farm

Stick puppets

التربية الاجتماعية

- الانتماء للجماعة
- التكيف

العلوم

- العلاقة بين الكائنات الحية.
- علاقة التجمع.

التربية الإسلامية

1 - التعاون: "وتعاونوا على البر والتقوى".
2 - التحذير من الهجران.
3 - زيارة المريض.
4 - النصيحة.
5 - إفشاء السلام.
6 - وصي الرسول بحجة الوداع.
7 - لأمر بالمعروف والنهي عن المنكر

التربية الفنية

- أنشطة عملية تعزز مفهوم الصداقة
- عمل شعار
- عمل بطاقة
- رسم خط حول الصديق
- كتابة خمسة مزايا على كل أصبع.

الصداقة

الرياضيات

- المسائل المتعلقة بالمهارات الواقعية من الحياة.
- الطرح بالاستلاف.

الموسيقى

نشيد ما أجمل الصداقة

التربية الرياضية

- اللعب كفريق
- الألعاب الجماعية
- التخييم "الكشافة"

اللغة العربية

- قصة عن الصداقة.
- قصيدة تدور حول الصداقة.
- كتابة جملة أو فقرة تصف معنى الصداقة.
- المشاعر المرتبطة بالصداقة (التقبل، الاحترام، الحرية، العواطف، التقدير، الأمانة والثقة).

الدين المسيحي

- الصديق الأقرب من الأخ.
- تحب قريبك كنفسك.
- يسوع يختار تلاميذه.
- أنا ومن أعيش معهم.
- مغفورة لك خطاياك

English

- loyalty
- Stories and plays
- Julius Ceasear
- Wuthering hights
- Speech: have a dream
- Student talk for a five minutes about a situation where they showed loyalty

161

في التربية المسيحية:

- الصديق الأقرب من الأخ، (رُبَّ أخ لك لم تلده أمك).
- تحب قريبك كنفسك.
- يسوع يختار تلاميذه.
- أنا ومن أعيش معهم.
- مغفورة لك خطاياك.

في اللغة العربية:

- عرض قصيدة تتحدث عن الإنتماء للأصدقاء مثل:

الإنتماء للأصدقاء

أشعر بانتمائي لاصدقائي حين أحس اني لسعدهم بقائي

دوماً قريباً منهم بالحزن وأبادل الجميع بالفكر والأداء

- جملة تبين معنى الصداقة.
- المشاعر المرتبطة بالصداقة:

❖ التقبل: الإحساس بحب الذات والآخر بالرغم من بعض الأخطاء.

❖ الإحترام: الإحساس بقيمة الذات والآخرين.

❖ العواطف: المحبة التي تكنها للآخرين.

❖ التقدير: الإحساس بالإمتنان نحو الآخرين.

❖ الأمانة والثقة: الإحساس بالثقة بأن ما ستقوله أو تفعلة أو تفعله يقابل بالثقة من قبل الآخرين.

- أنشطة لتنمية الصداقة مثل:

❖ الطلب من الطلاب كتابة أسماء ثلاثة من أصدقائهم، ثم طرح بعض الأسئلة مثل:

○ أذا اردت أن تعطي صديقك رقم (١) هدية من مجموعة من الألعاب، فماذا تعطيه؟

○ أذكر شيئاً مفيداً تعلمته من صديقك رقم (٢)؟

○ إذا تمنيت شيئاً لصديقك رقم (٣) فماذا تتمنى له؟

في التربية الفنية:

- توفير كرتون للطلبة بعدة ألوان.
- صنع بطاقات، وإلصاق صورة أفضل صديق، وكتابة شعار حول الصداقة مثل :

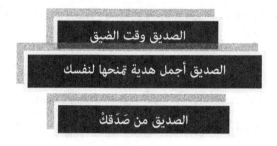

الصديق وقت الضيق

الصديق أجمل هدية تمنحها لنفسك

الصديق من صَدَقكْ

- رسم خط حول يد الصديق وكتابة خمس مزايا على كل أصبع.

في اللغة الإنجليزية English Language:

الكلمة	المعنى أوالوصف
Loyalty	الولاء
Stories and Plays	مسرحيات وقصص
Julius Ceaser	مسرحية يوليوس قيصر
Wuthering heights	(قصة)
Speech: I have a dream	خطاب: عندي حلم
Martin L. King	مارتن لوثر كنج (شخصية تاريخية)
Students talk for a five minuets about a situation where they showed loyalty.	يتحدث الطلاب لمدة خمس دقائق عن موقف اظهروا فيه ولاءً

في التربية الرياضية:

- إن جميع الألعاب الرياضية الجماعية تنمِ مفهوم الصداقة والأخوة والتعاون، مثل كرة السلة، الكرة الطائرة، كرة القدم.
- إن الكشافة والمرشدات والتخييم تنمي روح الصداقة والتعاون والثقة بالنفس والإعتماد على الذات.

في التربية الإجتماعية:

- إن الإنتماء يعني الصلة أو العلاقةِ مع الآخرين، ومن صور الإنتماء للاصدقاء العمل على:

✓ الإخلاص للصديق ومد يد العون له باستمرار، وطلب الخير له.

- ✓ تثمين (تقييم) الأصدقاء باستمرار والحفاظ على الصداقات الحقيقية.
- ✓ تقدير الصديق والصداقة.
- ✓ الحفاظ على الصداقات الجيدة بشكل دائم.

- عمل مجموعات للبحث والإستقصاء من مجموعات الطلاب للعمل معاً مثل: جمع أنواع من الصخور، التربة، أوراق الأشجار، أزهار النباتات، عمل الخرائط...الخ، وذلك لتنمية الصداقة والتعاون بين الطلاب.

في العلوم:

- العلاقات بين الكائنات الحية (الإنسان والحيوان) مثل الكلب فهو صديق للإنسان يحميه ويحرسه ويحرس أغنامه وماشيته.

- علاقة التجمع بين الحيوانات لحماية بعضها البعض وللحصول على الغذاء والماء.

- الأشنات (الفطر والطحلب)، حيث يقوم الطحلب بصنع الغذاء، ويقوم الفطر بامتصاص الماء والأملاح.

- كائنات أولية مفيدة: تعيش بعض الكائنات الأولية بداخل الجهاز الهضمي وتساعد على تحليل وإخراج الفضلات.

في الموسيقى:

- نشيد ما أجمل الصداقة.

في الرياضيات:

- من خلال المعاملات الواقعية من الحياة، كالبيع والشراء والتعاونيات في المقصف والجمعيات التعاونية.

- تضمين أسئلة الرياضيات توجهات نحو الصداقة والتعاون مثل: " إتفق ثمانية طلاب على تناول وجبة غذاء في مطعم، فكلفهم مبلغ ٤٠ دينار، فإذا تعاونوا على تقاسم المبلغ بينهم بالتساوي، فكم يدفع كل منهم؟".

- الطرح بالإستلاف.

في المسرح:

ويمكن تدريس مفهوم "الصداقة" من خلال الأنشطة الفاعلة في المدرسة مثل مسرحية الحيوانات ومن خلال تمثيل المسرحية، واختيار مسرحيات منتمية الى الموضوع يتم التخطيط لها واخراجها واشراك الطلاب في تمثيلها لإكتساب المعلومات والمهارات وتعديل السلوك نحو الأهداف المطلوبة.

لقد قدمنا في الصفحات السابقة أمثلة عملية مع بعض التفصيلات حول كيفية تدريس المفهوم بشكل متكامل ومترابط مع المواد الدراسية المختلفة، إضافة الى إستخدام بعض الأنشطة لتحقيق هذا الهدف مثل الفن والمسرح والرسم والنشاط المهني والتربية الرياضية.

وسنقدم في الصفحات التالية بعض الخرائط المفاهيمية لبعض المفاهيم، دون تفصيلات، تاركين للمعلم حرية اختيار التفاصيل التي يراها مناسبة حسب قدرات الطلاب ومستوياتهم وأعمارهم، تاركين له كذلك اختيار مفاهيم مناسبة وعمل خرائط مفاهيمية لها وتفصيلات مناسبة لتحقيق الأهداف المطلوبة من خلالها.

1- Color them 2- Cut them out 3- Paste them to sticks 4- Tell the story	1 -لون الصور 2 -قص الصور 3 -الصق الصور على دفترك 4 -تحدث عن القصة بلغتك الخاصة

الوطن

* اجتماعيات:
- تناول تاريخ الوطن.
- قصص الجهاد للتحرر.
- تناول جغرافية الوطن.
- تنوع تضاريس الأردن.
- جبال ومرتفعات – أغوار، صحراء، سهول...

التربية الإسلامية:
- حب الأرض فطرة.
- تعليق الرسول بمكة.
- أهمية الجهاد للحفاظ على الأرض.
- معنى وجود العديد من قبور الصحابة في الأردن (الأغوار).

* الرياضة:
- عمل مهرجانات وطنية فيها سباقات.
- عمل رحلة لزراعة الأرض الصحراوية.
- الرياضة المائية في العقبة.

* الموسيقى
- عمل أغنية وطنية.
- عمل رقصات شعبية.

* الرياضيات:
- الجمع والطرح ضمن العدد 99 بأمثلة عن زراعة الأشجار.
- نشاطات تتعلق بمحور البحث.

* اللغة العربية:
- قصائد وطنية.
- قصائد الصرة الصغيرة.
- درس قراءة عن الشهيد البطل فراس العجلوني.

* علوم:
- الحديث عن الصخور في الوطن
- تناول ثرواته البيئية.
- الطيور في الأردن.
- الزراعة في وادي الأردن.

* اللغة الإنجليزية:
- صور عن الأرض ويطلب التعليق عليها.
- كتابة موضوع عن حب الأرض.
- كتابة رسالة إلى صديق تدعوه إلى

* الفن:
- رسم لوحات للوطن.
- تأليف قصص وروايات للوطن.

* مسرح:
- تمثيلية عن الجهاد لتحرير الوطن.
- استغلال المناسبات الوطنية الأردنية.

Water الماء

- Arabic
  - أهمية المياه والترشيد في استعماله.
  - نظافة الشارع.
  - حديقة الطيور.
  - درس في العلوم.
  - في حصة النشاط.

- Christian Religion
  - أنا معكم لا تخافوا
  - قصة عماد السيد المسيح في نهر الأردن
  - قصة هبوب العاصفة في بحيرة طبريا
  - من أنت يا يسوع
  - يسوع يحبنا ويموت من أجلنا

Islamic Religoin

- أهمية الماء والنظافة.
- مصادر الماء الطاهر.
- سورة قريش.
- لا تسرف في الماء... (حديث شريف)
- آداب قضاء الحاجة.
- حقوق الوالدين / نشيد أمي وأبي.

*Theatre Art

تقليد الاستخدامات السيئة لاستهلاك المياه من خلال الأداء التعبيري

Science

Plants:

Needs of, Parts of.

- Music A/E
  - أغنية المطر والريح
  - أنا قوس قزح
  - Sing a Rainbow
- Physical Education

- English
  - Stories:

The Tiny Seed

Eric Carle

Popp's Garden

Camille and Sunflowers

What Made iddlik laugh

Art

- Leaf, rubbings
- Use templates to cut out petals and make flowers
- Clay Sunflowers

Physical Edncation

- Can you swim like:

Fissh wiggle a worm puff, a blow fish and make a fin

Science

Plants:

Needs of, Parts of.

Grow and observe

Mathematics

- الجمع والطرح ضمن العدد 99 دون حمل أو استلاف.
- الجمع ضمن العدد 18
- نشاطات تتعلق بمحور البحث

- Computer
  Science explorer (plants)

- Social Studies
  - أخي والجيران / احترامهم ومساعدتهم والمشكلات التي يعاني منها سكان الحي
  - بعض مهن سكان الحي

الحيوانAnimal

- الرياضيات
  - الجمع والطرح باستخدام أسماء الحيوانات.

الدين الإسلامي

الرفق بالحيوان.

امرأة دخلت النار بهرة... حديث شريف)

قصة أبو هريرة

- الفن
  - رسم بعض الحيوانات
  - ألوان الحيوانات
  - بيوت الحيوانات

- العلوم
  - متوسط أعمار الحيوانات
  - أماكن سكن الحيوانات
  - أنواع غذاء الحيوانات

الدين الإسلامي

الرفق بالحيوان.

امرأة دخلت النار بهرة... حديث شريف)

قصة أبو هريرة

- اللغة العربية
  - أسماء الحيوانات
  - حديقة الحيوانات
  - قصص عن الحيوانات

- الموسيقى
  - أناشيد عن الحيوانات
  - تقليد أصوات الحيوانات

- الحاسوب

- صور الحيوانات مع أصواتها

- المسرح
  - تقليد بعض أصوات الحيوانات
  - حديقة الحيوانات
  - مسرحية عن الحيوانات

- English
  - Animals names
  - Zoo
  - Animals pictures

الدراسات الاجتماعية

- مشكلة تربية الحيوانات في المناطق السكنية.
- الرعي في المناطق العامة والمتنزهات وأثر ذلك على الطبيعة.

- الرياضة
  - النمر أسرع الحيوانات
  - الأسد أقوى الحيوانات

- تربية إسلامية
  - آداب تناول الطعام
  - قال تعالى: "وكلوا واشربوا ولا تسرفوا"
  - أركان الإسلام (الصوم)
  - المعدة بيت الداء والحمية رأس كل دواء

- لغة عربية
  - درس الأرض
  - – الحواس الخمس
  - النظافة
  - طبيب الأسنان
  - الرفق بالحيوان

- لغة إنجليزية
  - Food: we can divide it into
  - Food colors
  - Tools of food
  - How we can eat a food?
  - Food and healthy

- موسيقى
  - نشيد البستاني
  - نشيد جدي

- حاسوب

عرض برامج تثقيفية من خلال الحاسوب.

عرض صور تناول الاعتدال في تناول الطعام والإفراط في تناول الطعام.

عرض صور لأنواع الطعام.

Food الغذاء

- المسرح
  - تقليد الاستخدامات السيئة لاستهلاك المواد الغذائية من خلال الأداء التعبيري.

- الرياضة
  - العقل السليم في الجسم السليم
  - الغذاء المفيد يعطي الإنسان طاقة وحيوية
  - الرياضة تحافظ على صحة الجسم.
  - رياضة الركض

- الفن
  - عمل لوحة فنية ملصق عليها المواد الغذائية المفيدة للإنسان.
  - اختيار اللون المناسب للمواد الغذائية.
  - تصميم بعض أنواع المواد الغذائية من خلال الورق أو الصلصال.

- العلوم
  - الحواس الخمس
  - فوائد الحيوان
  - الحيوانات تتغذى
  - أصنف النباتات.
  - حاجة الإنسان إلى النبات والحيوان.
  - استخدامات التربة.

- دراسات اجتماعية
  - الحاجات الأساسية (الغذاء، الماء، الكساء، المسكن)
  - واجبات أفراد الأسرة
  - النظافة والترتيب والنظام
  - المدرسة ومرافقها
  - الفصول الأربعة

- رياضيات
  - الجمع ضمن العدد 9
  - الطرح ضمن العدد 9
  - العد بالعشرات
  - الكسور

الحاسوب ●
- محرك البحث Google عن القدس
- Power Point

التربية الرياضية ●
- مادة نظرية حول واقع الرياضة في الأردن وفلسطين.
- الجري... سباق بعنوان القدس
- تمارين الإحماء

English ●
- Jerusalem in history
- Palestine for ever.. poem
- Holly mosques writing

الرياضيات: ●
- مقاييس التشتت والنزعة المركزية (وسيط، وسط..)
- المعادلات الجبرية ذات الحدين

القدس Jerusalem

التاريخ: ●
- الحملات الصليبية على بيت المقدس.
- الاستيطان في فلسطين.
- معاهدة سايكس بيكو

اللغة العربية ●
- حيدر محمود... نص شعري
- خليل السكاكيني، نص نثري
- الأبعاد الفنية في شعر فلسطين.
- مسرحية غروب الأندلس

التربية الوطنية ●
- خطر الاستيطان على القدس
- الوحدة الوطنية.. سلاح في وجه محاولات التفرقة.
- نشاط حول محور الموضوع.

الجغرافيا ●
- الخصائص المناخية لحوض الأبيض المتوسط.
- واقع الزراعة في الأردن وفلسطين.
- مشكلة التصحر في بلاد الشام.

التربية الفنية: ●
- خصائص العمارة في المساجد.
- اللون الأصفر وأبعاده الفنية.
- الخطوط المستخدمة في نقوش المساجد

التربية الإسلامية ●
- سورة الإسراء... قرآن كريم.
- حديث شريف.. لا تُشد الرحال
- آداب زيارة المساجد
- قصة الإسراء والمعراج

- الدين الإسلامي
  - العمل في الإسلام
  - العمل الحرفي وأهميته في الإسلام.
  - قال تعالى: "وقل اعملوا فسيرى الله أعمالكم ورسوله والمؤمنون".
  - قال رسول الله صلى الله عليه وسلم: "ما أكل أحدكم طعاماً قط خير من أن يأكل من عمل يده...".
  - وقال لأن يأخذ أحدكم حبله يذهب إلى الجبل ويحتطب.. خير له من أن يسأل الناس.

- المسرح
  - أعمال درامية تبين أهمية العمل ومساوىء التسول وارتباطه بضياع كرامة الإنسان وخاصة الأطفال مثل: (مسرحية لله يا محسنين)

- الحسوب
  - عمليات التخطيط والتصميم اللازمة في كثير من الحرف والمهن
  - الحسابات
  - التجارة الإلكترونية

- English
  - Iam going to be ateacher
  - Parts of jop
  - Adentist
  - My Jop
  - Working at an airport
  - Jop profile

- العلوم
  - الطاقة
  - الحركة
  - مسافة التوقف

- اللغة العربية
  - شرطي المرور
  - فن العمارة
  - الأرض الطيبة
  - المزارع
  - أحاديث شريفة تحث على العمل
  - قصة الرمان
  - مسؤوليات الشباب وتحديات العصر.

- الدين المسيحي
  - العامل المقبول عند الله.
  - الجندي الصالح للمسيح.
  - حصاد الأرض.

العمل Jop

- الرياضيات
  - إحصائيات أعداد السكان، وأعداد العاملين، أعداد العاطلين.
  - نسب الوظائف إلى نسب العاطلين عن العمل.

- الموسيقى
  - نشيد ملائكة الرحمة، شر المهنة، فضل المعلم، الصناع، النجار.

- التربية الفنية
  - أعمال الفسيفساء.
  - الحفر على الخشب
  - الرسم على الزجاج
  - تنسيق الزهور
  - عمل الدمى
  - التطريز

- التربية المهنية
  - الزراعة المنزلية
  - إعداد مساحيق التنظيف
  - عمل مشغولات معدنية
  - تربية الحيوانات
  - الملابس والخياطة
  - الغذاء والتغذية

- التربية الاجتماعية والوطنية
  - الزيادة السكانية
  - البطالة
  - تقسيم العمل
  - المشروعات الزراعية
  - المدن الصناعية

• التربية الإسلامية

- أهمية البيئة ونظافتها
- إماطة الأذى عن الطريق صدقة" حديث شريف
- التوسط والاعتدال في استغلال عناصر البيئة
- قال تعالى: "لا تفسدوا في الأرض بعد إصلاحها".

• English

- Solar System
- Shaumari Wildlite reserve
- How the volacano stars
- Park ranger
- Farid the friendly ibex

• الموسيقى

- أغنية صديقتنا الطبيعة / شعر عبد الله البحتري
- أغنية القفص والعصفور / شعر د. منذر المصري

• العلوم:

- التوازن البيئي
- دورة العناصر في الطبيعة
- الاحتباس الحراري
- المطر الحمضي
- السلاسل الغذائية

• التربية الرياضية

- كرة الطائرة الشاطئية
- رياضة التسلق
- أثر البيئة على نفسية اللاعبين
- التزلج

• اللغة العربية

- شعر وصف الطبيعة (البحتري قصيدة الربيع)
- المحافظة على البيئة
- الضوضاء

البيئة

Environment

• Art

- الفسيفساء
- رسم أشكال بالرمل الصحراوي الملون
- رسم غابة
- مجسمات من الصلصال

• Theater Art

- من خلال الأداء التعبيري، يبين دور الفرد في حماية البيئة والمحافظة عليها.

• PHYSICAL EDUCATION

- أثر الجاذبية الأرضية على المسافة المقطوعة عند رمي القرص و الوثب

• الحاسوب

- البحث عن مواضيعه بيئية
- عرض شرائح لعناصر بيئية
- استخدام الرسام

• الرياضيات

- حساب نسب الغازات في الغلاف الجوي
- عمليات الجمع والطرح بالنسبة للمزروعات والثمار والمساحات المزروعة

• الدراسات الاجتماعية

- المجتمع والمشكلات البيئية التي يعاني منها
- الصحراء والتصحر
- نقص الغذاء
- التلوث

- Christian Religion
  - أم يسوع وأخوته (مرقس 3، لوقا 8)
  - إيمان المرأة الكنعانية التي أصاب ابنتها روح نجس (متى 15)

- Islamic Religon
  - الأم في القرآن
  - الأم في الحديث النبوي
  - أمهات المؤمنين
  - حقوق الأم

- Art
  - الأم عند بدر شاكر السياب.
  - الأم وأثرها في معلقة عمرو بن كلثوم

- Sience
  - تصنيف الخضروات
  - الطبخ وغسيل الملابس وتصنيف المواد الصلبة والسائلة

- Arabic
  - اللغة الأم.
  - قصة تضحية أم
  - تعبير شفوي وكتابي في عيد الأم
  - حصص نشاط

- Thhater Art
  - تمثيل قصة (قلب أمي) لنايف النوايسة مبرزاً دور الشاب الطيب الذي بر بوالدته

الأمMother

- Mathematics
  - نشاطات تتعلق بمحور البحث
  - وحدات القياس (الزمن، الوزن)

- Computer
  - اللوحة الأم (mother board)
  - البحث عن أمهات الكتب على الإنترنت

- Social Studies
  - دور الأم في بناء المجتمع الصالح
  - عمل الأمهات وأثر ذلك على الأسرة

- **English**
  - **Novel: Mother (Mamxim Ghorki)**

- Music A/E
  - نشيد أمي (أحمد علي الخياط) "I don't want to go to school mum" (Pam Ayres)

- Physical Education
  - أثر الأم في التربية الجسدية السليمة ودورها في غرس حب الرياضة في نفوس أطفالها

• Science - كتابة بعض المصطلحات باللغة العربية واللغة الإنجليزية معاً	• Social Studies - حل المشكلات المتعلقة باللغة وإيجاد حلول جذرية لها	• Social Studies - حل المشكلات المتعلقة باللغة وإيجاد حلول جذرية لها	• Arabic - نشيد "لغتي" - التخاطب مع الآخرين - اللغة أساس العلوم
Islamic Religon - اللغة إحدى مصادر الثقافة العربية - سورة العلق - من تحدث لغة قوم كفي شرهم – حديث شريف	• Art - تدريس الفنون الخاصة باللغة وتطبيقها وممارستها **اللغةLanguage**	• Computer - التواصل مع الآخرين عن طريق اللغة. - الاستفادة من الحاسوب في تعلم اللغة.	• Mathematics - مناقشة المسائل عن طريق اللغة - تغير نطق رموز المسائل الرياضية حسب اللغة المستخدمة
• Theatre Art - طرح فنون مسرحية باللغة العربية الفصحى - استخدام اللغة العامية في المسرح	• Phsvical Edndtion - مهارات رياضية لتنشيط الذاكرة اللغوية - توضيح المصطلحات "الوثب العالي"، "الوثب الطويل"	• Music A/E - رموز لغوية خاصة بالسلم والموسيقى - فهم الأناشيد المطروحة - أناشيد تتحدث عن اللغة	• English - Syntakx - Phology - Pragmatics - Semantics

الاستعمار

الدين الإسلامي:

أهمية المحافظة على الدين الإسلامي.

- دور الإسلام في القضاء على الاستعمار.
- ارتداء الحجاب الإسلامي.
- ورقة عمل.
- آثار الاستعمار على الإسلام.
- أحاديث تحث على الجهاد.
- تزايد عدد الفتيات المسلمات المحجبات.

العلوم:

التفاعلات الكيماوية.

الطاقة الشمسية، طاقة الرياح.

أهمية البترول كمصدر للطاقة.

الحروب الحالية حروب طاقة.

دراسات اجتماعية

الثورة العربية الكبرى:

الشريف الحسين بن علي.

ازدياد استخدام اللغة الفرنسية خاصة في المغرب العربي.

معركة الكرامة.

موسيقى

إعداد وتقديم مسرحية غنائية.

إعداد أغاني عربية وموسيقى عربية.

الرياضيات:

استخدام العمليات الحسابية الأربع.

استخدام إشارة > أو < أو =.

الرسم:

رسم خريطة الوطن العربي.

رسم علم الثورة العربية الكبرى.

التعرف على دلالة ألوان العلم

الكمبيوتر

- إعداد مواقع عربية.
- تقديم برامج عبر الكمبيوتر خالية من الشوائب محافظة على عاداتنا وتقاليدنا.
- استخدام الكمبيوتر بشكل إيجابي.
- عرض برامج تمثل شخصيات وقادة عرب مثل: "عمر المختار، سعد زغلول... إلخ".

الإنجليزي

- قصص تتحدث عن أوضاع العرب في فترة الاحتلال.
- أهمية تعلم اللغة الإنجليزية.

المسرح

إعداد مسرحية تجسد شخصية عربية بطولية حققت انتصاراً للأمة العربية وكانت سبباً في تحررها.

التعبير الأدائي عن الاستعمار الثقافي.

ثاني عشر:التعليم المبرمج Programmed Instruction

لقد نشأ هذا الأسلوب عن نظريات التعلم السلوكية التي رائدها العالم التربوي (سكنر Skinner)، والتي تفترض أن التعلم الناجح والفاعل يحدث عندما تعزز استجابات الطلاب لمنبه أو مثير، أي أن التعلم يحدث عندما تقدم المادة التعليمية للطالب على شكل مثيرات تدفع الطالب لأن يستجيب لهذه المثيرات، ثم تعزز هذه الاستجابات من خلال امتداح الطالب أو تعرفه الى الإجابة الصحيحة بعد الإستجابة مباشرة، وحين يدرك الطالب بأن استجابته كانت صحيحة، يستمر نشاطه أثناء التعلم، ويتعلم بطريقة أفضل.

لذا فقد دعا (العلم سكنر) الى فكرة تقسيم المادة التعليمية الى خطوات صغيرة ومتتابعة، بعد تحليل المادة التعليمية وتحديد أهدافها واستراتيجياتها، وبعد التعرف الى المعلومات الموجودة أصلاً لدى الطلاب.

وبناء على ذلك يمكن اعتبار أن التعليم المبرمج عبارة عن (خبرة تعليمية يؤخذ فيها برنامج يقود الطالب من خلال مجموعة من أنماط السلوك المتتابعة، والمخطط لها، الى تحقيق أهداف البرنامج، والذي هو عبارة عن مادة تعليمية مقسمة الى مجموعة من العبارات الصغيرة المتسلسلة منطقياً والمتضمنة كل منها لمثير يستجيب له الطالب بسهولة، وبذلك يتمكن الطالب من اكتساب المعلومات بسهولة، وتحقيق الأهداف المخطط لها دون الوقوع في الخطأ).

لذا فإن هذا البرنامج يختبر المتعلم في مدى تحقيقه للأهداف تدريجياً ضماناً لنجاح سيره وتقدمه خطوة خطوة، ويتم ذلك من خلال توجيه أسئلة الى الطالب، أو إكمال جملة، أو إختيار اجابة صحيحة من ضمن بعض الإجابات المقترحة، أو القيام بتجربة يصل فيها الطالب بنفسه الى نتائج معينة، أو القيام بحل مسألة رياضية أو فيزيائية.

ويقدم التعليم المبرمج من خلال ثلاثة برامج للمادة هي:

١.البرامج الخطية: وهي البرامج التي قدمها (سكينر) واستند بها الى النظرية السلوكية في التعليم، ومن خلالها يتم تقديم المادة التعليمية لجميع المتعلمين الذين يستخدمون نفس التتابع في البرنامج، أي أنهم يتقدمون خطوة خطوة في دراسة البرنامج، ويجيبون عن نفس الأسئلة، لكنهم يختلفون فقط في سرعة التعلم.

٢.البرامج المفرعة: وهي البرامج التي قدمها العالم (كراودر Crowder)، وفيها تقدم في نهاية كل إطار مجموعة من الإجابات المقترحة، يجيب الطالب عن أسئلة من نوع الإختيار من متعدد، ويوجد الى جانب كل استجابة مقترحة رقم صفحة أو إطار يرجع اليه الطالب، وعندها يعلم الطالب

إن كانت اجابته صحيحة أو لا، فإن كانت استجابته صحيحة، ينتقل الى اطار جديد متسلسل ومتقدم عن الإطار السابق في عرض المادة التعليمية، أما اذا كانت الإجابة خاطئة، فإنه يطلب من الطالب دراسة إطار جديد علاجي، يبين له سبب خطأه ثم يرشده بعد إتقان هذا الإطار أو (الخطوة) الى دراسة إطار جديد لمتابعة دراسة البرنامج.

إن البرامج المتفرعة يصعب تحضيرها، ولا تتم قراءة جميع صفحات البرنامج إذا كان فعالاً، ويجد الطالب صعوبة في التنقل والتقليب لصفحات هذا البرنامج.

وقد أكد كروادر على أن الطلاب يختلفون في أسلوب وسرعة أدائهم للعمل، لذا تختلف المسارات التي يسيرون بها لتحقيق الهدف، وعلينا أن نعلم أن الأهداف التي يسعى اليها الطلاب واحدة، لكن المسارات التي يتخذونها للوصول الى تلك الأهداف متعددة وذلك لاختلاف خصائص الطلاب النمائية وقدراتهم العقلية والتحصيلية.

٣. النمط الذي ابتكره العالم (روثكوف Rothkoph): "البرامج الخطية المطورة": ويعتمد هذا النمط على ما يقوم به الطالب (المتعلم) من نشاط وجهد، أي أن هذا البرنامج يركز على أهمية دور المتعلم من حيث استثارة نشاطه وجهده وهمته لتحقيق الأهداف التي تتناسب مع حاجاته وامكاناته وقدراته.

ويتم في هذا البرنامج عرض أجزاء قصيدة من المادة التعليمية، فإن أجاب عليها الطالب ينتقل الى النص الذي يليه ويجيب عن مجموعة أسئلة تتعلق به، ... وهكذا حتى تنتهي المادة التعليمية المتوافرة.

دواعي إستخدام التعليم المبرمج

١) عندما تكون أعداد الطلاب كبيرة، لأن هذا النوع من التعليم يعتمد على التعليم الفردي لكل منهم.

٢) مراعاة الفروق الفردية بين الطلبة، لأنهم يختلفون في سرعة تعلمهم ورغباتهم وخلفياتهم العلمية وقدراتهم وذكائهم، مما لا تحققه طرق التعليم الأخرى.

٣) لكسب الوقت، لأن الوقت المستغرق لتحقيق الأهداف من خلال التعليم المبرمج أقل منه في الطرق الأخرى، لذا يمكن استغلال الوقت المتوفر، في تنويع طرائق وأساليب التدريس أو في انشطة أخرى مفيدة ومنتمية.

٤) للتغلب على مشكلة نقص المدرسين في بعض التخصصات النادرة.

٥) للتخلص من سلبيات الطرق التقليدية في التدريس، من خلال تقديم التعزيز الفـوري بعـد كـل إطار، مما يزيد في اعتزاز الطالب بنفسه وشعوره بالثقة.

٦) للوصول بالطلاب الى فهم أفضل للمادة التعليمية، لأن الطالب يكون مضطراً الى العمل الفكري واليدوي، مما يؤدي الى الإستيعاب السريع للمادة.

٧) لتحقيق الأهداف من التدريس، لأن كل إطار يتناول فكرة بسيطة تحقق هدفاً مـا، لـذا ينتقـل الطالب من إطار الى آخر محققاً الهدف تلو الآخر بيسر وسلاسة.

٨) لدراسة كمية أكبر من المادة التعليمية، لأن الوقت الفائض من التعليم المبرمج يمكن إستغلاله لتناول مادة تعليمية أخرى باستخدام التعليم المبرمج أو بأي طريقة أخرى يراها المعلم مناسبة.

ثالث عشر: التعلم الفردي

إن الطرق المتبعة في مدارسنا هي طريقة التعليم الجمعي (Class Method)، وهو النظام المعروف بنظام الصفوف، أي أن الصف الواحد يجتمع فيه عدد من الطلاب يتفاوتون فيما حصلوا عليه من المعارف، وما كسبوا من مهارات، وفي مقدار ما يمتلكه كـل مـنهم مـن الـذكاء والميـول والإستعدادات والمزاج، وفي القدرة على التعبير، كما يتفاوتون في السن والحالة الجسمية والنفسية ودرجة تأثرها بالأعمال المدرسية... كما قد يميل بعضهم الى مادة من المواد فيقبل عليها ويندمج فيها، بينما يبطئ في مـادة أخرى فيعرض عنها.

ولما كانت التربية الصحيحة تهدف الى أن نعامل كل المعاملة الملائمة لطبيعته وظروفه الخاصة حتى يستطيع أن يحصل على أعظم قدر ممكن من الفائدة في أقصر زمن وبأقل مجهـود، تـم اللجـوء الى التعليم الفردي، وهو ذلك النوع من التعليم الذي تراعى فيه الفروق الفردية، ويتم من خلالها التعرف الى ميول ورغبات الطلاب ويتعود الطالب الى الحرية والإعتماد على النفس.

ومن مزايا التعليم الفردي أن يمكن المعلم من:

١.معرفة ميول الطلاب ورغباتهم، فيعمـل عـلى فهـم الميـول والطبـائع ثـم يعمـل عـلى تقويمهـا وتحقيقها بما يوافق الحال.

٢.إلقاء المسؤولية على عاتق الطالب، حيث يتعود الطالب الإعتماد على النفس، فتقوى شخصيته ويتولد فيه الميل الى الإبتكار.

٣. التغلب على التكرار الممل الذي يلازم التعلم الجمعي، لأن المعلم في التعلم الفردي يتمشى مع طبيعة كل فرد، وبذلك لا يضيع وقت الطلاب سدى.

٤. منح الحرية التي يحتاجها الطلاب في نموه وتقدمه، لأن هذا النظام يجعل كل طالب له ميل خاص في ناحية من نواحي الدراسة أو غيرها، فهو حر في ان يستمر في عمله لوحده أو ينقطع عنه أو يتعاون مع غيره.

٥. تعويد الطالب مجابهة المشاكل والتفكير في حلها، ففي التعلم الفردي يشتغل الطالب فيما يشاء من الدروس حسب ميوله، فهو يسير فيها سيراً طبيعياً تلقائياً، ثم نجده يبدي رغبة شديدة في حل ما يقابله من المشاكل والتغلب على ما يتعرض له من صعاب.

٦. لا يسمح التعلم الفردي بوجود الغيره أو الحقد والتنافس بين الطلاب، لأن الدافع على العمل هو حب الإبتكار والرغبة في البحث وحب الإستطلاع.

٧. إن نظام التعلم الفردي، يوثق الصلة بين المعلم والطالب، لإن أحتكاك المعلم بالطالب عن قرب، يساعده على تفهم ميوله ومزاجه وشخصيته، وهذا لا يمكن أن يتحقق تحت نظام التعلم الجمعي الذي يحتوي على عدد غير قليل من الطلاب في الصف الواحد.

وبعد أن تعرفنا الى المزايا المختلفة للتعلم الفردي نجده ينطبق على كلٍ من المجمعات التعليمية والحقائب التعليمية، والتي سنتعرض لكل منها فيما يلي:

المجمعات والحقائب التعليمية

Modules and Instructional Packages

أولاً: المجمعات التعليمية Modular Instruction:

لقد أصبحت المجمعات التعليمية من اهم أساليب التعلم المفرد في مجال التدريب ويعرف المجمع التعليمي بأنه مادة تعليمية تشكل ركناً أساسياً من المنهاج حيث تتضمن وحدة تعليمية مستقلة، وتقدم سلسلة من النشاطات المدروسة والمصححة بشكل يساعد الطالب على تحقيق أهداف محدودة، تقاس بمقاييس مرجعية المِحَكْ.

وتوجد المجمعات التعليمية بأشكال مختلفة، فقد تكون طويلة يستغرق تنفيذها عدة ساعات، وقد تكون قصيرة تدرس في ساعة واحدة، وهذا يعتمد على هدف المجمع وطبيعة الفئة المستهدفة والخطوط العامة لظروف التعلم.

عناصر المجمع التعليمي:

يتكون المجمع التعليمي النموذجي من العناصر الأساسية التالية:

١.**العنوان:** ويكون واضحاً بعيداً عن الغموض، وذا صلة بالمحتوى أو الفكرة الرئيسية للموضوع.

٢.**المقدمة:** ومن خلالها يتعرف الطالب الى الفكرة الرئيسية للمجمع، وأهميتها له، كما يمكن للمقدمة أن تشير الى الفئة المستهدفة، ومبررات إعداد هذا المجمع من أجل إثارة الدافعية لدى الطالب.

٣.**النظرة الشاملة:** من خلالها يتم بيان الهدف العام للمجمع، وتركيبه، وتنظيمه، وكيفية استعماله والفئة المستهدفة، والخطوط العامة لظروف التعلم، كما يمكن من خلاله توضيح لوحة لتتبع مسار دراسة هذا المجمع.

٤.**قائمة بالأهداف العلمية:** يتم وضع قائمة توضح الأهداف العلمية والتي ينبغي على الطالب أن يحققها من خلال هذا المجمع.

٥.**الإختبارات:** كما يتضمن المجمع الاختبارات القبلية والذاتية والإختبارات البعدية والتي تهدف الى تقييم أداء الطالب.

٦.**نشاطات التعلم:** كما يتضمن المجمع التعليمي على جميع نشاطات التعلم المتنوعة والتي تهدف الى تحقيق الأهداف حسب خصائص المتعلمين.

٧.**نشاطات إثرائية وعلاجية:** يتم تضمين المجمع التعليمي أنشطة مختلفة تخدم الطلاب الأقوياء والطلاب الضعفاء وذلك لمراعاة الفروق الفردية بين الطلاب.

٨.**التقويم والتغذية الراجعة والمتابعة:** ويتمثل التقويم في الإختبارات البعدية، في حين تتمثل التغذية الراجعة بمعرفة النتائج والإستفادة منها، أما المتابعة فتتضمن تأكد المعلم من سير طلابه في العمل على الوجه الأمثل.

وتتصف المجمعات التعليمية بعدة صفات أهمها:

أ- أن المجمعات التعليمية تركز على الأهداف ثم المناشط.

ب- التوجه الشخصي للدارس (الطالب)، أي تعلم فردي يعمل على تنمية نفسه وتطويرها الى الحد الذي تسمح به قدراته.

ت- التقويم النسبي.

ث- الإبدال التعليمية المختلفة المتوفرة في هذه المجمعات، والتي تتيح للطالب اختيار ما يناسبه منها.

ج- القابلية للتطوير.

ثانياً: الحقائب التعليمية Instructional Packages:

إن الحقائب التعليمية تشبه المجمعات التعليمية من حيث أسلوب تصميمها ومعالجتها لتحقيق الأهداف.

وتعرف الحقائب التعليمية على أنها (نظام تعليمي متكامل، مصمم بطريقة منهجية منظمة، تساعد المتعلمين على التعلم الفعّال ويشمل مجموعة من المواد التعليمية المترابطة، ذات أهداف متعددة ومحددة، يستطيع المتعلم أن يتفاعل معها معتمداً على نفسه، وحسب سرعته الخاصة، وبتوجيه من المعلم أحياناً، أو من الدليل الملحق بها، ليصل إلى مستوى مقبول من الإتقان).

والفرق بين الحقائب التعليمية والمجمعات التعليمية يكون في مقدار المادة التعليمية والزمن اللازم لدراستها، وذلك لأن الحقيبة التعليمية قد تتكون من أكثر من مجمع واحد، اذا كان كل مجمع يتناول مفهوماً معيناً كبيراً أو مبدأً علمياً، كما قد تتكون كذلك من عدد كبير من الوسائط كالشرائح والمواد المطبوعة والأشرطة الصوتية كالأقلام المتحركة والثابتة، وعليه فالحقيبة تتناول فكرة رئيسية كبيرة تتضمن عدة أفكار ثانوية، في حين يتناول المجمع فكرة ثانوية واحدة أو أكثر، وقد يأخذ المجمع التعليمي عدة أشكال يتراوح حجمها من صفحة واحدة الى حقيبة تعليمية متكاملة يتراوح حجمها من (٥-٥٠) صفحة.

أهداف الحقائب التعليمية:

١. تزويد الطلاب بالخبرات المتنوعة والتي تناسب وقدرات واهتمامات كل منهم، والتي قد تكون خبرات لفظية أو سمعية أو بصرية أو سمعية بصرية، أو أدائية.
٢. تزويد الطلاب بمستويات مختلفة للمحتوى، بحيث يتدرج الطالب في انتقاله من المستوى الأقل الى المستوى الأعلى حسب قدرات كل طالب، وبالتالي يراعى الفروق الفردية، بحيث يتقدم كل فرد حسب قدراته واستعداده.
٣. يزود الطلاب بأساليب إتصال مختلفة مثل المشاغل والحلقات الدراسية والندوات والأبحاث.

خصائص ومميزات الحقائب التعليمية:

لقد أجمع العديد من الباحثين وعلماء التربية على أن الحقائب التعليمية تتميز بعدد من الخصائص الإيجابية يمكن تلخصيها كما يأتي:

١) برنامج تعليمي متكامل للتعلم الذاتي.

٢) تتمركز حول الأهداف: حيث تعد الأهداف من أهم ركائز هذا الأسلوب.

٣) مراعاة الفروق الفردية: وذلك بإتاحة الفرصة لكل متعلم أن يسير بحسب ميوله واهتماماته وأن يبدأ وفق المفاهيم التي يتقنها.

٤) تتشعب فيها المسارات: فكل متعلم أن يحدد المسار الذي يناسبه.

٥) المرونة: وذلك بسير المتعلم وفق قدراته وسرعته الخاصة.

٦) ذات أنشطة ووسائل متعددة: وهذا بالطبع سيزيد من إهتمام المتعلم ويلبي حاجاته.

٧) دور المتعلم المتكامل: بحيث يكون المعلم عنصراً فاعلاً في كل مراحل الحقيبة، من إعدادها وتنفيذها وتقويمها، في حين أن دور المعلم يقتصر في التدريس العادي على التنفيذ، وقد يمتد أحياناً الى التقويم.

سلبيات الحقائب التعليمية:

١) قد تكون طريقة الحقائب التعليمية نظرياً أكثر منها عملية إذا لم تتوفر الأجهزة والأدوات اللازمة للأنشطة المختلفة المتعلقة بها، أي أن الناحية المادية قد تشكل عائقاً في وجه تحقيق أهداف الحقيبة.

٢) إذا كان عدد الطلاب كبيراً، يصبح من الصعب توفير العدد الكافي من هذه الحقائب لجميع الطلاب، مما يؤدي الى إعاقة سير التدريس بهذه الطريقة.

أساليب تحسين طريقة الحقائب التعليمية:

يمكن تحسين طريقة التدريس بواسطة الحقائب التعليمية باتباع ما يلي:

١) التنويع في الأنشطة المستخدمة فيها قدر الإمكان حتى تناسب جميع الطلاب وعلى اختلاف مستوياتهم واتجاهاتهم وقدراتهم.

٢) أن يتم تضمين تكنولوجيا المعلومات في الأنشطة المشار اليها في الحقيبة مثل الحاسب الآلي (الحاسوب) وشبكة الحاسب الآلي المعروفة بالـ (إنترنت).

مكونات الحقيبة التعليمية:

تحتوي الحقيبة التعليمية على ما يلي:

١. المقدمة العامة (النظرة الشاملة): وهي تصف محتوى الحقيبة، والغرض منها، وأهميتها بالنسبة للطالب.

٢. أهداف تعليمية محددة وواضحة الصياغة، بحيث تضع المفاهيم، والمهارات والقيم التـي تعالجهـا الحقيبة بشكل أنماط سلوكية قابلة للقياس.

٣. تحتوي على نشاطات ومواد تعليمية متعددة، تتناسب مع خصائص المتعلم، وتساعده على تحقيق الأهداف.

٤. تحتوي على نشاطات إضافية وإختيارية للتقويم والإثراء، أو أنشطة علاجية لضعاف التحصيل.

٥. أدوات قياس (إختبارات)، تساعد المتعلم على معرفـة مـدى تحقيـق الأهـداف التعليميـة (قبليـة، وذاتية، وبعدية).

٦. كما تحتوي الحقيبة التعليمية على دليل للمـتعلم (الطالـب) يوضـح لـه أسـلوب دراسـة البرنامج التعليمي، وقد يكون الدليل مسجلاً على شريـط كاسـيت سـمعي، بالإضافة الى الـدليل التعليمـي المطبوع.

٧. تحتوي على دليل بالمصادر والمراجع التي يمكن للمـتعلم (الطالـب) أن يرجـع اليهـا للإسـتفادة أو التوسع في المعلومات.

٨. كما تحتوي على دليل المعلم يوضح كيفية إرشاد المتعلم (الطالـب) نحو تحقيق الأهداف المختلفة.

الفصل السادس

القواعد التي تُبنى عليها طرق تدريس العلوم

☆ التدرج من المعلوم الى المجهول

☆ التدرج من السهل الى الصعب

☆ التدرج من البسيط الى المركب

☆ التدرج من المبهم الى الواضح المحدد

☆ التدرج من المحسوس الى المعقول (المجرد)

☆ التدرج من الجزئيات الى الكليات

☆ التدرج من العملي الى النظري

القواعد التي تُبنى عليها طرق تدريس العلوم

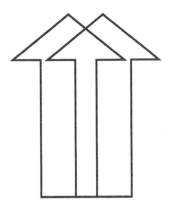

القواعد التي تُبنى عليها طرق تدريس العلوم

عندما نتكلم عن القواعد الأساسية التي تبنى عليها طرق التـدريس، لابـد أن نـذكر الفيلسـوف الإنجليزي (هيربرت سبنسر) الذي تناول بالبحث والشرح هذه القواعد في كتاب لـه أسـمه (Education)، ويمكن إجمال هذه القواعد كالآتي:

التدرج من المعلوم الى المجهول

لقـد أثبتـت الدراسـات التربويـة أن المعلومـات الجديـدة يتـم إستيعابها أسـرع إذا ربطهـا بالمعلومات القديمة لدى الطلاب، لذا على المعلم العلم بكل الوسائل التربوية الى توليد المعلومات الكامنة لدى الطلاب وربطها بالمعلومات الجديدة، لأن ذلك يزيد في نشـاط الطالـب وسروره، لأن الجديد المحصن يكون غريباً، بينما ربط القديم بالجديد هو الـذي تنشأ عنه الحقائق المتماسكة والثابتة.

● **ففي دراسة الجغرافيا مثلاً**: نبدأ ببيئة الطالـب التي يسكن فيها لأنها هـي التـي تهمـه أولاً وبالذات، ثم نتوسع به ونخرج به الى المنطقة فالمدينة فالقطر الـذي يعيش فيه، ثم الى الأماكن والبلاد المجاورة أو التي ترتبط ببلاده اقتصادياً وتاريخياً.

● **وفي درس العلوم مثلاً**: نبدأ بالحيوانـات المألوفـة لـه كـالقط والكلـب قبـل غيرهـا كـالنمر والذئب.

لذا ينصح المربون دائماً بأن يلجأ المعلم في أول الدرس الى إثارة واظهار مـا عنـد الطـلاب من معلومات قديمة يمهد بها الى معرفة المعلومات الجديدة.

التدرج من السهل الى الصعب

المقصـود بالسـهل والصعب بالنسبة للطالب، فـما نـراه سـهلاً في نظرنـا، مـن تعـاريف واصطلاحات ومفاهيم... قد لايكون كذلك بالنسبة للطفل أو الطالب الذي لا يستطيع إدراك معناه، والذي يحتاج الى تجارب وأمثلة حسيّة لكي يفهمها.

فما هو سهل لدى الطالب هو ما يقع تحت حسْنه ويرتبط بحياته وتجاربه.

وعلى المعلم أن يدرك الأشياء السـهلة والأشياء الصعبة بالنسبة للطالـب، وأن يعتدل في تدريسه واساليبه ويتدرج بالطالـب مـن السـهل الى الصعب، ففـي دروس التربيـة الفنيـة والرسـم، محسن ان نبدأ بالطالب يرسم أشياء من الطبيعة الصامتة قبل أن يجعله يرسم أشياء مـن الطبيعـة الحية.

التدرج من البسيط الى المركب

تعتمد هذه القاعدة على أن العقل في إدراكه للأشياء، يدركها أولاً (ككل)، ثم يحاول بعد ذلك دراسة التفاصيل أي (الأجزاء)، فإذا رأينا (كرسياً) مثلاً أدركنا جملة وبعد ذلك أدركنا أجزاؤه (لونه، نوع الخشب، متانتة..)، وإذا رأينا حيواناً أدركناه جملة كذلك ثم تظهر لنا أجزاؤه المختلفة بعد ذلك..، وإذا أردنا أن نقدر (أخلاق) شخص ما، فلا تنظر على أنه مجموعة فضائل كالصدق، الإخلاص، الوفاء، الأمانة... الخ، بل ننظر اليه كوحدة، ولهذه النظرية أثرها في التربية على اعتبار أن البدأ بالكل أسهل من البدأ بالجزء.

ففي اللغة يفضل البدأ بتعلم الجملة أوالكلمة، وهذا أفضل من البدأ بالحرف، وفي الحساب نبدأ بالعدد الصحيح قبل الكسر، وفي الهجاء نبدأ بالكلمة الخالية من حروف المد والتاء المربوطة أو المفتوحة واللمزات ثم نتدرج الى ما هو أكثر تركيباً، لذا فإننا نتعلم أي شئ بالتدرج من السهل الى الصعب.

من المبهم الى الواضح المحدد

وهذه القاعدة تالية للتدرج العقلي للطفل، حيث أن معلوماته عن الأشياء تكون في البداية عامة مبهمة وغير محددة، ثم تنصح وتتمدد أطرافها فيما بعد، فإذا عرف الطالب نوعاً من الحيوان فإنما يعرف مشكلة الإجمالي أولاً، ثم يعرف الأجزاء الاخرى (الخواص والصفات)، ويتدرج في ذلك الى أن يصل الى الحقيقة.

وبناء على ذلك يجدر بنا في عملية التعليم أن نبدأ بما في عقل الطالب، ونسير حسب التدرج العقلي فنوضح الغامض ونحدد المبهم، وعلينا أن نعلم بأن معلومات الطالب تنشأ من تجاربه وتنمو من عمل العقل فيها ومن التفاعل بينها، والقاعدة العامة في ذلك هي أن المعلومات الجديدة يتم إدراكها في ضوء المعلومات القديمة التي ترتبط بها، لذا فالقديم يكون وسيلة لبناء الجديد الذي يشبهه ويتصل به، وبهذا ترسخ المعلومات الجديدة، وكلما انضمت الحقائق نتيجة لذلك، تغيرت نظرياتنا تبعاً لذلك، وهكذا تنمو معلوماتنا ويتكون عقلنا.

من المحسوس الى المعقول (المجرد)

أي أننا يجب أن نسير من الأمثلة والتجارب الحسّية الى المدركات الكلية المعنوية- فإن أول صلة للطفل بالحياة وبالعالم تكون بحواسه- وأول مدركاته هي الحسية أو لذلك يجب أن نكثر من الأمثلة الحسّية والتجارب والتطبيقات والعروض العملية في التدريس... ثم نصل بعد ذلك الى استخلاص التعريف العام.

ففي تدريس العلوم نبدأ بالأمثلة ونقرن المثال بالتجارب التـي توضحه، وفي اللغـة نبـدأ بالجمل ثم نقرن الجملة بالحدث الذي يقابلها متبعين المقوله: **حاول أن تعـبر عـن نفسـك بالعمـل بقدر الإمكان**، ثم ننتقل بعد ذلك الى إستخلاص القواعد والقضايا العامة والتعميمات.

التدرج من الجزئيات الى الكليات

ومعنى ذلك أن نسير في التعليم سيراً منطقياً فنبدأ فيه بالجزئيات ونسير بطريق الإستقراء حتى نصل الى الكليات، فإن الطفل لا يدرك الكليات أولاً بل يبدأ بإدراك أفراد الكل أو جزئياته، فهو قد يخلط المربع بالمستطيل لأن يرى التشابه بين عدد الأضلاع، ولكن عندما يقارن الطالب بين عـدد كبير من المربعات وادراكه تساوي الأضلاع وقائمة الزاوية... الخ.

يجعله يعطي حكماً عاماً على المربع ويدرك معناه.

ومن قبيل ذلك، يمكن أن طفلاً كان يعيش مـع أسـرته في مزرعتـه بهـا مـاعز أبـيض، وكـان يلاحظ أن حليبها أبيض اللون، فلما انتقل الى مكان آخر بها ماعز حمران اللون، سأل والده عـما إذا كان حليبها أحمر اللون؟؟، والسبب في هـذا السـؤال أن الطفـل لم يسـتوعب كـل افـراد النـوع، وفي دروس العلوم عامة ومادة الأحياء خاصة نواحٍ كثيرة تشابه هذه الناحية.

التدرج من العملي الى النظري

يمكن الإنتقال في كثير من دروس العلوم كالأحياء والكيمياء والفيزياء ومشـاهدة الطبيعـة والهندسة من التجربة الى النظرية، فمثلاً عندما نشاهد تساقط الأمطار والثلوج.. نبحث عن أسبابها وتدريسها، وفي فصل الربيع عندما نشاهد تفتح الأزهار يمكن أن نـدرس نمـو النباتـات والأزهـار وكيفية تكون الثمار وعملية التمثيل الكلوروفيل (التركيب الضوئي)، كما يمكن ملاحظة نمو النباتـات تحت ظروف مختلفة (في الشمس والظل والحرارة والبرودة..) ثم يمكن بعد ذلك استنباط الظـروف الضرورية لنمو النبات.

لذا على المعلم أن يتخذ من هذه القاعدة مرشداً لحمل الطلاب وتحفيزهم على البحـث في الحقائق ومحاولة الوصول الى معنى ما تحيط بهم على قدر ما تحمل قدراتهم العقلية والنهائية.

الفصل السابع

بعض خصائص النمو للطفل

☆ بعض خصائص النمو للطفل (تقسيمات بياجيه)

☆ خصائص النمو لطفل المرحلة الابتدائية

☆ خصائص النمو الجسمي والفسيولوجي والحركي للطالب المراهق

☆ ملاحظات منتمية للمعلم حول مراحل وعملية النمو

بعض خصائص النمو للطفل

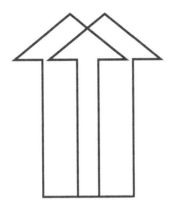

بعض خصائص النمو للمتعلم

ليس غريباً أن تهتم التربية بالمتعلم والفرد، فالتربية عملية توجيه لنمو الناشىء إعداداً له للمشاركة في حياة الجماعة مشاركة فاعلة ومثمرة، ولكي تؤدي التربية الثمار والأهداف التي يسعى إليها المجتمع. كان لا بد للتربية أن تتمشى مع خصائص المتعلم ومع المستوى الذي وصل إليه نموه، ومع احتياجاته ومتطلباته في مرحلة النمو التي يمر فيها. لذا فمحور العملية التربوية هو الفرد. ولا فاعلية ترجى من ورائها إذا أغفلت ما للفرد من خصائص واحتياجات.

وسأتطرق في البداية لمراحل النمو الأربع التي قسمها العالم بياجيه، ثم سأتطرق بعد ذلك لبعض خصائص النمو على المرحلتين الإعدادية والثانوية حيث يتراوح عمر الطالب بين اثنتي عشرة وثماني عشرة سنة وهي المرحلة التي تقابل من مراحل النمو التي يحددها علماء النفس بمرحلة المراهقة.

وقد فسر العالم السويدي بياجيه PIAGET النمو العقلي على أساس عمليتين هما:

١- التمثيل (الاستيعاب) Assimilation

٢- التكيف والملائمة Accomodation

ويقوم الطفل بواسطة العملية الأولى باستيعاب وامتصاص العالم المحيط به من أجل تكوين نموذجاً خاصاً في ذهنه لهذا العالم.

أما العملية الثانية فيتم بواسطتها تعديل وتكييف هذا النموذج طبقاً للخبرات الجديدة.

بعض خصائص نمو الطفل (تقسيمات بياجيه)

خصائص النمو لطفل المرحلة الإبتدائية

المرحلة الأولى: مرحلة الإحساس والحركة (المرحلة الحس حركية)

(من الميلاد حتى سنتين)

يقوم الطفل في هذه المرحلة ومن خلال حواسه وحركاته المختلفة ومن خلال اللعب واكتشافه ما حوله من تكوين صورة ثابتة من الأشكال المختلفة والعلاقة بينها ويتعرف على أساسها على مثل هذه الأشكال.

وتتميز خصائص هذه المرحلة بما يلي:

١- إن الاستجابة مرتبطة بالمثيرات، فالطفل يستعمل حواسه ويتعامل مع المدركات ويستجيب لها، فهو يميز صوت أمه ويحرك يديه وشفتيه عندما يرى زجاجة الحليب...

٢- ومن خلال حواسه يتعرف إلى أشياء محدودة (أعمال انعكاسية).

٣- لا تظهر من الطفل في هذه المرحلة أي تصرفات تدل على تفكير أو أي تصور للأجسام أو الأعمال.

المرحلة الثانية: مرحلة ما قبل التفكير بالعمليات

(من سنتين إلى سبع سنوات)

في هذه المرحلة تبدأ اللغة بالظهور، وتترجم على أساسها الحركات والأحاسيس المختلفة إلى أفكار ورموز، ويوسع الطفل النموذج الذي بناه عن العالم الخارجي عن طريق لعبه وخياله واكتشافاته واستفساراته ومشاركته في الكلام، ويكون تفكيره سطحي ومرتبط بالمظاهر الإدراكية (ما يحسه وما يراه).

كما لا يستطيع الطفل في هذه المرحلة أن يفكر في مفهومين معاً، لذا على المعلم أن يدرك في هذه المرحلة أن قدرة الطالب على الاستيعاب تكون محدودة، لذا عليه أن لا يرهق الطالب بمفاهيم ومعلومات هي فوق طاقته وقدرته وفوق مدى إدراكه، كما على المعلم في هذه المرحلة اللجوء إلى الوسائل والأمثلة الحسية والملموسة حتى يرتبط المفهوم في ذهن الطالب بشكل سليم.

وتتميز خصائص هذه المرحلة بما يلي:

١- التطور اللغوي: ينمو الطفل في هذه المرحلة نمواً كبيراً في استعمال اللغة، فيبدأ بمفردات قليلة وأشباه جمل، وينتهي بجمل مفيدة وحصيلة لغوية كبيرة نسبياً.

٢- التطور الاجتماعي: يبدأ الطفل بتقبل غيره، ويتعامل مع الكبار والصغار، وتنمو لديه بعض العادات الاجتماعية مما يتعلمه ويلاحظه مما حوله

٣- التفكير الخيالي: يكلم الطفل نفسه، ويتحدث مع لعبته ويعاقبها ويسرد قصصاً من مخيلته، وتنمو لديه أفكار التجسيد، فيظن أن الألعاب تأكل وتشرب وتغضب...

٤- التقليد: يقوم الطفل بتقليد الأصوات والحركات والأفعال التي يراها ويلاحظها وهذا يدل على تخزين فكري أو استيعاب لهذه الحركات والأفعال.

٥- في هذه المرحلة لا يقدر الطفل على إجراء العمليات العقلية، لأنه لا يستطيع أن يفكر منطقياً ويخلط الحقيقة بالخيال، وتفكيره يكون غير منعكس، فإذا سألته عن اسم شخص ما تجده يقول إنه أخوك أو أبوك، فهو لا يركز ولا يميز بين الكل والجزء.

٦- يعرف الحالات، ولكنه لا يدرك عمليات التغير، كتغير كمية سائل عند وضعه في أنابيب مختلفة الأقطار والأحجام، ويأكل التفاحة.. ويطالب بها.

٧- في هذه المرحلة يكون الطفل أنانياً، لا يفهم وجهة نظر غيره، ويريد أن يمتلك كل ما يراه.

٨- مفهوم المكان والزمان غير مكتمل لديه، فهو يعرف الماضي والمستقبل، ولكن دون عمق، كما يعرف الأمكنة ولكنه لا يستطيع أن يرتبها حسب بعدها أو قربها.

٩- محب للاستطلاع، وإذا بدأ بشيء فمن الصعب أن تجعله يتوقف، فلو بدأ حديثاً، فمن الصعب أن توقفه قبل أن ينهي كل ما يريد قوله.

المرحلة الثالثة: مرحلة العمليات الملموسة (الغير مجردة)

(مرحلة العمليات الحسية) (من ٧-١٢ سنة)

يستطيع الطفل في هذه المرحلة أن يربط بين المفاهيم المختلفة بعلاقات إما رياضية أو منطقية، وأن يفكر تفكيراً منطقياً (غير مجرد) أي في أشياء ملموسة ومحسوسة (أشياء حقيقية)، ويمكن تفسير الأشياء الملموسة على أساس خبرة الفرد السابقة ومستوى نضجه، فقد لا يكون ٢+٣ ملموساً لطفل الحضانة، ولكن ذلك يكون ملموساً لطفل المرحلة الابتدائية، وحي لا يكون س+ص ملموساً له، في حين يكون ذلك ملموساً لطالب المرحلة الإعدادية والثانوية.

ومن أمثلة العمليات الملموسة في هذه المرحلة (عمليات التصنيف وعمليات الترتيب والعلاقات).

وتتميز خصائص هذه المرحلة بما يلي:

١- يستمر الفهم لديه من خلال العمليات الحسية المباشرة، حيث يرتبط التفكير بالمثيرات والحوافز والتشجيع.

٢- تبدأ لديه عمليات التفكير المنطقي، فيدرك الطالب عمليات الجمع والطرح والضرب والقسمة وإشارات أكبر من > وأصغر من <.

٣- يصوغ فرضياته، ويتصورها بشكل مبسط.

٤- يتكون لديه مفهوم الحفظ، لأن حفظ الأشياء يبدأ من سن ٨ سنوات وحفظ الوزن من سن ٩ سنوات وحفظ الحجم من سن ١١ سنة.

٥- يدرك أبعاد الزمان والمكان بتحديد الأبعاد وترتيب الفترات الزمنية.

٦- يتصور الأحداث عقلياً ومنطقياً، ويأخذ بالأسباب والنتائج، فيبني فرضيات، ويعطي نتائج.

٧- يظهر التفسير المتسلسل، فيفكر في أكثر من متغير في نفس الوقت.

٨- تنمو لديه القدرة على إدراك التحولات، مثل تحول الصلب إلى سائل والسائل إلى غاز، ومفهوم الطول والمساحة والحجم.

٩- يستطيع استخلاص النتائج من التجارب، ويدرك العلاقات البسيطة بين المتغيرات.

المرحلة الرابعة (مرحلة العمليات المجردة) (من سن ١٢ سنة فما فوق)

يبلغ الطفل في هذه المرحلة أقصى مراحل النمو في التفكير على أساس العمليات الموجودة والتي تبلغ ذروتها في سن (١٤-١٥ سنة)، ويكون تفكير الطفل (البالغ) فيها على أساس تركيبي منطقي قائم على وضع الفروض والاستنتاج الاستدلالي.

ومن خصائص هذه المرحلة ما يلي:

١- يستطيع الطفل (الطالب) في هذه المرحلة أن يستوعب الأفكار المجردة سواء كانت لغوية أو رمزية، فيفهم القوانين والنظريات والاستعارات والكنايات والتشبيهات... وغيرها.

٢- يستوعب مفهوم التجربة، فيفهم الهدف والغرض والنظرية.

٣- يستطيع التفكير بطريقة منطقية، فيستعمل طرق الاستقراء والاستنباط والمقارنة في تفكيره

٤- في هذه المرحلة قد لا يحتاج الطفل إلى مثيرات أ إلى دوافع خارجية، حيث يمكنه أن يكون صاحب المبادأة.

٥- يفكر تفكيراً متشعباً، أي يدرك جميع نواحي المشكلة في نفس الوقت.

٦- يستطيع التمييز بين الفرص والحقيقة، ويميز بين الرأي والواقع وبين النظرية والقانون.

٧- يستطيع تصميم التجارب، ويصنف التحسينات التي يمكن إجراؤها على التجربة، أو التفكير في تجربة بديلة تؤدي نفس الغرض.

خصائص النمو النفسي والاجتماعي والعقلي لطفل المرحلة الابتدائية

صحة الطفل مدخل لفهم الطفل:

يصعب فهم طفل المرحلة الابتدائية بمعزل عن صمته، لذا فالطفل المريض يمثل مشكلة تربوية حيث يحول المرض بينه وبين تحقيقه أهدافه، خاصة وأن

أمراض الطفولة ربما تؤثر بدرجة كبيرة على أعضاء الطفل الحسية كالعين والأذن مما يزيد في صعوبة عملية التعلم لديه، كما يلعب نقص التغذية في البيئات الفقيرة دوراً هاماً في تعرض الطفل للأمراض وفي جعل الطفل أقل قدرة على القيام بواجباته المدرسية.

وقد خلصت دراسة ميدانية أجريت مؤخراً على مجموعة من المدارس الابتدائية إلى الملاحظات الهامة التالية:

١- أن ٤٠% من الأيام الدراسية تضيع من طلاب المدن والمناطق الريفية لترددهم على المراكز الصحية وطلباً للعلاج.

٢- أن نسبة الغياب لا تختلف كثيراً بين أبناء المدن والريف.

٣- أن أمراض الرشح والزكام أقل انتشاراً بين أبناء الريف عنها بين أبناء المدن.

٤- الطلاب الصغار من سن ٦ سنوات إلى ٩ سنوات يتغيبون لأسباب صحية أكثر من الطلاب الكبار الذين هم فوق سن ١٣ سنة.

٥- تزداد نسبة الغياب بين الطلاب بصورة ثابتة من شهر أيلول حتى شهر آذار ثم تأخذ بالانخفاض.

ويلاحظ المعلم بأن الطفل الخالي من المرض غالباً ما يكون متفاعلاً محباً لمدرسته نشيطاً كثير الحركة والحيوية بعكس الطالب المريض، لذا فالمدرسة الابتدائية مسؤولة في الواقع عن صحة طلابها، كما يجب تدريب وتعويد الطلاب على كيفية الاعتناء بعيونهم وآذانهم وأسنانهم والحفاظ على نظافة أجسامهم والتعود عل العادات الصحية الصحيحة.

وإذا أردنا أن نتخذ صحة الطفل مدخلاً لفهم الطفل، يجب أن لا يقتصر ذلك على الجوانب الجسمية، بل يجب أن يمتد ليشمل الصحة العقلية والنفسية أيضاً.

خصائص النمو النفسي لطفل المرحلة الابتدائية:

في بداية هذه المرحلة وعندما يكون الطفل في سن السادسة يبدأ في الانتقال من بيئة المنزل إلى المدرسة، لذا قد يعاني الطفل صعوبة انفعالية بسبب انتقاله من بيئة الأب والأم والأخوة حيث يشعر فيها بالعطف والحنان والدلال والاطمئنان، إلى

بيئة جديدة وغريبة عليه وغير مألوفة له، لذا فالطفل في بداية اتصاله بالمدرسة يحتاج إلى مزيد من التشجيع والحنان من معلميه أكثر مما يحتاج طفل آخر التحق بالمدرسة في العام الماضي.

وتفيد الدراسات أن طفل السادسة غير مستقر انفعالياً. ويمكن أن تنتابه ردات فعل سلبية عند تعرضه للخوف أو الإجهاد الشديد ويمكن التغلب على صعوبة الانتقال لأول مرة من البيئة المنزلية إلى البيئة المدرسية الجديدة عن طريق استغلال ميول الطلاب في هذه السن إلى القصص والروايات واللعب والقيام بأدوار البطولة، وإشراكهم في تزيين وتجميل الصف وتوفير المواقف التعليمية التي يتحملون فيها المسؤوليات الصغيرة التي تتلائم مع نضجهم ومستوى إدراكهم وقدراتهم وذلك من خلال هذه القصص والروايات والألعاب المناسبة غير الخطرة.

أما طفل السابعة فتلاحظ ازدياد حساسيته لشعور الآخرين نحوه، ويغلب عليه عدم الاستقرار والميل إلى الثورة، وقد يستسلم لأحلام اليقظة ويستغرق في الخيال، ويحاول الدقة في فعل الأشياء، كما يصبح لديه فهماً مبدئياً عن قيمة الوقت والنقود، ويصبح قادراً على تحمل بعض المسؤوليات البسيطة ويميل إلى المبالغة والاعتزاز بنفسه، وقد يؤدي إلى ذلك إلى الطموح إذا وجد التشجيع والتحفيز والمكافأة، لذا فهو يحتاج إلى التوجيه الهادف والحزم من غير عنف ولا تساهل، كما يحتاج إلى الأمان وتقبل الذات ، وقد أثبتت الدراسات أن الأطفال ينمون بطريقة أفضل إذا ما تحققت حاجاتهم الأساسية للأمن والتقبل والنجاح.

وفي الثامنة تغلب الجرأة على الطفل ويميل إلى الخيال ويحب الاشتراك في الروايات ويصبح مغرماً ببرامج التلفاز والأفلام والمغامرات وجمع الأشياء ويتمتع بطاقة ونشاط هائل وتزداد اهتماماته وميوله، ويمكن استغلال هذا النشاط وهذه الميول في تعليمه أنماط السلوك الجيد. ويلاحظ في هذا السن حبه لجماعات الرفاق من نفس الجنس.

أما طفل التاسعة فيميل إلى الكمال ولكنه يفقد الحماس بسرعة إذا لم يجد التشجيع والتحفيز والمكافأة، أو إذا تعرض لضعف أو إلى إجهاد شديد، ويحتاج الطفل اعتباراً من هذا السن إلى التدريبات الرياضية المناسبة والتي تنمي العضلات وإلى التدريب على المهارات المختلفة، كما يميل في هذا السن إلى القراءة والمطالعة، كما يبدأ الاهتمام بكل ما يحيط به من أشياء وتكثر أسئلته الخاصة بالنمو الجسمي والجنسي بما يلائم سنه من غير خجل أو انفعال وخاصة من خلال المواد

الدراسية المختلفة، كما تنمو لديه الغرائز، فغريزة حب الاطلاع تحفز الطفل إلى الكشف عن معالم البيئة المحيطة، وغريزة حب الملكية تجعل الطفل شديد الحرص على جمع الأشياء واقتنائها، أما الاهتمام بالجنس فهو كامن في هذه الفترة. وقد يكون موجهاً نحو نفس الجنس، فهذه مرحلة ميل الجنس لنفس الجنس، كما تزداد قدرة الطفل على فقد نفسه بنفسه، ويكون على أتم الاستعداد لتقبل النقد من الغير لا سيما إذا كان عادلاً ومقنعاً.

أما خصائص طفل الحادية عشرة والثانية عشرة فنشاهد غالباً بعض التغيرات الجسمية والاجتماعية والانفعالية والعقلية والتي تعتبر تمهيداً لمرحلة المراهقة.

خصائص النمو الاجتماعي لطفل المرحلة الابتدائية

إن طفل المرحلة الابتدائية (٦-١٢ سنة) يظهر عليه الميل الاجتماعي بصورة واضحة ويزداد نضجه الاجتماعي كلما زاد احتكاكه بالمجتمع الذي يعيش فيه، ومن مظاهر النمو الاجتماعي التي تظهر عليه رغبته إلى الاجتماع والتي تجعله ينتبه إلى رأي الناس في تصرفاته، فهو يهتم كثيراً وينتبه فيما يقولون عنه من مدح أو ذم أو إطراء، وهذا هو أساس السلوك الاجتماعي، ومن مظاهر النمو الاجتماعي كذلك خضوعه لنظام فريقه وقوانينه أكثر من خضوعه لتقاليد المجتمع. كما تبدأ الاتجاهات الاجتماعية تظهر لديه في هذه المرحلة كالزعامة أو التبعية أو الميل للمساعدة أو الميل للخنوع أو حب القيادة... إلخ.

كما يصبح الطفل في هذه المرحلة شديد الحرص على التوصيل إلى عدد من المبادىء الاجتماعية أو الخلقية والتي تهديهم في سلوكهم، وما يدور بينهم من تفاعل، وكثيراً ما نسمعهم وقد انقسموا في محاولاتهم حول القواعد المنظمة لألعابهم ككرة القدم مثلاً وخلافاتهم حول قواعد اللعبة أو من هو الفائز أو المنهزم منهم.

لذلك فإن هذه المرحلة تعتبر فرصة مواتية للمعلمين والمربين لغرس المبادىء الحميدة والجيدة في نفوسهم مثل غرس المبادىء الكشفية وحب الخدمة العامة وإنكار الذات، وحب الخير للآخرين وبذل كل مساعدة للمحتاجين والعطف على الكبار ومساعدتهم.

ومما لا شك فيه أن درجة النمو الاجتماعي لطالب المرحلة الابتدائية تتأثر بطبيعة البيت الذي نشأ فيه الطالب ودرجة نضج الوالدين ووعيهم، وما يسود الأسرة من علاقات، وكذلك كل ما توفره المدرسة من خبرات اجتماعية من خلال برامج

الأنشطة التي توفرها للطلاب مثل فرق الكشافة والمرشدات (للإناث) وفرق الرياضة المختلفة وفرق الخدمة الاجتماعية ومجموعات حماية البيئة ومجموعات الأزمات ومجالس الطلبة... وغيرها من الأنشطة المخططة والتي توفرها المدرسة ضمن خطتها السنوية لتنمية هذا الجانب الهام من حياة الطالب والتي ترافقه لسنوات طويلة من حياته في المستقبل.

خصائص النمو العقلي لطفل المرحلة الابتدائية

لقد توصل علم النفس المعاصر إلى أن الطفل كائن يختلف عن الطالب الراشد من حيث الماهية، وأن هذا الطفل وبعد سنين طويلة من النمو يصل عقله وطبيعته العاطفية وطرق فهمه إلى الوضع النهائي والذي يجعل منه راشداً، وذلك عن طريق تطور تركيبه.

والنمو العقلي حركة مستمرة من حالة توازن دنيا إلى حالة توان عليا عن طريق تطور صور الاهتمام والذي يختلف من سن إلى أخرى ومن مستوى عقلي لمستوى عقلي آخر خلال أشكال متتالية للتوازن وللتركيبات التي تدل على الانتقال من مرحلة مسلكية إلى مرحلة أخرى.

وتعتبر نظرية (بياجيه) لمراحل النمو العقلي والتي سبق أن تطرقنا إليها في بداية هذه الدراسة، تعتبر من أكثر النظريات التي تلاقي قبولاً حتى اليوم، وطفل المرحلة الابتدائية وفقاً لهذه النظرية يعد في مرحلة العمليات العقلية الحسيّة والتي تمتد حتى سن الحادية عشر تقريباً.

وطبقاً لنظرية بياجيه، فإن طفل المدرسة الابتدائية يعتبر من ناحية النمو العقلي في مرحلة التفكير الحدسي أو الوجداني، أما في الصف الثالث والرابع يعد في مرحلة العمليات الحسية، وهذه المراحل مترابطة متصلة وغير منقطعة، ويهدف النشاط العقلي للطفل في مرحلة التفكير الحدسي أو الوجداني إلى تكوين صورة ذهنية للأشياء وتنمية الرموز اللغوية الدالة عليها خلال تفاعله مع البيئة ومع من هم حوله، حيث يقوم الطفل في هذه المرحلة بعمليات عد وحصر وتمييز وتكوين مفاهيم مبدئية عن كل ما يدور حوله ويشاهده، كما يقوم بعمليات تنظيم وتصحيح على الواقع من حيث الزمان والمكان والسبب، وتبدأ هذه العمليات في سن السابعة أو الثامنة والتي تمتد حتى سن الحادية عشر تقريباً. والتي فيها تتخذ عملية تنظيم التصورات والمفاهيم المتعلقة بالبيئة صوراً أكثر ثباتاً وذلك بفضل تكوين سلاسل من التراكيب المعرفية التجمعية، وهكذا يستمر تفاعل الطفل مع الأشياء والأشخاص

حتى يصبح تفكيره غير قاصر على مجرد الإدراك الحسي أو الممارسة العملية، ولكنه يصبح قادراً على القيام بالعمليات العقلية التجريدية والتي تسمح له بالقيام بعمليات الاستدلال والتعميم، ويصبح قادراً على أن يمتد بتفكيره داخل الزمان والمكان، وهذه هي مرحلة التفكير التجريدي والتي تبدأ بعد سن الحادية عشر وتمتد حتى انتهاء الحياة، لذا تعتبر الخبرة المباشرة والتفاعل الاجتماعي خاصة مع الأقران والأصدقاء من أهم طرق النمو العقلي.

ويرى العالم (بياجيه) أن هناك مجموعة من العوامل تعمل على تغذية هذه المراحل المتطورة من حياة الطفل والتي تساعده للوصول إلى التفكير المنطقي الصحيح، وهذه العوامل هي:

١- النضج: إن هذا العامل يتأثر بمتغيرات البيئة، حيث تعتبر الآثار الخارجية ضرورية وهامة لنمو الجهاز العصبي للطفل، ونلاحظ من خلال تجربتنا مع الأطفال بأن مراحل النضج تختلف من شخص لآخر، لذا فإن عملية النضج قد تتقدم أو تتأخر تبعاً لعوامل أخرى.

٢- الخبرة: على الرغم من أن الخبرة عامل أساسي لفهم النمو، إلا أنها وحدها ليست كافية، فالطفل ربما يشارك في التجربة وفي التطبيق، لكن الطالب إذا لم يكن عقله منغمساً في النشاط بشكل فاعل وفي التعامل مع المعطيات فلا يمكن أن يحدث تعلم.

٣- النمو الاجتماعي: إن العامل الثالث هو التحول الاجتماعي وأن مرور الطالب على المعلومات من خلال الحديث والنقاش أو الكتب المدرسية هو عامل أساسي ولكنه ليس كافياً، فإذا ما قرأ الطفل أو استمع فقط فإنه قد يصل إلى فهم خاطىء أو مزيف. لذا فإنه يجب أن يطبق هذه المعلومات وأن يفهمها عقلياً بحيث تغير البنية العقلية السابقة وتحدث تغيراً وتحولاً اجتماعياً إيجابياً وصحيحاً.

٤- التوازن: إن تطبيق المعلومات إنما يحتوي على عامل توازن ويعتبر هذا العامل من أهم العوامل المؤثرة في عملية النمو العقلي للطفل، فمرور الطفل بموقف معين ينتج صراعاً معرفياً بحيث يقوم بالفعل مرة أخرى لكي يقضي على الاضطراب وبالتالي يتم التوازن.

خصائص النمو الجسمي والفسيولوجي والحركي للطالب المراهق

أما فيما يخص المرحلتين الإعدادية والثانوية حيث يتراوح عمر الطالب بين اثنتي عشرة وثماني عشرة سنة، وهي المرحلة التي تقابل من مراحل النمو التي يحددها علماء النفس (بمرحلة المراهقة) فسنتطرق إلى بعض خصائصها في

الصفحات التالية، فالتلميذ يدخل المرحلة الإعدادية (الأساسية العليا) وهو على أبواب مرحلة المراهقة، ويحدد البعض هذه المرحلة بأنها تبدأ من البلوغ الجنسي حوالي سن ١٣ وتمتد إلى حوالي سن الواحدة والعشرين حيث يكتمل نضج الأفراد الفسيولوجي من حيث القدرة على التناسل وحفظ النوع، وتبلغ أجسامهم أقصى نمو لها، كما يدنو فيها الفرد من اكتمال النمو العقلي، كما يقترب فيها الفرد من نهاية النضج الانفعالي.

وفيما يلي سنعرض لبعض خصائص نمو المتعلم المراهق في النواحي الجسمية والفسيولوجية والحرية ثم العقلية فالاجتماعية، حتى تتيح للمعلم اكتساب بعض المعارف الخبرات عن هذا الطالب حتى يتمكن المعلم من التعامل الصحيح والمناسب مع هذا الطالب وكيفية التصرف معه خلال فترة نموهم خصوصاً في فترة المراهقة والتي تعتريها الكثير من التغيرات في الظواهر الجسمية والنفسية والسلوكية والتي يجب مراعاتها لأنها تنعكس على تصرفات وسلوكات الطالب المراهق وبالتالي على تعلمه ومستقبله.

وإن الطالب في سنوات دراسته الابتدائية يكون نموه بطيئاً متدرجاً، يكاد لا يلحظه الذين يعيشون معه، أما قرب نهاية هذه المرحلة ومع بداية انتقاله إلى المرحلة الإعدادية فيلاحظ عليه سرعة في النمو الجسمي.

ويتمثل النمو في بداية مرحلة المراهقة في زيادة سريعة في طول الجسم وعرضه وعمقه ووزنه، والنبات يكن أثقل وزناً من الأولاد بين سن الحادية عشرة والخامسة عشرة ويبدأ الأولاد في التفوق في الوزن بعد سن الخامسة عشرة، كما يستمر نمو الطلاب في الطول حتى سن الثامنة عشرة أو العشرين، أما البنات فيتوقف نموهن في الطول عند حوالي السابعة عشرة.

كذلك يلاحظ أن أجزاء الجسم المختلفة لا تنمو بمعدل واحد، فالعظام تنمو في أول الأمر بسرعة أكبر من نمو العضلات، ونتيجة ذلك تفقد حركات الأعضاء التوافق والتناسق بينهما، ويحتاج الأمر إلى تعلم توافق حركي يختلف عما كان عليه في مرحلة الطفولة، ويصحب ذلك عادة قلق المراهق وعدم استقراره في المكان الذي يجلس فيه بسبب توتر عضلاته، ولكن هذه الحالة لا تستمر إلى نهاية مرحلة المراهقة حيث أنه في مرحلة متأخرة منها يكمل التناسق العضلي الحركي بالنسبة للطالب المراهق ويصل فيها إلى أقصى طاقة لاستخدام جهازه العضلي مع سرعة

وإتقان الحركات، ويترتب على ذلك قدرة المراهق على كسب المهارات الدقيقة وإتقانها.

وتصاحب النمو الجسمي بعض المظاهر الأخرى مثل ظهور الشعر في أماكن مختلفة من الجسم وتضخم الصوت عند البنين واستدارة الجسم بالنسبة للفتاة، وتضخم وامتلاء مناطق معينة من جسمها، كما يبدأ الفتى في اتخاذ مظهر الرجال، فيزداد كتفاه اتساعا، ويظهر شعر ذقنه وشاربه، كما تنضج الأعضاء التناسلية ويبدأ الحيض عند البنات والاحتلام عند البنين.

كما ينشأ عن النمو الجسمي السريع بعض التغيرات الداخلية مثل الإحساس بالتعب والخمول وتأثر صحته ويصبح أكثر تعرضاً للإصابة بأمراض الأنيميا وإرهاق القلب وأمراض البشرة (حب الشباب) وغيرها، ونتيجة لهذه التغيرات الجسمية السريعة تظهر آثار نفسية على الطالب المراهق مثل الشعور بالخجل والارتباك. ويصير شديد الحساسية لأي نقد يوجه إلى مظهره أو طريقة مشيه أو تصرفاته المختلفة، وهو لا يستطيع التحكم في صوته الذي يتأرجح بين الغلظ والحدة.

ويزداد الأمر تعقيداً بالنسبة للطالب المراهق نتيجة الفروق الفردية بين الطلاب لأن لكل مراهق معدل نمو خاص به، نرى بين الطلاب المتساوين في العمر الزمني تفاوتاً ملحوظاً في النضج الجسمي، مما قد يسبب الحرج والمشكلات الانفعالية لأولئك المتأخرين في النمو والمتقدمين جداً فيه.

وبمعنى آخر، فإن لخصائص المراهقة المتعلقة بالنمو الجسمي والفسيولوجي والحركي آثارها النفسية التي تظهر في اهتمام الطالب المراهق بنفسه وصحته وغذائه وكل ما يتعلق بجسمه ونموه، حيث تنعكس هذه الآثار النفسية على احتياجات المراهق، والتي نعتقد أن على المعلم الانتباه إليها وأن يوليها كل عناية واهتمام وحكمة في التعامل معها وحتى يتمكن المعلم من استيعاب هذه المرحلة الحرجة في حياة الطالب والتعامل معها بحكمة لمساعدة الطالب والأخذ بيده إلى بر الأمان وحتى تكون المدرسة هي بيته الثاني والمعلم بمقام والده الذي يحنو عليه ويساعده.

بعض خصائص النمو العقلي للطالب المراهق

يكون النمو العقلي معدله سريعاً في مرحلة الطفولة ولكنه يكون بطيئاً نسبياً في مرحلة المراهقة وربما يستمر حتى أوائل العقد الثالث من العمر وإن كان معدله يمر بتذبذبات خلال هذه الفترة.

ويتضح النمو العقلي للمراهق في زيادة قدرته على التعلم وبخاصة ذلك التعلم الـذي يبنـى عـلى الفهم والميل، وإدراك العلاقات، كما تزداد مقدرته على الانتباه من حيث مدتـه ومـن حيـث المقـدرة عـلى الانتباه إلى موضوعات معقدة ومجردة، كما يتجه المراهق إلى تنمية معارفـه ومهاراتـه العقليـة ومدركاتـه الكلية بدرجة لم يسبق لها مثيل قبل هذه المرحلة، كما تزداد قدرته على التخيل المجرد المبني على الألفاظ والصور اللفظية، ويصبح أكثر مقـدرة عـلى فهـم الأفكـار المجـردة، وعـلى التفكـير الاسـتدلالي الإسـتنتاجي، والتفكير الإستقرائي، غير أن المراهق يصير أقل ميلاً إل التـذكر الآلي في هـذه الفـترة إذا مـا قـورن بحالـه في مرحلة الطفولة

ومن الظواهر الهامة المتعلقة بالنمو العقلي في مرحلة المراهقـة ظـاهرة تنـوع أو تحـايز النشـاط العقلي.

ويقول الكاتب أحمد زكي صالح في كتابه (علم النفس التربوي) إن "النشاط العقلي عنـد الأطفـال دون العاشرة يتصف بالعمومية، وقلما يتميز الطفل في نوع معين من أنواع النشاط العقـلي، بيـد أن الأمـر يأخذ شكلاً مختلفاً في حوالي سن الثالثة عشرة وما بعدها، إذ يبدأ المراهقون في التحايز في نواحي النشـاط العقلي".

ويتجه "النشاط العقلي نحو التركيز والبلورة حول مظهر معين من مظاهر النشاط وتظهر وتتميـز القدرات اللغوية والعددية والفنية والمكانية والميكانيكية والسرعة وغيرها ويبرز (أحمد زكي صالح) أهميـة هذه الظاهرة حينما يطلق على فترة المراهقة فـترة التوجيـه التعليمـي المهنـي، ويخلـص في مناقشـة هـذا الموضوع قائلاً:

"إن تنظيم المجتمع يتطلب من التربيـة نوعـاً مـن التوجيـه للأطفـال كـل حسـب قدرتـه العامـة واستعداداته وميوله المهنية، ويستحسن أن يكون هذا التوجيه في نهاية المرحلة الإعدادية (نهايـة المرحلـة الأساسية)، أعني حوالي سن الخامسة عشرة، وذلك أن نضج الاستعدادات الخاصة والميول المهنية، لـن يـتم إلا في هذه السن تقريباً، حسب البحوث العربية في هذا الصدد".

ولهذه الظاهرة أهميتها في كشف ميول الطلاب بدرجة أكثر يقينية في فترة المراهقة كما في الفـترة التي تسبقها.

ويتابع (أحمد زكي صالح) عرضه للظواهر المختلفة للنشاط العقلي في فترة المراهقة، فيشير إشـارة خاصة إلى ظهور الفروق الفردية في مرحلة المراهقة بشكل

واضح وصريح، وهذه الظاهرة تستدعي من المعلم الذي يدرس الطلاب المراهقين أن يعني بتوجيه الفروق الفردية عناية كبيرة تفوق عناية المعلم لأي مرحلة سابقة في حياة الطالب.

ولا شك أن معرفتنا لهذه الخصائص المتعلقة بالنمو العقلي للمراهق يساعدنا في توجيه التدريس بما يحقق مطالب وظروف هذه المرحلة من النمو.

بعض خصائص النمو الاجتماعي للطالب المراهق

تتميز مرحلة المراهقة ببعض الخصائص التي لها طابعها الاجتماعي، والتي لا تقل أهمية عن الخصائص المتعلقة بالنمو الجسمي والفسيولوجي والحركي والعقلي لما لها من آثار عميقة في حياة المراهقين.

ويمكن تلخيص أهم هذه الخصائص الاجتماعية فيما يلي:

١- رغبة الطالب المراهق في الشعور بأنه عضو في جماعة.

٢- رغبة المراهق في الشعور بكيانه وذاتيته وما يترتب على ذلك من رغبة في إثبات وجوده في حياته العائلية وداخل حجرة الدراسة وفي المدرسة وخارجها.

٣- اهتمام المراهق بالجنس الآخر، وما يترتب على ذلك حرصه على الظهور بالمظهر اللائق حتى يلفت الأنظار إليه.

٤- تقبل المراهق لسلوك الكبار وقيمهم، ورغبته في تقليد من يتخذهم مثلاً أعلى له.

٥- زيادة اهتمام المراهق ببعض القيم الروحية كالأمور المتعلقة بالدين.

٦- زيادة فهم المراهق لنفسه في إطار المجتمع الذي يعيش فيه.

ولهذه الخصائص الاجتماعية الهامة والتي تصاحب نمو الطالب في مرحلة التعليم الأساسي العليا ومرحلة التعليم الثانوية متطلباتها والتي لا تستطيع التربية ولا المعلم من إغفالها أو إنكارها والتي تتطلب دراية وحكمة في استغلالها لتوجيه الطالب الوجهة الصحيحة.

مطالب النمو في فترة المراهقة

إن التربية تسعى إلى مساعدة الطالب (المتعلم) على سد احتياجاته، وتحقيق متطلباته الجسمية والعقلية والاجتماعية والخلقية، تلك الاحتياجات التي لا تتعارض مع فلسفة المجتمع وغاياته وأهدافه.

ومن المفاهيم المفيدة في هذا المجال ما أطلق عليه العالم التربوي (هافجهريست) (Robert Havighurst) اسم المطالب أو الاحتياجات اللازمة لاستمرار النمو (Developmental Tasks)، ففي كل مرحلة من مراحل النمو تظهر للفرد احتياجات لاكتساب معارف ومهارات وإنجازات وتكوين اتجاهات وقيم، وهذه الاحتياجات تجابه جميع أفراد مرحلة نمو معينة يعيشون في مجتمع معين أو طبقة معينة، حي يؤدي النجاح في إشباعها إلى سعادة ورضى الفرد وإلى مزيد من احتمال النجاح في تحقيق إشباع مستويات أعلى منها في مراحل أكثر تقدماً، في حين يؤدي الفشل إلى عدم الشعور بالسعادة أو الرضى وإلى زيادة احتمالات الفشل في مراحل النمو التالية.

ويعتبر العالم (هافجهريست) أن خير طريق لتحقيق النجاح في إشباع هذه الحاجات هو الموازنة بين حاجات الفرد ومطالب المجتمع، أي أن خير طريق هو ذلك الذي يأخذ حاجات الفرد في الاعتبار، كما لا يغفل أثر المجتمع وما له من مطالب لأن احتياجات استمرار النمو هي حصيلة عدة عوامل. ويقول (هافجهريست) في ذلك أن:

(احتياجات استمرار النمو يمكن أن تنشأ من النمو الجسمي، أو من ضغط العوامل الثقافية (في المجتمع على الفرد، أو من رغبات وتطلعات وقيم الشخصية التي تنشأ وتتكون في خلال هذا الإطار، وتنشأ (الاحتياجات) في معظم الحالات نتيجة تأثير مجموعة من هذه العوامل تعمل معاً).

وقد قدم (هافجهريست) قائمة بمطالب النمو في مراحل النمو المختلفة، يهمنا هنا أن نتطرق إلى ما يتعلق بمرحلة المراهقة:

١- تقبل الشخص لجسمه وصفاته الجسمية، واتخاذه الدور الذي يفرضه عليه الجنس الذي ينتمي إليه (ذكر أم أنثى)، كما يتوقعه المجتمع.

٢- تكوينه لعلاقات ناجحة مع أترابه من الجنسين، وقدرته على العمل معهم نحو هدف مشترك، والقدرة على القيادة دون سيطرة.

٣- التوصل إلى استقلال عاطفي عن الأبوين وغيرهما من البالغين مع الاحتفاظ بالاحترام والاعتزاز لهم.

٤- السير في طريق الاستقلال الاقتصادي.

٥- اتخاذ الخطوات لاختيار مهنة تتناسب مع استعداداته، والسير في طريق الإعداد للدخول في هذه المهنة والاشتغال بها.

٦- كسب المهارات العقلية والمفاهيم المساعدة على تحمل المسؤوليات المدنية بنجاح، مثل المعلومات الوظيفية والأفكار التي تلائم العصر- الحديث عن القانون والحكومة والاقتصاد والسياسة والجغرافية والمؤسسات الاجتماعية.

٧- ممارسة السلوك الاجتماعي الذي يتسم بالمسؤولية.

٨- تكوين الاتجاهات الإيجابية نحو الزواج والحياة الأسرية، يضاف إليها بالنسبة للبنات الحاجة إلى اكتساب معلومات عن إدارة البيت وتنشئة الأطفال.

٩- تكوين قيم ومثل تتلائم مع العصر الذي نعيش فيه.

كما يقدم التربوي الدكتور (أحمد زكي صالح) مفهومه الخاص لمطالب النمو كما يلي:

"الطفل في نموه – في مظاهره المختلفة – يخضع لمجموعة معينة من المثيرات البيئية الاجتماعية التي تنشأ عنها حاجات معينة، هذه الحاجات التي ينزع إلى إشباعها وتسيطر على سلوكه، هي ما تسمى بمطالب النمو).

كما يعتبر أن "مطلب النمو مفهوم ذو محتوى متغير تبعاً لأمرين على جانب كبير من الأهمية:

الأمر الأول: هو الإطار الاجتماعي الـذي يوجد فيه الفـرد، وهـذا الإطار يحـدده الإطار الثقـافي للمجتمع وما يتضمنه من عوامل اقتصادية واجتماعية وأسس علاقات الأفراد ببعضهم.

الأمر الثاني: هو المظهر النمائي الخاص لعملية النمو نفسها".

وهو يناقش مطالب النمو على ضوء أن لكل إطار من أطر النمو مظاهره ومطالبه الخاصة به.

وفي حديثه عن المراهق يحدد العالم التربوي الدكتور (أحمد زكي صالح) نمو المراهق كما يلي:

أولاً: مطالب النمو الجسمي:

١- تنوع النشاط البدني.

٢- العناية الصحية بالفرد والمجموع.

ثانياً: مطالب النمو العقلي:

١- اكتساب المفـاهيم الاجتماعيـة والاقتصـادية والسياسـية والعلميـة اللازمـة للتوافـق مـع مجتمع القرن الحالي (العصر الحالي).

٢- تنوع مادة الدراسة وطرقها حتى تتفق مع الفروق الموجـودة بـين الأفـراد حيـث القـدرة على التعلم.

٣- الفرص التعلمية المتمايزة.

ثالثاً: مطالب النمو الاجتماعي:

١- الإعداد للزواج والحياة الأسرية.

٢- إعداد المراهق والمراهقة لقبول دورهما في المجتمع.

٣- التربية الجنسية.

وقد أسفرت البحوث والدراسات الأمريكية المتعلقة بالحاجات الضرورية للشباب عـلى مجموعـة من هذه الحاجات نوردها هنا مع اختلاف الظروف التي ينشأ فيها شبابنا عن شباب البلـدان الأخـرى، إلا أننا نرى أن هناك قدراً من الصفات التي

يمكن أن يشترك فيها طلاب المرحلة الواحدة، وخاصة فيما يتعلق بالنمو الجسمي والفسيولوجي والحركي، لذلك فإننا نذكرها بقصد إلقاء الضوء على بعض الجوانب التي تساعدنا في فهم حاجات شبابنا من أجل التعامل معها بانفتاح وإيجابية.

وهذه الحاجات هي:

١- يحتاج جميع الشباب إلى تنمية المهارات والمفاهيم والاتجاهات التي تجعل العامل أكثر قدرة على الإنتاج في الحياة الاقتصادية، لذا فإن معظم الشباب بحاجة إلى التعرف على فرص العمل، كما أنهم بحاجةإلى تربية تزودهم بالمهارات والمفاهيم المتعلقة بالمهن التي يختارونها.

٢- يحتاج كل شاب إلى أن ينمو ويحافظ على صحته ولياقته البدنية.

٣- يحتاج جميع الشباب إلى فهم ما لهم من حقوق وما عليهم من واجبات بحيث يكونوا قادرين على تأدية ما يطلب منهم من أعملا بمهارة وكفاية تجعلهم مواطنين صالحين في مجتمعهم وفي أمتهم.

٤- يحتاج جميع الشباب إلى فهم أهمية ودلالة الدور الذي تلعبه الأسرة في حياة كل من الفرد والمجتمع، كما أنهم في حاجة إلى معرفة الظروف اللازمة لتحقيق حياة عائلية ناجحة.

٥- يحتاج جميع الشباب إلى معرفة كيف يشترون ويستنهلكون البضائع بطريقة ذكية، أي أن يكونوا فاهمين ومقدرين للقيمة التي سيحصلون عليها كمستهلكين للبضائع، وفي الوقت نفسه مقدرين للآثار الاقتصادية والمالية التي ستترتب على أعمالهم.

٦- يحتاج جميع الشباب على فهم طرق العلم، وأثره في حياة الإنسان، والحقائق العلمية الأساسية التي تتعلق بطبيعة الكون والإنسان.

٧- يحتاج جميع الشباب إلى أن تتاح لهم الفرص المناسبة لتنمية قدراتهم الرياضية والجسمية ومواهبهم في تذوق جمال الآداب والفن والموسيقى والرسم.

٨- يحتاج جميع الشباب إلى معرفة كيف يقضون أوقات فراغهم بطريقة مثمرة وفعالة وسليمة، بحيث تنسجم أوجه النشاط الفردية التي يقومون بها بها مع أوجه النشاط المفيدة اجتماعياً.

٩- يحتاج جميع الشباب إلى التزود بالمعارف التي تساعدهم على احترام الآخرين، وعلى تنمية بصيرتهم بالقيم والقواعد الخلقية التي تمكنهم من أن يعيشوا ويعملوا متعاونين مع الآخرين.

١٠- يحتاج جميع الشباب إلى تنمية قدراتهم على التفكير المنطقي السليم، لكي يصبحوا قادرين على التعبير عن أفكارهم بوضوح، وعلى أن يحسنوا فهم ما يقرؤون وما يسمعون.

ملاحظات منتمية للمعلم حول مراحل وعمليات النمو.

<u>مما سبق نستنتج ما يلي:</u>

١- إن إعطاء الطفل فرصاً للتفاعل مع بيئته وتوجيهه بشكل سليم يسارع في تطور القدرة العقلية لديه.

٢- لا بد للأطفال من ممارسة الأنشطة المناسبة حتى يتعلموا كما يجب أن نعلم الطفل ما يناسب عقله وعمره ومرحلة نموه.

٣- على المعلم أن لا ينخدع بحفظ الطالب للعبارات المكتوبة، فالحفظ لا يعني أن الطالب قد استوعب أو فهم المطلوب.

٤- على المعلم أن ينزل إلى العمليات الحسية أثناء الشرح والتدريس، فكثير من الطلاب حتى من هم ي سن العشرين لا يستطيعون التفكير بشكل منطقي، أو بشكل مجرد، أي يجب أن نحاول استخدام الوسائل والتجارب والأنشطة الحسية والملموسة في كافة المراحل.

٥- لنجاح عملية التعلم لا بد من توفر الظروف الداخلية والخارجية، فالظروف الداخلية هي الشروط الواجب توافرها في المتعلم (الطالب)، مثل مقدرات الطالب نفسه من حيث سنه ومدى استعداده للتعلم، وخلفيته في موضوع التعلم.

٦- يستطيع التمييز بين الفرص والحقيقة، ويميّز بين الرأي والواقع وبين النظرية والقانون.

٧- يستطيع تصميم التجارب، ويصنف التحسينات التي يمكن إجراؤها على التجربة، أو التفكير في تجربة بديلة تؤدي نفس الغرض.

الفصل الثامن

العلوم والتقويم التربوي

- مفهوم التقويم التربوي
- الأسس والمعايير العامة في عملية التقويم التربوي
- التقويم التكويني (الأثنائي)- البنائي
- التقويم الختامي (البعدي)
- **أساليب التقويم**
- التقويم التربوي الحديث

العلوم والتقويم التربوي

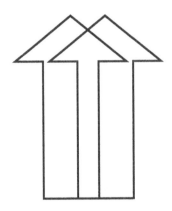

مفهوم التقويم التربوي

إن تقويم الطلاب مهمة رئيسية يؤديها المعلم، وتتطلب مهارة خاصة لإتقانها وخطة مناسبة لتنفيذها، ويترتب على التقويم الصفي إتخاذ مجموعة من القرارات، منها ما يخص الطلاب، ومنها ما يحدد فاعلية التعليم وخططه، لذا فإن عدم توفر برنامج تقويم جيد، يؤدي الى اتخاذ قرارات غير سليمة.

ويقصد بالتقويم: التوصل الى أحكام بالجدارة او الفاعلية عن أفعال وأنشطة او أشخاص او برامج، ووسيلة التقويم هي القياس والتقويم كذلك: هو قياس تحقيق الأهداف التعليمية التعلمية المخطط لها مسبقاً، أي إصدار حكم على مدى ما تحقق من الأهداف المطلوبة.

أما القياس: فهو العملية التي يمكن بواسطتها تعيين قيم عددية لصفات أو خصائص أو أبعاد وفق شروط معينة.

كما يعرف القياس: كذلك بأنه التقدير الكمي لسلوك أو أداء من خلال إستخدام وحدات رقمية أو مقّننة، لذا فالقياس هو أحد أدوات التقييم لأنه يعطي قيمة عددية أو درجة لصفة من صفات الشئ المقاس، وأكثر أساليب القياس شيوعاً لدى المعلمين هو الاختبار والذييعرف بانه (طريقة منظمة لقياس عينة من السلوك)، وهنالك أساليب أخرى لها نفس أهمية الاختبار مثل: الملاحظة والمقابلة والمناقشة والمشاريع ....وغيرها.

والهدف الأساسي للتقويم التربوي: هو تحسين العمل التربوي بقصد الحصول على نتائج أفضل وأكثر تحقيقاً للأهداف التربوية.

كما يعتبر التقويم التربوي أحد عناصر المنهاج الهامة والرئيسية وهي (المحتوى، الأهداف، الأنشطة والطرائق والأساليب ثم التقويم)، لذا يعتبر التقويم من أهم مناشط العملية التعليمية وأكثرها ارتباطاً بالتطور التربوي، وهو الوسيلة التي تمكننا من الحكم على فاعلية عملية التعلم بعناصرها المختلفة، كما يعتبر التقويم معززاً للسلوك التعليمي وداعماً لاستجابات الطلاب الناجحة.

النظرة القديمة للتقويم

كان التقويم قديماً يركز على مدى ما اختزنه المتعلم (الطالب) في ذهنه من معلومات محددة، لذا كان التعليم آنذلك يركز على الحفظ والاستظهار دون النظر الى الفهم أو التطبيق أو نقل أثر التعلم.

أما النظرة الحيثة للتقويم، فلم تعد تعتبر التقويم بحد ذاته غاية، بل أصبحت جزءاً من عملية التعلم، توجهها وتعززها وتصحح مسارها.

وهذا المفهوم الجديد للتقويم، يتطلب التحول الجذري من نظام الامتحانات التقليدي الى نظم تنمي الشخصية المتكاملة والمتوازنة للمتعلم

(الطالب) وما يمتلكة من مهارات وحب إستطلاع... مما يمكنه من التعامل مع بيئته وإثرائها كما أصبح للتقويم أهداف متنوعة، أهمها التقويم الصفي، للتأكد من تحقيق الأهداف الطلوبة والوصول الى النتائج المرجوة، ويعتبر تعلم الطلبة هو المنتج الرئيسي في نظام الجودة.

أما الجودة: فهي مدى قدرة الخصائص الاساسية للمنتج على تلبية وتحقيق متطلبات وشروط معينة.

ويركز نظام الجودة في تقويم التعلم على مبادئ أهمها:

١. كل الأفراد قابلون للتعلم وقادرون عليه، ولديهم نقاط قوة يمكن البدء بتعزيزها وتنميتها.

٢. المتعلمون يتحملون مسؤولية تعلمهم.

٣. المتعلمون معنيون بتحسين عملية تعلمهم.

٤. التعلم عملية تشاركية بين المعلم والطالب.

٥. يقوم المتعلم (الطالب) بتقويم تعلمه من خلال التغذية الراجعة التي يُزود بها.

٦. تحسين الجودة هي قاعدة للتعلم مدى الحياة.

٧. المتابعة والرقابة ضرورة من ضرورات ضمان الجودة.

وعلى الرغم أن المنتج في موضوعنا هذا هو (ما يتعلمه الطلبة) الاّ أن هنالك العديد من المعنيين بهذا المنتج وهم:

١. الطلاب أنفسهم.

٢. المعلم.

٣. الأسرة والعائلة.

٤. أصحاب العمل.

٥. المجتمع.

٦. الدولة.

الأسس والمعايير العامة في عملية التقويم التربوي

١- إرتباط التقويم بأهداف المنهاج أو المناشط التي يقدمها.

٢- شمول التقويم بجميع عناصر المنهاج أو المناشط التي تقدم.

٣- تنوع أدوات التقويم وأساليبه وفق الأهداف المرسومة، لأنه ليس من العدل إتباع أسلوب واحد لقياس مستوى تحصيل الطلاب أو تحديد مستواه.

٤- توافر شروط الصدق والثبات والموضوعية في جميع أدوات التقويم التي تستخدم.

٥- استمرار النشاط التقويمي وملازمته في جميع مراحل الأنشطة التعليمية، وعدم تأجيله حتى نهاية الفصل أو حتى نهاية العام الدراسي.

٦- مراعاة الفروق الفردية بين الطلاب والأهتمام بجميع الطلبة من ضعاف التحصيل ومتوسطي التحصيل والمبدعين والموهوبين.

٧- مراعاة الناحية الإقتصادية من حيث الجهد والوقت والتكاليف وتجنب الروتين وتعقيداته.

٨- مراعاة الجوانب الإنسانية، فالتقويم ليس عقاباً، ولكنه وسيلة تشخيص ظاهرة أو مشكلة أو الحكم على سلوك محدد، كما أنه وسيلة للدفع والتحفيز وزيادة الإنتاجية، أو المساعدة على تعرف القدرات المختلفة لدى الطلاب واستغلال طاقاتهم وقدراتهم وتوجيهها بالإتجاه السليم والمفيد.

٩- ضرورة مراجعة برامج التقويم باستمرار حتى تتماشى مع أساليب وأدوات التقويم، ولمواكبة كل جديد في مجال تطوير وتعديل المنهاج وليتناسب مع تطور وتغير حاجات المجتمع والتربية الحديثة.

مما سبق نستنتج أن التعليم التقليدي بنظرته القديمة كان يركز على الاختبارات بمختلف صورها بغرض الحصول على معلومات عن تحصيل الطلبة لتقديمها لأولياء الأمور وغيرهم من المعنيين، ومثل هذا التقويم لا يؤثر بصورة إيجابية في التعليم، لأنه يقيس مهارات ومفاهيم بسيطة يتم التعبير عنها بأرقام لا تقدم معلومات ذات قيمة عن تعلم الطالب، ولا يمكن من خلالها تحديد نتاجات التعلم التي أتقنها الطلبة وهم (الطلبة) لا يتشاركون في تقويم أنفسهم.

ونتيجة للتطور أصبح التقويم أكثر شمولاً، وأصبح للطالب فيه دوراً هاماً، ويأخذ في الاعتبار مشاركة المجتمع وأولياء الأمور، ومراقبة تعلم الطلبة وتعليمهم، وفهم احتياجاتهم ومواطن القوة لديهم.

التقويم الواقعي

ومن هنا تم التحول الى ما يسمى بالتقويم الواقعي، والذي لم يعد مقصوراً على قياس التحصيل الدراسي للطالب في المواد المختلفة، بل تعداه لقياس مقومات شخصية الطالب بشتى جوانبها، وبذلك اتسعت مجالاته وتنوعت طرائقه وأساليبه، لذا أوصت المؤتمرات والتي عقدت أخيراً على أن تكون عملية التقويم متكاملة مع عملية التدريس والتي تحتم على المعلمين البحث عن أساليب جديدة لتقويم الطلبة وعدم الأعتماد على أسلوب الاختبارات التقليدية التي تعتمد على القلم والورقة كأسلوب وحيد لتقويم الطلبة، وهذا مما أدى الى ظهور التقويم الواقعي والتقويم المستند على الأداء.

أهداف التقويم الواقعي:

١. تطوير المهارات الحياتية الحقيقية للطالب.

٢. تنمية المهارات العقلية العليا لدى الطالب.

٣. تنمية الأفكار والاستجابات الخلاقة والجديدة لدى الطالب.

٤. التركيز على العمليات والمنتج في عملية التعليم.

٥. تنمية مهارات متعددة ضمن مشروع متكامل.

٦. تعزيز قدرة الطالبعلى التقويم الذاتي.

٧. جمع البيانات التي تبين درجة تحقيق المتعلمين (الطلاب) لنتاجات التعلم.

٨. إستخدام استراتيجيات وأدوات تقويم متعددة لقياس الجوانب المتعددة في شخصية الطالب.

أغراض التقويم:

❖ تقدير تحصيل الطلاب.

❖ تشخيص صعوبات التعلم (لبعض الطلاب أو للجميع) أي التعرف الى مواطن القوة والضعف لدى الطلاب من أجل تعزيز مواطن القوة ولتلافي جوانب الضعف أو التخفيف منها ووضع الخطط اللازمة والمدروسة لذلك.

❖ تقويم التجديد في تنفيذ المنهاج وبخاصة طرائق التدريس، وحيث أن المنهاج يتكون من (المحتوى والأهداف والأنشطة والأساليب والطرائق والتقويم) لذا فإن من أغراض التقويم التأكد من مدى ملائمة الطرائق والأساليب الجديدة المطبقة على الطلاب ومدى مناسبتها لمستويات وبيئة الطلاب ولقدراتهم وتقويم نتائج تنفيذها الإيجابية والسلبية.

❖ حفز المعلمين على تحسين عملية التعليم والتعلم من خلال الإستفادة من التغذية الراجعة، لتعزيز الإيجابيات في عملية التعليم والتعلم وتعديل الخلل الذي يظهر من خلال ممارساتهم العملية لتحسين الوسائل والطرائق والأساليب وإعادة النظر في التخطيط بما يتناسب مع التغذية الراجعة.

❖ تحديد مسؤولية المعلمين وتقويم أدائهم من حيث دراسة نتائج تحصيل طلابهم، لان نتيجة التحصيل للطالب تنعكس على المعلم مثلما تنعكس على الطالب ونتيجة لذلك يراجع المعلم ويقوم أدائه ويعدل في أسلوبه وطرائقه وأنشطته نتيجة لذلك.

- تعيين أنسب طرق التدريس لدى الطلاب، وتقويم الخبرات التعليمية التي يمر بها الطلبة لمعرفة مدى مناسبتها وملائمتها لهم.
- التنبؤ بالأداء المستقبلي للطلاب اعتماداً على مستواهم في التحصيل، وتصنيف الطلاب وتوزيعهم على الصفوف وعلى انواع التعليم المختلفة والمتوفرة وفق مستوياتهم التحصيلية والأدائية وبما ينسجم مع ميولهم وقدراتهم واتجاهاتهم وحسب ما يتوفر من أنواع التعليم المتاحة.
- تقديم التغذية الراجعة للمدرسة والمؤسسة التربوية على مدى النجاح أو الصعوبات التي تعترض العملية التعليمية التعلمية لوضع الخطط الكفيلة لعلاجها في الوقت المناسب.

لذا فالتقويم عملية مستمرة وملازمة لعملية التعليم والتعلم، لذلك يحتاج المعلم أن يقوّم طلابه في عدة مستويات وعدة مراحل وعدة أساليب أهمها:

١. التقويم المبدئي (التقويم القبلي) Pre-Formative Evaluation
٢. التقويم التكويني (التقويم الأنثائي)- البنائي.
٣. التقويم الختامي: Summative Evaluation

التقويم المبدئي (القبلي)

ويتضمن هذا التقويم على نشاطات تقويمية تتعلق بتقدير الحاجات وتحديد المستوى الطلابي وتخطيط البرامج وتشخيص إستعدادات الطلبة للتعلم، ويستفيد المعلم من نتائج هذا التقويم في تخطيط خبرات التعلم وتنظيمها بما يتلائم مع حاجات الطلبة واستعداداتهم والأهداف الموضوعة في المنهاج، وقد تتكشف لدى المعلم جوانب قصور لدى بعض الطلبة في خبراتهم أو معلوماتهم السابقة والتي يحتاجونها لاستيعاب الخبرة الجديدة على أسس سليمة.

التقويم التكويني (الأثنائي)- البنائي

وهو نشاط تقويمي يجري أثناء عملية التعليم والتعلم (خلال الحصة)، ويتخلله خبرة التعليم والتعلم من أجل تحسينها وتطويرها، فالتقويم التكويني يصمم لتحسين تعلم الطالب وتحسين تدريب المعلم وتحسين عناصر الخبرة التعليمية في تنظيمها وخطتها ومنهجيتها ووسائلها.

إذاً يجري تقويم التقويم التكويني (البنائي) أثناء الخبرة التربوية إبتداءً من مراحلها الأولى وحتى قبل إنتهائها، وبذلك تتاح الفرصة في كل مرحلة للتغذية الراجعة والتي تزود المعلم بمعلومات تمكنه على أساسها من تعد الخطة وأسلوبه وتحسينها بما يؤكد فاعلية الخبرة التي يقدمها المعلم لطلابه وكذلك تزود التغذية

الراجعة الطالب بمعلومات تمكنه من التعرف الى الجوانب التي أحرز فيها الطالب تقدماً، والجوانب التي أظهر فيها الطالب قصوراً، حتى يوجه انتباهه لجوانب القصور ويعالجه في الوقت المناسب وبشكل فوري.

ويمكن ان يتم التقويم التكويني بطرق مختلفة، فغالباً ما يعمد المعلم الى طرح أسئلة تتخل الحصة أو المناقشة او من خلال ورقة عمل، للتأكد من مدى استيعاب الطلبة للخبرات والمعلومات التي تم عرضها، فإذا ما لاحظ المعلم جوانب ما زال بها شئ من الغموض او عدم الفهم أو عدم الوضوح أو القصور..، لجأ الى مزيد من التوضيح وإعطاء الأمثلة والشواهد والتدريبات الإضافية... وعدل من أسلوبه وطريقة عرضه للمعلومات والأنشطة لتدارك هذا الخلل بشكل فوري وفي الوقت المناسب، وعدم ترك ذلك لحصة قادمة.

كما قد يكون التقويم التكويني على شكل اختبارات قصيرة، يكون الغرض منها التأكد من فاعلية التدريس، كما يمكن للتمارين والتدريبات والواجبات البيتية والأعمال الكتابية على اختلاف أنواعها وأشكالها أن تخدم أغراض التقويم التكويني، لكن يفضل أن يكون التقويم التكويني جزءاً من الخطة الدراسية، وأن يكون المعلم قد أعد له مسبقاً، مثل الأسئلة الصفية أوالاختبارات القصيرة أو التمارين والواجبات الصفية او أوراق العمل، أو بعض الرسومات... وبما يتلائم مع طبيعة المادة وأهدافها المرصودة سلفاً.

التقويم الختامي (البعدي)

أما التقويم الختامي فيتضمن نشاطاً تقويمياً يأتي في ختام مقرر دراسي أو وحدة دراسية من الكتاب المقرر، والهدف الرئيس منه، هو تحديد المستوى النهائي للطلبة بعد الإنتهاء من عملية التعليم والتعلم لفترة محددة، فصل دراسي مثلاً، وتستخدم المعلومات الناتجة عن التقويم الختامي عادة لأغراض إدارية، تساعد في اتخاذ قرار بما يتعلق بمستقبل الطالب، مثل ترفيعة الى صف أعلى أو مرحلة تعليمية تالية أو اختيار نوع التعليم الأكاديمي أو المهني المناسب للطالب وقد تستخدم نتائج التقويم الختامي لبرنامج أو خطة دراسية للتأكد من مدى فاعليتها أو صلاحها، أو مدى الحاجة الى تعديلها وتطويرها.

لذا يمكن تلخيص أهداف التقويم الختامي بالنقاط التالية:

١- تقدير علامات الطالب (تحصيلي)، وذلك لاتخاذ قرار بشأن تحديد مستوى الطالب واتخاذ قرار بترفيعة الى صف أعلى أو مرحلة أعلى... .

٢- لبناء خطة دراسية، والتأكد من مدى فاعلية الطرائق والأساليب والأنشطة المستخدمة، وهل تحتاج هذه الأساليب والطرائق الى تعديل أو تطوير أو إضافة.. .

٣- إتخاذ قرار في مواصلة برنامج التعليم أو تعديله... بناء على هذا التقويم وهذه النتائج.

أساليب التقويم

لم تعد أساليب التقويم مقتصرة على الأسئلة أو إختبارات التحصيل المقننة أو التي يعدها المعلم أو جهات أخرى، بل أصبح هنالك أساليب هامة أخرى قد يلجأ اليها ويستعين فيها لتقدير مستوى الطالب، نذكر منها ما يلي:

١- <u>الملاحظة:</u> ويقوم المعلم من خلالها بجمع البيانات والمعلومات عن الطالب في موقف تعليمي طبيعي يوحي، لأن تواصل المعلم اليومي مع طلابه يتيح له امكانية مراقبة سلوكهمومهاراتهم واتجاهاتهم وتقييمهم وقياس قدراتهم ومعلوماتهم في جو طبيعي بعيداً عن الخوف أو الإرتباك أو التكلف...، ويفضل أن تكون هذه المرحلة غير مباشرة وفي الوضع الطبيعي للطالب، وأن تكون هذه الملاحظة ذات هدف محدد وليست عشوائية، وتسجل أولاً بأول حتى يكون التقييم دقيقاً وعادلاً وصادقاً.

٢- <u>المناقشة:</u> وتتم المناقشة من خلال الأنشطة التعليمية المخططة، والنقاش والحوار الذي يدور بين المعلم والطلبة، والنقاش الذي يدور بين الطلبة الطلبة بعضهم مع بعض، والتي تكشف عن قدراتهم وميولهم واتجاهاتهم ومشكلاتهم.

٣- <u>المقابلة:</u> وهو حديث منفرد من المعلم الى الطالب، ويهدف الى الكشف عن قدرات الطالب ومهاراته ومواهبه، وطرق وأنماط تفكيره، كما قد تكشف المقابلة عن بعض الأخطاء والمشاكل لدى الطلاب والتي يمكن تلافيها والبحث عن أفضل السبل لتلافيها وتذليل العقبات والمعيقات في عملية التعلم أو في خبرات الطالب أو مهاراته والتي تستدعي لتذليلها.

٤- <u>المشاريع:</u> لاشك بان المشاريع الفردية أو الجماعية التي يقوم بها الطلاب تعتبر من الأساليب المهمة في تعلم الرياضيات أو العلوم أو غيرها من المعارف والمواد الدراسية لأنها تنمي عادة الاعتماد على النفس والعمل بروح الفريق والجماعة واحترام العمل الجماعي والتي تحتاج كذلك الى خبرات تراكمية متنوعة، وتحتاج المشاريع الى وجود خطة معدة مسبقاً لضمان نجاها في فترة زمنية محددة، ووجود خطة مسبقة لتوزيع

الطلاب في مجموعات وتحديد دور وصلاحيات كل فرد في هذه المجموعة، والعمل معاً بحيث يكون المشروع مرتبطاً بشكل مباشر مع المنهاج الدراسي وبشكل يضمن مشاركة الجميع في هذا المشروع.

٥- التقارير: يمكن أن يلجأ المعلم الى إعداد التقارير عن كل طالب من طلابه ويسجل فيه المعلومات المطلوب تقييمها عن كل طالب، من حيث الصعوبات والأخطاء التي يقع فيها الطالب وجوانب القوة وجوانب الضعف في تعلمة ومستوى تحصيلة، ويمكن للمعلم أن يسجل هذه الصفات التي سيأخذها في الاعتبار عند اعداد التقرير مثل: مستوى التحصيل، مستوى أداء المهارات، درجة المشاركة الصفية، الأستعداد للتعلم، أنماط التفكير، الميول والاتجاهات، الجدية في العمل، التعاون مع الآخرين... .

٦- قوائم التقرير: ويستخدم هذا النوع من التقويم عندما توجد خاصية أو سمة معينة لدى الطلاب يمكن تحليلها الى مكوناتها الرئيسية، ثم يؤشر المعلم بجانب كل منها بوضع إشارة (✓) لتدل على توفر الخاصية مثال على ذلك:

لرقم	السلوك	حدوث السلوك
	هل حدد الطالب معطيات المسألة	✓
	هل حدد المطلوب من المسالة	✓
	هل قام الطالب بعمل رسمي توضيحي للمسألة	
	هل ذكر الطالب مفاهيم تساعد على حل المسألة	✓
	هل ذكر الطالب نظريات تساعد على الحل	
	هل ذكر الطالب مميزاً للنتيجة العددية	✓
	....	
	... الخ....	

٧- الاختبارات: تعتبر الاختبارات أكثر أدوات التقويم شيوعاً في قياس وتقويم تحصيل الطلاب، والاختبارات عملية منظمة يقوم بها المعلم لقياس تقدم الطالب في ناحية من نواحي التحصيل وخاصته في المجال المعرفي أو المجال المهاري بواسطة مجموعة من الأسئلة أو

المشكلات أو التمرينات، وتظهر نتائجها بعد ان تتم على شكل درجات أو تقديرات، ويمكن أن تكون الاختبارات شفوية أو كتابية أو عملية.

التقويم التربوي الحديث

يسعى التقويم التربوي في عصرنا الحالي الى تحسين العملية التعليمية التعلمية وتعظيم نواتج التعلم وتعزيز عملية التعلم، حيث يسهم التقويم الفعّال في الكشف عن إستعدادات الطلاب وقدراتهم وميولهم وحاجاتهم بحيث يؤدي الى اختيار أفضل الأساليب والطرائق والأنشطة التي تسهم في زيادة قدرتهم على التعلم.

ويرى التربويان "فان وفولك" (Van&Folk,2005) أن التعليم والتقويم ليسا نشاطين مختلفين، بل إن إزالة الحدود بين التعليم والتقويم ينسجم ومعيار التعلم الذي يرى في التقويم فرصة لمزيد من التعلم، إذْ يستطيع المعلمون أن يُقَّيموا أداء طلبتهم أثناء إتاحتهم الفرص لتعلمهم.

لذا يُدعى التقويم الذي يراعي هذه التوجهات ويقوم عليها ((بالتقويم الواقعي)) (Authentic Evaluation))، وهو التقويم الذي يعكس إنجازات الطلاب في مواقف حقيقي، حيث ينهمك الطلاب في مهمات وممارسات وأنشطة ذات معنى وقيمة بالنسبة لهم حيث يمارسون من خلالها مهارات التفكير العليا ويستغلون معارفهم ومعلوماتهم ومهاراتهم في بلورة الأحكام واتخاذ القرارات وحل المشكلات الفعلية التي تواجههم في حياتهم، لذا فالتقويم الواقعي يوثق الصلة بين التعليم والتعلم ويقلل من أهمية وممارسة الاختبارات التقليدية لأنه يعمل على توجيه التعليم لمساعدة الطلاب على التعلم مدى الحياة.

وتقوم فكرة "التقويم الواقعي" على الاعتقاد بأن تعلم الطالب وتقدمه الدراسي يمكن تقييمه من خلال أعمال واساليب وأنشطة تتطلب إنشغالاً نشطاً مثل البحث والتقصي في المشلات الحياتية، والقيام بالأعمال والتجارب الميدانية، والأداء المرتفع للمهارات، وطرق التقويم الواقعي، تحتوي على مشاريع وأنشطة تتطلب من الطالب تحليل المعلومات وتركيبها في سياق جديد يظهر مهارة الطالب وقدرته على مواجهة المشكلات وحلها، أي أن يستخدم الطالب وقدرته على مواجهة المشكلات وحلها، أي أن يستخدم الطالب معلوماته ومهاراته وقدراته التي تعلمها في مواقف حياتية عملية مفيدة، وأن يكون قادراً على استخدامها في مواقف حياتية مستجدة أخرى عند الحاجة.

ويعتبر <u>التقويم المستند الى الأداء</u> أحد أنماط التقويم الواقعي والذي يقصد به، قدرة الطالب على توظيف معارفه ومهاراته ومعلوماته وقدراته في مواقف حياتية حقيقية أو مواقف تشابه المواقف الحياتية، أو قيامه بأعمال وأنشطة يظهر من خلالها مدى إتقانه لما اكتسبه من مهارات في ضوء الأهداف المرسومة.

نلاحظ ممل سبق أن التقويم المستند الى الاداء يعمل على قياس قدرة الطالب على استخدام المعارف والمعلومات والمهارات في مواقف حياتية واقعية متنوعة بعكس الاختبارات التقليدية التي والتي تركز على حفظ واستظهار الحقائق والمعلومات والمهارات الدقيقة، وقد وجهت انتقادات حادة الى الاختبارات الموضوعية والمقالية بصيغتها التقليدية والتي لا تقيس سوى العمليات العقلية في ادنى مستوياتها، لذا فإن عدم وجود اختبارات مناسبة لقياس القدرات في أدنى مستوياتها، لذا فإن عدم وجود اختبارات مناسبة لقياس القدرات العقلية العليا للطلاب أدى الى صعوبة أصدار أحكام صادقة وموضوعية ودقيقة عن مدى امتلاك الطلاب لهذه القدرات ومدى تطورها لديهم، لذا جاءت الإختبارات المستندة الى الاداء والتي تعني بالأداء والمهارة في استخدام الادوات، أو السير الى الاداء والتي تعني بالاداء والمهارة في استخدام الادوات، أو السير وفق خطوات متسلسلة، مع إمكانية المعلم مشاهدة ما يقوم به الطالب من أداء وعمل، بالإضافة الى مشاهدة الناتج النهائي لأداء الطالب، وتعتبر اختبارات الأداء اختبارات فردية يتم من خلالها مشاهدة وملاحظة سلوك وأداء الطالب وقياسه بشكل دقيق وصادق، بعكس الاختبارات الكتابية والتي عادة ما تعطى لعدد كبير من الطلاب في وقت واحد.

إستراتيجيات التقويم المستند الى الأداء:

١- **الأداء العملي (Performance):** وهو قيام الطالب بأداء بعض المهمات المحددة عملياً لإظهار مدى إكتسابه للمعارف والمهارات والاتجاهات، كأن تطلب من الطالب عمل معداد لاستخدامه في عمليات الجمع والطرح، أو قيامه بصنع مجسم لبركان وتوظيفه، أو إظهار القدرة والمهارة في إستخدام جهاز معين أو القدرة على تصميم برنامج محوسب.

٢- **التقديم (Presentation):** أي قيام الطالب أو مجموعة من الطلبة بعرض موضوع ما في وقت محدد لإظهار مدى امتلاكهم لمهارات محددة، كأن يقوم بشرح موضوع معين مدعماً بالتكنولوجيا الحديثة كاستخدام الشرائح الإلكترونية والتقنيات التعليمية والتكنولوجيا الحديثة كالحاسوب والرسومات والصور والمجسمات.

٣- **العرض التوضيحي (Demonstration):** يعتبر هذا الأسلوب في تدريس العلوم من أكثر طرائق التدريس شيوعاً وبخاصة مرحلة التدريس الأساسي، ويعود ذلك لعدة أسباب أهمها:

أ. الظروف الإقتصادية المحدودة في المدارس.

ب. الإقتصاد في التكلفة.

ت. مدى توافر المواد والأدوات اللازمة.

ث. تجنب الخطورة في التنفيذ أو عند إجراء بعض التجارب العملية.

والمقصود بالعروض التوضيحية العملية العمل الهادف المنظم الذي يقوم به الطالب مصحوباً بالشرح النظري اللفظي وباشراف المعلم، أو هو أي عرض عملي أو شفوي يقوم به (الطالب) على عرض ذلك بلغة واضحة وطريقة صحيحة، كأن يوضح مفهوماً من خلال تجربة عملية أو ربط بالواقع.

لذا تعتبر الاختبارات المستندة الى الأداء دليلاً على انجاز الطالب لأنها تؤدي الى تحسين ملموس وصادق في العملية التعليمية من خلال افساح المجال للطالب للقيام بالتجارب والانشطة المختلفة واستخدام الأدوات والتكنولوجيا في تعلمه.

ويرى بعض علماء التربية انه يجب ان تتوافر في مهمات الأداء السمات التالية:

I. الواقعية: أي أن يكون الموقف المستخدم يحاكي ويشابه المواقف الحياتية في قياس معارف ومعلومات ومهارات الطالب.

II. الحكمة والتجديد: أي القدرة على تطبيق المعارف والمهارات بحكمه وفاعلية في حل المشكلات التي تعترض الطالب في حياته وبيئته.

III. الأداء العملي: أي قدرة الطالب على القيام بالعمل وتوظيفه ميدانياً بدلاً من استرجاع الطالب لما تعلمه وتسميعه فقط.

IV. إتاحة الفرص للتدريب: أي إتاحة الوقت الكافي لممارسة الأداء المطلوب والحصول على التغذية الراجعة أثناء العمل والممارسة العملية للمهمة.

الفصل التاسع

الاختبارات التحصيلية

☆ الاختبارات

☆ خطوات بناء الاختبار

☆ انواع الاختبارات الصفية

☆ تصنيف الاسئلة

الاختبارات التحصيلية

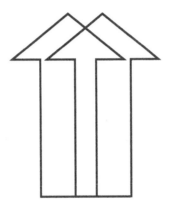

الإختبارات

تعتبر عملية القياس والتقويم من المهمات التعليمية التعلمية الأساسية المنوطة بالمعلم بوصفه منظماً للعملية التعليمية التعلمية، وباعتباره مسؤولاً عن توجيه خطى الطلاب باتجاه الأهداف التعليمية المنشودة، ورعاية تقدمهم نحوها بثقة وثبات.

ويواجه المعلمون المؤهلون منهم وغير المؤهلين صعوبات كثيرة تتصل بممارستهم لعملية القياس والتقويم المدرسية منها ما يتصل بمفاهيم القياس والتقويم وأنواعها، وطبيعة كل منها ودوره في العملية التربوية، ومنها ما يتصل ببناء الأسئلة والاختبارات المختلفة التي يحتاجها المعلم في أدائه بمهماته التعليمية والتربوية، وأخرى تتصل بالتطبيقات التربوية للإختبارات وتوظيف نتائجها في تطوير ممارساتهم وتحسين عمليتي التعليم والتعلم، ورفع مستوى التحصيل والتعلم ذي المعنى الذي يرجوه التلاميذ المتعلمون.

وحيث أن التقويم التربوي يعبر أحد عناصر المنهاج الأربعة الهامة والرئيسية (الأهداف، المحتوى، الأنشطة، الطرائق، الأساليب والتقويم)، ومؤشراً دقيقاً لمدى تحقيق الأهداف، كما أنه يعطي صورة واضحة للمتعلم وولي أمره وللمعلم وللمجتمع عن مدى تحقيق الأهداف المرجوة.

وتمثل الإختبارات جزءاً حرجاً للمعلمين والطلاب معاً، فالمعلم غير المُدَرّب لا يستطيع إتقان تصميم اختبار جيد، حيث نجد في ظل غياب أهداف واضحة للإختبار أو عدم تحديدها أو وضوحها، لذا فأن الإختبار غير الجيد قد يركز على تفاصيل تافهة وتعميمات هامشية أو جنوح الى التركيز على موضوعات يحبها المعلم، ويمكن في بعض الأحيان استخدام الإختبار كعقوبة.. **سوف أعطى شيئاً في الاختبار لا يستطيع طالب الإجابة عليه،** أو كمصيدة.. **كأن يأتي المعلم بأسئلة من مادة لم يركز عليها، أو لم يتطرق اليها في الصف.**

لذا فأن الإختبار قد يمثل أشياء مختلف لمختلف الناس، لذا يصعب تفهم المشكلة والشكاوى من الإختبارات، وأن بعض هذه الإختلافات في مشكلة الاختبارات والتقويم بين من يعملون في مجال التربية يمكن حله بتطبيق القواعد والأساليب المعترف بها على مدى واسع والتي تعتبر ناجحة لإعداد الاختبار وتطبيقه، لذا فكتابة فقرات جيدة للاختبار تعتبر عملية ابداعية فنية تطلب:-

١- سيطرة ممتازة على المحتوى.

٢- استيعاباً شاملاً للسلوكيات الواجب تقويمها.

٣- فهماً دقيقاً لخلفيات الطلاب وقدراتهم واهتماماتهم.

٤- فهماً دقيقاً للغة.

ونظراً لأن الجانب الأكبر من تقويم أعمال الطلاب والوقوف على مدى تحصيلهم، يتم قياسه من خلال الاختبارات، وكثير من هذه الإختبارات تفشل في قياس حقيقة مدى تحصيل الطلاب، بسبب فشل هذه الأسئلة وهذه الاختبارات في قياس مدى التحصيل الحقيقي، وذلك بسبب عدم توفر الصفات المطلوبة في هذه الأسئلة.

ومن الشائع أن كثير من المعلمين لا يولون اختبارات التحصيل التي ينظمونها عناية كافية تستحقها، لا من حيث الإعداد والصياغة ولا من حيث الالتفات لصدقها وشمولها ولا من حيث دراسة نتائجها وتحليلها، والإستفادة منها في دفع عجلة التعليم والتحصيل الى الامام، أو في إعادة النظر في بنية تلك الإختبارات ودورها، أو في ممارستهم المتصلة ببناء هذه الإختبارات وإدارتها وتفسير نتائجها وتطويرها لتصبح أداة حقيقية لتطوير وتحسين العملية التربوية.

وإذا كنا ننظر الى عمليات القياس والتقويم المتصلة بتحصيل الطلاب على أنها كفايات تعليمية ضرورية ومتطلبات ومنطلقات أساسية (لتقرير مدى تحقيق الأهداف التعليمية والتربوية المقررة في المنهاج)، أو من أجل اتخاذ القرارات السليمة بشأن الإبدال وتطوير التعليم أو في تقدير نمو المتعلمين وتقدمهم في سبيل تحقيق أفضل لاهداف المنهاج وما فيه من قيم، فيجب علينا معلمين ومربين أن نتخذ من الاختبارات التي ننظمها، لطلابنا موقفاً ييسر الإفادة منها وتوظيف نتائجها لتحقيق أهداف القياس والتقويم هذه جميها بشكل متكامل وفعال.

لذا فإن المعلم الكفي ينظر الى الاختبارات التي ينظمها لطلابه على أنها أداة ووسيلة أساسية تساعد وتعين المعلم على معرفة جوانب الخطأ والقصور فب تعلمه وعلى وعي أسباب ما يعانيه من ضعف في التحصيل، كما تحفزه للسعي لتصحيح أخطائه واستكمال ما ينقصه ومعالجة ضعفه لتحقيق الرضا ذاته وإشباع حاجاته التعليمية والمعرفية عن طريق النجاح في التعليم والتقدم فيه.

كما أنها (الأختبارات) تُعين المُعَلم كذلك على الحُكم على مدى كفاية وفاعلية طرائقه وأساليبه في تنظيم التعلم، وبالتالي اتخاذ القرارات المناسبة لتطوير ممارساته التعليمية والتنظيمية وزيادة فاعليتها.

أن التلاميذ والمعلمين والإداريين والمشرفين الفنيين وأولياء الأمور وجميع الذين يبذلون قدراً من الجهد والمال لتوفير فرص النمو المتكامل والسوّي لشخصيات المتعلمين، أو لرؤية الأهداف التربوية تتحقق في المتعلمين... يريدون التعرف الى ما تحقق من هذه الأهداف... وقياس التحصيل وتقويمه، هو الطريق الصحيح لاتخاذ القرارات السليمة، والى تزويد جميع الأطراف بالتغذية الراجعة الهادية اللازمة لدفع العملية التربوية بجميع أبعادها وعناصرها نحو النجاح والفاعلية.

وتُنظم المدرسة الإختبارات التحصيلية وتوجهها في الأساس للتأكد من حدوث التعلم المنشود ولتحديد مداه، ولكي تُؤدي الاختبارات التحصيلية هذا الدور الأساسي والمهم في العملية التربوية ينبغي أن تنظر المدرسة والمعلم اليها نظرة تشخيصية فاحصة، أي أن تستمر نتائجها في التميز بين المستويات المختلفة من الأداء أو الإتقان، وفي وصف وتحديد نواحي القوة ونواحي الضعف في عمليات الأداء ونتائجه، فبذلك فقط يمكننا أن نتبين انتقال أثر التعلم ومداه... كما نتبين جدوى وفاعلية الأساليب والمواد التعليمية وطرائق وأدوات القياس والتقويم المستخدمة، ونتمكن بالتالي من اتخاذ القرارات المناسبة لتعديل كل ذلك وتطويره وزيادة أثره وفاعليته.

أن تحليل ودراسة كمية كبيرة من الاختبارات بعد أن صححها الذين يُدّرسون المادة والذين قاموا بوضع الأسئلة، أظهرت أن المعلمين قاموا بالإطلاع على كل ورقة من أوراق الإجابات وصححوها بوضع إشارة X بالقلم الأحمر على الإجابات الخاطئة، وكثيراً ما كانت هذه الإشارات كبيرة وعشوائية، وأحياناً بعيدة عن الإجابة الخطأ، وأقرب الى الإجابة الصحيحة، كما خَلَتْ ورقة الإجابة من أي تعليق أو تدقيق... وبعد ذلك قام المعلمون بتقدير علامة للسؤال وكتابتها في مكان ما قرب الإجابة على ورقة الإجابات.

وهنا تتبادر الى الأذهان الأسئلة التالية:-

- هل دَرَسَ المعُلم بعد تصحيح الأوراق، نتائج الإختبار؟
- هل حَصَرَ أخطاء التلاميذ؟ هل درسها؟ هل حّلّلها؟
- هل حاول المعلم التعّرف الى طبيعة الأخطاء التي وقع فيها التلاميذ؟ والى الأسباب المحتملة الكامنة وراء تلك الأخطاء؟ الأسباب الداخلية؟ والأسباب الخارجية؟
- هل قام المعلم بمناقشة أخطاء التلاميذ والصعوبات التي واجهوها في التعامل مع ورقة الإمتحان؟
- هل فكر المُعلم في إحداث تغير أو تطوير في الأسئلة؟ في الوقت؟ في طريقة التعليم؟ في فرص التعلم؟ في المادة التعليمية؟ في الكتاب...؟
- هل فكر المعلم بإثراء المادة العلمية؟
- هل صَنَفَ المعلم أخطاء التلاميذ وصعوبات التعلم في ضوء تحليله لنتائج الاختبار التحصيلي، وفي ضوء أداء التلاميذ فيه؟
- هل نتج عن ذلك كله خطة أو خطط علاجية تناسب كل صنف أو منظومة من الأخطاء، ونقاط الضعف التي كشف عنها الاختبار؟

إن محاولة المعلم الإجابة عن هذه الأسئلة وغيرها تشير إلى ما ينبغي أن يقوم بـه المعلـم الكفـي الواعي إذا ما أراد أن يقف من الاختبارات المدرسية التحصيلية الموقف الإيجابي والواعي الذي يجعل منهـا ومن دراسة نتائجها منطقياً سليماً للتشخيص والعلاج وتحقيق أهـداف ووظـائف القيـاس والتقـويم التـي أشرنا إليها سابقاً، وتشكل هذه الأسئلة منفـرداً أو مجتمعـة دعـوة صريحـة الى كـل معلـم ومعلمـة، ان لا تكون إشارة التصحيح على ورقة إجابة الطالب بـالقلم الأحمـر، ولا العلامـة التـي يقـدرها ويعطيهـا لكـل إجابة، نهاية المطاف أو فاتحة عملية التقويم... بل ينبغي أن يكون الحـدث التصحيحي هـذا، هـو بدايـة العمل الفني والمسلكي الذي ينتقل المعلم عبره من دور المعلم التقليدي، الشكلي الى المعلم المنظم للتعلم، والمعلم المُقَوِّم والموجِّه والمعزِّز للتعلم بالفِعل والمُمارسة.

ومهما يكن من أمر الأخطاء المختلفة والمتنوعة الأشكال والعوامل والأسباب التي يُصادفها المعلـم في أوراق إجابات التلاميذ عن الاختبارات التحصيلية فجميعها يشير الى ضرورة أن يتخذ المعلم منها موقفاً، واعياً وباحثاً عن الأسباب الذاتية والموضوعية الداخلية منهـا والخارجيـة التـي أدت اليهـا، وعـدم الإكتفـاء بالإشارة بقلمه الأحمر الى وجودها على ورقـة الطالـب، بـل ينبغـي أن تتعـدى مسـؤولية المعلـم ذلـك الى البحث في العوامل والأسباب.

فالأخطاء التي يقع فيها التلاميذ في إجاباتهم عن الاختبارات التحصيلية قد تكون واحدة في شكلها ومظاهرها، إلا انها تختلف في أسبابها حتماً، والأساب المؤدية الى تلك الأخطاء كثيرة ومتنوعـة المصـادر، في هذه المصادر التي ينشأ عنها الوقوع في الخطأ كما يظهر في إجابات التلاميذ؟

فهل الطالب هو المصدر دائماً؟ أم أنها الأسئلة والإمتحانـات؟ أم هـي الأسـباب الإنفعاليـة العامـة التي ترتبط بالقلق من الامتحانات؟ أم هو المناخ المادي الذي يجري فيه الاختبار؟ أم ماذا....؟

وحيث أن الأختبار هو طريقة منظمة لقياس عينة السلوك، كما انه عنصر هام من عناصر تقـويم أعمال وسلوكيات ومهارات ومعلومات الطلاب وتحصيلهم، لذا وجب التعرف على صفات الأسـئلة الجيـدة ليكون بمقدور مدير المدرسة أو المعلم توخي هذه الصفات وهذه الشروط عندما يـتم التخطـيط لصـياغة اسئلة أو أختبار، حتى تتمكن هذه الاختبارات من القياس الحقيقي لتحصيل الطلاب بشـكل يـرضى عنـه جميع المعنيين.

ومن الصفات التي يجب أن تتصف بها هذه الأسئلة ما يلي:

١- أن يكون السؤال واضح لا غموض فيه، ويمكن قياسه بسهولة.

٢- أن يكون السؤال مُحدد، بحيث لا تَحتمل الإجابة عليه أكثر من احتمال واحد لكل من الطالب والمعلم.

٣- أن يكون السؤال شامل، أي أن يُراعى شمول الأسئلة وتنوعها.

٤- أن تراعي الأسئلة الفروق الفردية ومستويات الطلاب المختلفة.

٥- أن تتناسب الأسئلة حجماً ونوعاً مع الزمن المحدد لها، أي تقدير الـزمن اللازم الـذي يحتاجـه الطالب للإجابة على كل سؤال.

٦- أن تُصاغ الأسئلة بطريقة لغوية واضحة يفهمها الطالب بشكل لالبس فيه ولا غموض، وان تكتب بخط واضح ومقروء.

٧- أن يُحقق السؤال المحتوى والأهداف بشكل متوازن.

٨- أن يحقق السؤال الهدف المطلوب قياسه.

٩- ان يمتلك المعلم مهارة إعداد الاختبار بناء على جدول المواصفات.

١٠- وضع إجابة نموذجية (خاصة بالمعلم) للسؤال، من اجل مراعاة العدالة في توزيع العلامات على الأسئلة حسب أهميتها.

١١- تجنب الأسئلة الإختيارية، لأن ذلك يؤدي الى وجود أكثر من مقياس للسؤال الواحد.

١٢- تجنب العبارات الغامضة والمعقدة في السؤال.

إن المعلم الكفي هو الذي يحرص على معرفة الأسباب الحقيقية الكامنة وراء الأخطاء مـن خـلال بحثه فيها وتحليله لها بوعي وبصيرة، سواء أكانت أسباب ناشئة عن اللغة التي صـيغت بهـا الأسـئلة، أن غياب صفات الصدق والشمول عنها، ام الاسباب تعود الى طرائق التعليم التي كانت تركز على الحفظ غيباً دون إفساح المجال للتفاعل مع موضوعات التعلم والتفكير فيها واستيعابها بشكل عميق ذي معنى.

أهمية الاختبارات المدرسية في العمل الاشرافي لمدير المدرسة:-

يُشرف مدير المدرسة والمدير الفني على العملية التعليمية في مدرسته، حيث تُشكل الاختبارات المدرسة إحدى المكونات الرئيسة لهذه العملية، والاهتمام بها له صَداه وأثره المباشر على المكونات الاخرى (الاهداف- المحتوى- الاساليب والانشطة- التقويم)، وبالتالي التأثير الكبير على الطالب محور العملية التعليمية وهدفها الأساسي.

لذا فإن الاهتمام بالاختبارات التحصيلية المدرسية وتحسينها يعمل على:

- ✓ حفز المعلمين على التخطيط الجيد لدروسهم.
- ✓ تنمية مهارات المعلمين في صياغة الأهداف، صياغة سلوكية والتعرف الى مستوياتها المختلفة.
- ✓ تحليل المحتولى بما فيه من معارف ومعلومات وقيم واتجاهات ومهارات وسلوكات.
- ✓ تنمية مهارة المعلمين في اختبار أنسب الطرق والأساليب في التدريس.
- ✓ تُساعد عَمل مدير المدرسة في تقويم عمل المعلم من خلال تحديد مسؤوليته في تحصيل طلابه، كما تساعد المعلم والمدير في معرفة جوانب القوة أو الضعف في أدائه.
- ✓ التعرف الى الطلبة الذين يعانون من صعوبات في التعلم وبالتالي وضع الخطط العلاجية اللازمة لهم.
- ✓ تساعد مدير المدرسة في الكشف عن نقاط القوة والضعف في المنهاج المدرسي وذلك لوضع الخطط اللازمة لإثراء وإغناء المنهاج.
- ✓ تساعد المعلم والإدارة المدرسية في التعرف على مدى تقدم الطلبة في موضوع معين.
- ✓ بِناء برنامج للإرشاد الأكاديمي، إذْ تكون الاختبارات هي إحدى الأدوات التي تساعدنا في تشخيص وَفرز عادات وسُلوكات الدراسة عند الطلبة.

خطوات بناء الإختبار

لابد من إتباع الخطوات الإجرائية التالية كي تتحقق الأهداف المرجوة من الاختبارات التحصيلية، وهي:

١- تحليل المنهاج وهذا يتطلب من المعلم على ان يكون على علم بما يلي:

أ. معرفة بأهداف المنهاج المقرر، والأهداف الفرعية لكل وحدة دراسية .

ب. تفصيلات المادة الدراسية كما وردت في المقرر.

ت. معرفة بأساليب تدريس المادة الدراسية وما تتضمنه من أنشطة وطرائق.

٢- صياغة الأهداف: أن يكون المعلم قادراً على صياغة الأسئلة على شكل نتاجات تعلمية وتصنيفها الى مستويات الأهداف السلوكية (المعرفة، الفهم، التطبيق، عمليات عقلية عليا) وفق مستوى الطلاب ومضمون المنهج الدراسي.

٣- بناء جول مواصفات: أن يكون المعلم قادراً على بناء جدول مواصفات يشمل جزيئات الموضوعات الدراسية المختارة في المحتوى والأهداف وتقدير أوزانها النسبية بحسب أهميتها، ثم تحديد عدد البنود الإختبارية في جدول المواصفات المقترح.

٤- تحديد نوع البنود الإختبارية المناسب للنتاج التعليمي المطلوب قياسه: مثل (مقالي، إختيارمن متعدد، إكمال، صواب أو خطأ، مزاوجة...الخ).

٥- بناء البنود الاختبارية وتجميعها في اختبار.

ويشترط في البنود الاختبارية ما يلي:

أ- **الوضوح:** أن يكون نَصْ الرسالة واضح بعيد عن الإبهام أو الغموض، ولا يختلف إثنان في تفسيرها.

ب- **الشمول:** أن يضم الاختبار الجيد عينة ممثلة لأجزاء المادة الدراسية.

ت- **الترتيب:** ترتيب الأسئلة من السهل الى الصعب.

ث- **التنوع:** تنوع الأسئلة بناء على تنوع الأهداف السلوكية.

ج- **المستوى:** أن تتناسب الأسئلة مع مستوى الغالبية من الطلاب.

أنواع الإختبارات الصفية

تقسم الإختبارات الصفية الى الأقسام التالية:

١- الإختبارات الشفوية.

٢- الإختبارات المقالية/أسئلة المقال.

٣- الإختبارات الموضوعية.

٤- الإختبارات الأدائية.

أولاً: الأختبارات الشفوية:

يستخدم هذا النوع من (الإختبارات) لبلوغ أهداف معينة أهمها:

١. الحكم على مدى فهم الطلاب للحقائق ومدى قدرتهم على معالجة المواقف المستجدة.

٢. تقويم المهارات الشفوية لدى الطالب، كالقدرة على التعبير، والقدرة على المحادثة والتعبير عن الذات والقدرة على الإقناع والدفاع عن الرأي والمواقف المختلفة.

٣. التعرف الى سمات معينة تتعلق بالعنصر الشخصي للطالب كالتحلي بالجرأة في توجيه الأسئلة وإعطاء الإجابات المقنعة ولدراسة شخصيات الطلاب.

٤. كما تستخدم هذه الاختبارات كاختبارات مكملة لأنواع الاختبارات الأخرى.

مزايا الاختبارات الشفوية

١. تساعد على قياس قدرة الطالب على التعبير والمناقشة والحوار والنطق السليم.

٢. تساعد في الحكم على سرعة التفكير والفهم لدى الطلاب، وعلى قدرته على ربط المعلومات واستخلاص النتائج منها وإصدار الأحكام عليها.

٣. تتيح الفرص للطلاب للإستفادة من إجابات زملائهم.

٤. تساعد في الكشف عن أخطاء الطلاب وتصويبها، كما تساعد على تجنب الطالب الأخطاء التي وقع بها زملائه عندما يأتيه الدور في الحديث.

٥. تساعد على ربط أجزاء المادة الدراسية بعضها ببعض.

٦. تعتبر أكثر أنواع الأختبارات ملائمة لطلاب المرحلة الأساسية الدنيا والذين لم يمتلكوا مهارة الكتابة السليمة بعد.

٧. تساعد المعلم على التأكد من صحة نتائج الاختبارات الكتابية والتي قد يشك في صحتها أو نتائجها.

ثانياً: الإختبارات المقالية/أسئلة المقال:

وقد نشأت هذه الإختبارات كامتداد للاختبارات الشفوية الفردية، وكان مبرر ظهورها كونها أقل تحيزاً وأكثر ثباتاً من الأختبارات الشفوية وقد سمي هذا النوع باختبارات المقال لان الطالب يكتب فيه مقالاً كاستجابة للموضوع أو المشكلة التي يطرحها السؤال، واختيارات المقال اختيارات تقليدية وتعتبر من أقدم أنواع الإختبارات التي استخدمت في المدارس منذ زمن بعيد وما زالت تستخدم حتى وقتنا الحاضر، وهذه الأسئلة تحتاج الى وقت قصير في الإجابة عنها (زمن محدد)، ولكنها تحتاج الى وقت طويل في تصحيحها من قبل المعلم.

والإختبار المقالي عبارة عن سؤال أو عدة أسئلة تعطى للطلاب للإجابة عليها، وفي هذه الحالة فإن دور الطالب أن يستدعي المعلومات التي درسها سابقاً، ويكتب منها ما يتناسب والسؤال المطروح، ويكثر إستعمال هذه الأسئلة في المرحلة الإلزامية والثانوية وكليات المجتمع والجامعات، بحيث يقوم الطالب بترتيب وتنظيم إجابته بكل حرية ضمن زمن محدد.

وهنالك نوعان من الإختبارات المقالية هي:

١- الإختبار ذو الإجابة المقيدة: وهذا النوع يفرض على الطالب أن لا يسترسل في إجابته، بل يتحدد له سلفاً عدد الأسطر المطلوبة أو كمية المعرفة المعتمدة، وذلك عن طريق تقييد الطالب بذكر سبب أو سببين أو ثلاثة، حسب ما هو مطلوب، وبالتالي فإن الطالب لا يستطيع الإسترسال في التفاصيل.

٢- الإختبار ذو الإجابة المفتوحة: وفي هذا النوع من الإختبار تعطى الحرية للطالب ان يسترسل في اجابته دون تقييد له بعدد الأسطر أو كمية الإجابة المطلوبة ولكن ضمن زمن محدد.

أمثلة على الإجابة المقيدة:

س: عدد أجزاء الجهاز الهضمي للإنسان؟

س: أذكر ثلاثاً من الفوائد التي حققها الأردن من شق قناة الغور الشرقية؟

س: أذكر ثلاث مقومات يجب أن تتوفر في القيادة الجيدة؟

أمثلة على الإجابة المفتوحة:

س: وضع الدور الذي تلعبه الساعة في حياة الإنسان؟

س: بين التغيرات الإجتماعية التي حدثت في حياة الإنسان نتيجة اكتشاف الكهرباء؟

ثالثاً: الإختبارات الموضوعية:

سميت هذه الإختبارات بهذا الأسم لأنها تخرج عن ذاتية المعلم (المصحح)، فلا تتأثر برأية عند وضع علامة، كما يمكن لاي إنسان أن يقوم بعملية التصحيح إذا استطاع أن يفهم مفتاح الإجابة.

وقد انتشر استخدام هذا النوع من الأسئلة في عصرنا الحاضر حتى أصبحت أكثر انواع الاسئلة شيوعاً واستخداماً.

ومن حسنات هذه الأسئلة أنها تتميز بما يلي:

أ- الصدق: أي ان هذا الأختبار يقيس وضع أو صُمم من أجله بدقة، ولأن الإجابة عن السؤال الموضوعي تكون أجابة محددة ودقيقة، ولا تقبل التأويل أو الإلتواءن كما انها عينة ممثلة لجميع مناطق السلوك المراد قياسه، كما أنها تغطي جزءاً كبيراً من محتوى المادة الدراسية، بالإضافة الى مراعاتها للفروق الفردية بين الطلاب، بالإضافة الى أن ذاتية المعلم لا يظهر لها أثراً في هذه الإختبارات.

ب- الثبات: أي أن نتائج الطلاب تبقى حول معدلها فيما إذا أجرى الاختبار من أخرى للطلاب أنفسهم.

ت- وضوح إجراءات التطبيق والتصحيح: أي ان مدة الإجابة عن الأسئلة قصيرة مقارنة مع الأسئلة المقالية، ويستطيع أي شخص تصحيح أوراق هذا الإمتحان أذا اعطى له مفتاح الإجابة، وكذلك لا تتدخل جودة الخط أو تنظيم الأافكار في العلامة التي يستحقها الطالب، وأن تقدير العلامة يكون عادلاً ومنصفاً لجميع الطلاب لأنه لا أثر لذاتية المعلم أو المصحح فيها.

أشكال الإختبارات الموضوعية:

والأسئلة الموضوعية أنواع وأشكال كثيرة نذكر بعضاً من أشكالها الشائعة وهي:

١. أسئلة الصواب والخطأ.
٢. أسئلة التكميل.
٣. أسئلة المزاوجة/ المقابلة.
٤. أسئلة الإختيار من متعدد.
٥. اختبارات الترتيب.
٦. الإختبارات التي تعتمد على الرسومات والصور والمخطوطات.
٧. الأسئلة ذات الإجابة القصيرة (إستفهامي).

١- أسئلة الصواب والخطأ:

ويتألف هذا النوع من الإختبارات من عدد من العبارات الصحيحة التركيب، وهـي إمـا أن تكـون صحيحة في معناها أو قد تكون خطأ، ولا يجوز ان تحتمل التأويل.

وتكون الإجابة على مثل هذه الأسئلة أما بوضع كلمـة نعـم أو لا ، أو كلمـة (صح) أو (خطأ) أو الإشارة (✓) أو (X).

كما قد نضع امام العبارة كلمتين هما (صح ، خطأ)، وعـلى الطالـب في هـذه الحالـة وضع دائـرة حول إحدى هاتين الكلمتين.

ويغلب إستعمال هـذا النـوع مـن الأسـئلة في إختبـار معرفـة حقـائق ثانويـة وتعاريـف ومعـاني ومصطلحات يصعب قياس الفهم والإستنتاج والتطبيق بواسطتها.

أمثلة على أسئلة الصواب والخطأ:

- يقع خليج العقبة في جنوب الأردن: صح ، خطأ.

- مجموع زوايا المثلث تساوي ١٨٠°: صح ، خطأ.

- ليست جميع زوايا المربع قائمة: صح ، خطأ.

- لا يوجد نظير ضربي للصفر: صح ، خطأ.

اللفظ الإغريقي بيتا (Peta) يعادل ألف مليون مليون (٣٠): صح ام خطأ.

أسئلة الصواب والخطأ

س: ضع إشارة (✓) امام العبارة الصحيحة وإشارة (X) امام العبارة الخاطئة في ما يلي:

١.تختلف كتلة المادة باختلاف حجمها ⬜

٢.تختلف كتلة المادة باختلاف شكلها ⬜

٣.تختلف كتلة المادة باختلاف نوعها ⬜

٤.الجسم الساكن يبقى ساكناً ما لم تؤثر فيه قوة (دفع) أو (سحب) تحركه ⬜

س: أجب بـ (نعم) او (لا) أمام كل عبارة مما يأتي:

١. يجف الغسيل بسرعة أكبر في اليوم المشمس (   )

٢. فصل تساقط الأمطار هو فصل الشتاء (   )

٣. أفضل فصول السنة لعمل الرحلات فصل الخريف (   )

٤. الفعل و رد الفعل قوتان تؤثران دائماً في اتجاهين متعاكسين (   )

٥. لا تضاف الأسمدة النيتروجينية للأراضي التي تزرع بالبقوليات غالباً (   )

٦. تعتبر الشمس مصدر الطاقة الأساسي على سطح الأرض (   )

٧. لا يحتوي فحم الانثراسايت على نسبة عالية من الكربون (   )

مثال على أسئلة الصواب والخطأ

أُقَدِّر الوعار الذي سعته أكبر وأضع √ كما في المثال:

٢- أسئلة التكميل

ويتألف هذا النوع من الأسئلة من عدد الفقرات تكون على عبارات ناقصة بحيث يطلب الطالب إكمال النقص يوضح كلمة أو كلمات محددة أو عدد أو رمز في المسافة الخالية المخصصة لـذلك في كـل عبارة.

وتكثر أسئلة التكميل في المراحل الإبتدائية، وتقيس مستويات دينار من الأهداف، فهي تتنـاول في قياسها معرفة التواريخ والحقائق والأحداث.

كما وتعتبر هذه الأسئلة وسط بين الإختبارات المقالية والموضوعية.

أمثلة على أسئلة التكميل:

س: المتر يساوي _____ سنتمر.

س: نوع الشحنة التي يحملها الالكترون _____

س: يقع المسجد الاقصى المبارك في مدينة _____

كما يتبع هذا النوع من الاسئلة أنواع أخرى أبرزها:

أ- أسئلة إعداد القوائم أو الأسئلة المقالية ذات الإجابة المحددة، مثل:

س: العوامل المؤثرة في النمو هي :

١. ....

٢. ....

٣. ....

٤. ....

س: من أبرز مجالات القياس ما يلي:

١. ....

٢. ....

٣. ....

٤. ....

ب- أسئلة التعرف:

ويكون السؤال فيها على شكل قائمة من المؤلفات (مـثلاً)، ويطلب مـن الطالـب أن يكتـب اسـم مؤلف كل كتاب منها في المسافة المخصصة لذلك.

س: أكتب اسم مؤلف كل كتاب من الكتب التالية في المسافة المخصصة لذلك أمامه:

لرقم	إسم الكتاب	إسم المؤلف
	الأيام	
	كليلة ودمنه	
	الأغاني	
	الحيوان	
	أصل الأنواع	
	رسالة الغفران	

أسئلة التكميل

س: أكمل الفراغ بالإجابة الصحيحة:

١) تسمى بقايا الحيوانات وآثارها ....

٢) توجد الأحافير في ....

٣) إنقرضت الديناصورات بسبب ....

٤) يستخدم الطبيب .... في قياس درجة حرارة الطفل .

٥) لقياس سرعة الرياح نستخدم جهاز ....

٦) المواد التي لا تسمح للضوء بالمرور من خلالها تسمى............. .

٧) الهواء يمرر الضوء من خلاله، فالهواء مادة ....

٨) من العوامل المؤثرة في النمو: ١- .... ٢- ....

٩) نضع الزيت في محرك السيارة لتقليل قوة ....

١٠) العالم البريطاني الذي اكتشف قانون الجاذبية هو العالم ....

س: أكمل الجدول الآتي ذاكراً تحولاً واحداً لكل مصدر من مصادر الطاقة واستخداماً واحداً له:

242

الإستخدام	التحول	مصدر الطاقة
		الشمس
		الرياح
		الكهرباء
		المياه الساقطة من الشلالات
		بطارية السيارة
		الحطب

س: أكمل المخطط المفاهيمي التالي بالمعلومات العلمية الصحيحة المطلوبة:

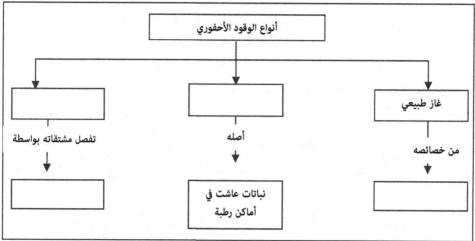

لديك الأشكال التالية من المصادر الطبيعية، صنّفها الى مصادر متجدّدة وغير متجددة؟

غير متجدد	متجدد	المصدر الطبيعي
		أشجار
		معادن
		نفط
		رياح
		مياه جوفية
		تُربة
		طاقة شمسية
		غاز طبيعي

س: أكمل الفراغ فيما يلي بما يناسبه علمياً:

1. **عندما يتحرك الجسم فيقطع مسافات متساوية خلال أزمنة متساوية، فإن ذلك يعني أنه يتحرك بسرعة ـــــــــــ .**
2. **المساحة المحصورة بين الخط البياني (السرعة - الزمن) ومحور الزمن تمثل ـــــــــ التي قطعها الجسم.**
3. **عندما نقول أن السرعة المتوسطة لجسم تبلغ (٧م/ث) فهذا يعني انه ـــــ .**
4. **للقوة أثار متعددة في الأجسام منها ـــــــ و ـــــــ .**
5. **عناصر القوة هي : ــــــ و ــــــ و ــــــ .**
6. **عند اتزان الرافعة بشكل أفقي فإن ـــــــــ يساوي ـــــــــ .**

س: هل فكرت في ما هي الظروف الموجودة في بيئة مثل سطح القمر وقارنتها بالظروف التي تعرفُها على الأرض؟ قمْ بنقل الجدول التالي على دفترك ثم اكمله بالمعلومات المطلوبة للتوصل الى مقارنة بين بيئة الأرض وسطح القمر في الفضاء.

وجه المقارنة	بيئة الأرض	بيئة القمر
وجود الأكسجين وإمكانية التنفس		
الضغط الجوي وأثره على الجسم		
درجة الحرارة وتبايُنها بين الليل والنهار		
وجود مواد مشعة		
قوة الجاذبية والسيطرة على الحركة		

جدول: مقارنة بين بيئة الأرض وبيئة القمر

٣- إختبارات المزاوجة (المقابلة):

يتكون هذا النوع من الإختبارات من قائمتين مـن الكلـمات أو العبـارات، تمـل أحـداهما المثـيرات (المقـدمات)، وتمثـل الثانيـة الإسـتجابات، بحيـث يراعـى أن يكـون عـدد الإسـتجابات أكـثر مـن المثـيرات (المقدمات)، بحيث يطلب من الطالب التوفيق بين ما جاء في القائمـة الأولى ومـا جـاء في القائمـة الثانيـة، وذلك إما عن طريق التوصيل بين كل واحد من القائمة الاولى وما يناسبها من القائمة الثانية، أو ترك القائمة الثانية بدون ترقيم ووضع رقم كل بند من القائمة الأولى لكل بند يلائمه في القائمة الثانية.

وتكثر أسئلة المطابق (المقابلة) في المدارس الإبتدائية، كما يمكن إسـتعمالها في المـدارس الإعداديـة (الأساسية العليا) أيضاً، وتستعمل هذه الأسئلة لقياس العلاقة بين الحقائق والأفكار والمبادئ.

امثلة على اختبارات المزاوجة (المقابلة):

س: صِل بقلم الرصاص بين كل دولة مـن الـدول الـواردة في العمـود الأول وعاصـمتها في العمـود الثاني:

الدولة	العاصمة
الأردن	بغداد
سوريا	بيروت
لبنان	الخرطوم
مصر	دمشق
السعودية	عمّان
العراق	القاهرة
اليمن	الرياض
قطر	الرباط
	صنعاء
	الدوحة

س: أكتب بين القوسين في المجموعة الأولى رقم الكلمة المناسبة من المجموعة الثانية:

المجموعة الأولى	المجموعة الثانية
- عملية تحول المادة من الحالة الصلبة الى الحالة السائلة تسمى ( )	١. التكثيف
- عملية تحول المادة من الحالة السائلة الى الحالة الصلبة تسمى ( )	٢. التبخر
- عملية تحول المادة من الحالة السائلة الى الغازية تسمى ( )	٣. الإنصهار
	٤. التجمد
	٥. التسامي

أسئلة المزاوجة/ المقابلة

س: صل بين العنصر ورمزه في الجدول التالي:

العنصر	الرمز
كربون	N
نيتروجين	S
كلور	H
كبريت	CL
أوكسجين	C
هيدروجين	O^2

س: أدرس الجدول التالي، ثم وفق بين مكونات العمود الأول مع ما يناسبه من تحولات الطاقة في العمود الثاني

العمود الأول		العمود الثاني
-	النبات	طاقة كهربائية ← طاقة حرارية
-	الغسَّالة	طاقة كهربائية ← طاقة ضوئية
-	المصباح الكهربائي	طاقة كهربائية ← طاقة حركية
-	البطارية الجافة	طاقة ضوئية ← طاقة كيميائية
-	السخان الكهربائي	طاقة كيميائية ← طاقة كهربائية

س: أصل بين أداة القياس والوحدة التي تستخدم عند القياس:

كيلو غرام

غرام

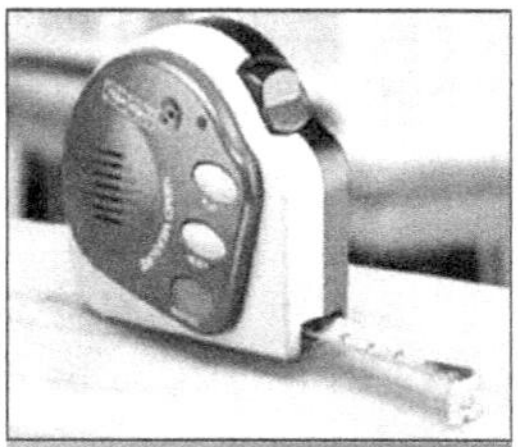

لتر

كوب

سنتميتر

٤- أسئلة الإختيار من متعدد:

يعتبر هذا النوع من الأسئلة من أكثر أنواع الأسئلة الموضوعية أهمية وجودة واستعمالاً، لأنها تقيس أهدافاً عقلية عليا، كما أنها تقيس جوانب متعددة لا يتسنى للاختبارات الموضوعية الأخرى قياسها.

ويتألف كل سؤال من أسئلته من جزئين:

الجزء الأول: يتكون من سؤال كامل او عبارة ناقصة، ويسمى (نص السؤال) او (المتن).

الجزء الثاني: وهو الإجابة ويسمى البدائل أو (المموهات)، وهي أجوبة محتملة للسؤال تتراوح في العادة بين أربع أو خمس إجابات وتكون إحدى المموهات (البدائل) صحيحة والباقي خطأ، والعكس صحيح، ويطلب من الطالب اختيار الجواب الصحيح من بين هذه البدائل.

أمثلة على أسئلة الإختيار من متعدد:

س: ضع دائرة حول رمز الجواب الصحيح فيما يلي:

يُعد البترول أحد الصادرات الرئيسية لِـ:

أ.	الأردن
(ب.)	السعودية
ت.	المغرب
ث.	الصومال

س: أي من الجمل التالية تشتمل على تمييز نسبة؟:

(أ.)	طالب المكان هواءً.
ب.	عندي مترٌ جوخاً.
ت.	بعت صاعاً قمعاً.
ث.	خذ رطلاً زيتاً.

أسئلة الاختيار من متعدد:

س: ضع دائرة حول رمز الإجابة الصحيحة في كل مما يأتي:

١- تسمى قوة جذب الأرض للجسم:

أ) الكتلة　　ب) الحجم　　ج) الوزن　　د) الكثافة

٢- مقدار ما يحتويه الجسم من مادة هو:

أ) الكتلة　　ب) الوزن　　ج) الكثافة　　د) الحجم

٣- كتلة المادة الموجودة في حجم معين هي:

أ) الكتلة　　ب) الحجم　　ج) الوزن　　د) الكثافة

٤- المادة الأساسية التي يتكون منها الغاز الطبيعي:

أ) الإيثان　　ب) البروبان　　ج) الميثان

٥- أحد الآتية من مصار الطاقة البديلة:

أ) الرياح　　ب) البنزين　　ج)الانثرامايت

٦- أنجبت عائلة (٤) بنات، ما احتمال أن يكون الطفل الخامس ذكراً؟

أ) ⅕　　ب) ¼　　ج) ½　　د) ١

٧- أي الحالات الوراثية الآتية ينتج مرض (بلغر) في الأرانب؟

أ) الجينات المتعدد　　ب) السيادة المشتركة

ج) ارتباط الجينات　　د) الجينات المميتة

٨- ماذا يسمى الجزء الليفي العضلي بين خطي (Z)؟

أ) جسر عرضي
ب) قطعة عضلية
ج) خيوط اكتين
د) منطقة (H)

٩- أين توجد مستقبلات الصوت في الأذن؟

أ) القناة الطبلية
ب) القناة القوقعية
ج) القناة الدهليزية
د) الدهليز

١٠- أي فصائل الدم الآتية معط عام؟

أ) O^+
ب) AB^+
ج) O
د) AB

١١- أي الخلايا الليمفية الآتية يهاجم فيروس الأيدز في جسم المصاب؟

أ) T القاتلة
ب) T المساعدة
ج) b البلازمية
د) B الذاكرة

١٢- أي أجهزة الجنين ضروري لاستمرار حياته داخل الرحم؟

أ) الهضمي
ب) المناعة
ج) التنفسي
د) الدوران

ضع دائرة حول رمز الكلمة الصحيحة :

١- حيوان يعيش في المحيط:

أ) غزال   ب) حوت   ج)فراشة   د) فيل

٢- حيوان يأكل أوراق النبات:

أ) جرادة   ب) قط   ج) نمر   د) كلب

٣- حيوان صغير لا يشبه والديه:

أ) فيل   ب) عجل   ج)أرنب   د) أبو ذنيبة

٤- حيوان له ست أرجل:

أ) ضفدع   ب) أفعى   ج) نملة   د) عصفور

٥- حيوان يتكاثر بالولادة:

أ) فأر   ب) فراشة   ج) سلحفاة   د) سحلية

اختبارات الترتيب

يتألف هذا الإختبار من عدد من الكلمات أو العبارات أو الأحداث أو الأعداد غير المرتبة، ويطلب من الطالب أن يقوم بترتيبها وفقاً للحجم أو التتابع، أو الأهمية أو أي أساس آخر، بحيث يتحدد أساس الترتيب عادة في صدر السؤال، مثل:

س: رتب الأرقام التالية ترتيباً تصاعدياً:

٦٥ ، ٢٧ ، ٣٩ ، ١٢ ، ٧ ، ٥٤ ، ١٦ .

س: رتب وحدات الزمن التالية ترتيباً تنازلياً:

يوم ، شهر ، ثانية ، ساعة ، دقيقة ، أسبوع .

س: رتب الحيوانات التالية ترتيباً تصاعدياً وفقاً للحجم:

حصان ، فيل ، غزال ، أرنب ، فأر.

ويستخدم هذا النوع من الأسئلة في قياس قدرة الطالب على التفكير وربط المعلومات، ويكثر استعمال هذا النوع من الأسئلة في اللغات والمواد الإجتماعية والحساب والعلوم.

س: رتب الأعداد التالية تصاعدياً:

٤١٢ ، ٤٢٩ ، ٤١٣ ، ٤٩٠ .

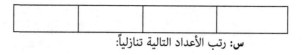

س: رتب الأعداد التالية تنازلياً:

٦٥٢ ، ٦٣٥ ، ٦٧٩ ، ٦٧٠ .

أسئلة الترتيب:

س: أعد ترتيب الكلمات في الجمل التالية لتحصل على جملة صحيحة:

أ- المركب ، عنصرين ، من ، أو ، يتألف ، أكثر ، اتحاد.

ب- الطعام ، مِنْ ، ملح ، الأمثلة ، المركبات ، على .

ت- أوكسجين ، يتحلل ، هيدروجين ، و ، الماء ، الى .

س: صِفْ الحِقَبْ الجيولوجية التي تخترقها بئر محفورة في منطقة الديسي.

س: لو سلكت الطريق الذي يربط العقبة بمدينة عمّان مروراً بمدينة مَعان، فما الصخور التي ستمر بها.

الأختبارات التي تعتمد على الصور والرسومات والمخططات:

وهذا النوع من الإختبارات الموضوعية يطلب فيه من الطالب أن يرسم بعض الأشكال التوضيحية أو الخرائط أو الرسومات البيانية، أو يطلب منه تكملة أجزاء من الرسم، أو التعرف على بعض الرسوم أو أجزاؤها، أو الإجابة عن أسئلة تعتمد على هذه الرسوم.

س: أدرس الشكل والذي يمثل شبكة غذائية ثم أجب عن الأسئلة التالية:

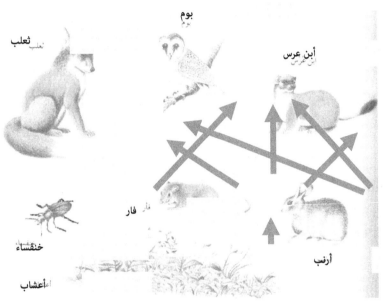

أ- ماذا يمثل الشكل أعلاه؟

ب- إستخرج من الشكل سلسلة غذائية تتألف من ثلاث مستويات وحدد مستوى كل منها.

ت- ما أهمية الأعشاب في هذا الشكل؟

ث- على ماذا يدل اتجاه الاسهم في الشكل؟

ج- أعط مثالاً على: آكل أعشاب، وآكل لحوم.

ح- إذا علمت أن الكائنات التي تعتمد على أكثر من مصدر لغذائها لا تتأثر بالقضاء على أحد هذه المصادر، فاذكر مثالاً على ذلك، وفسر سبب عدم وجود سلاسل غذائية منفردة.

خ- قام مزارع باستخدام مواد كيميائية للقضاء على فئران الحقل، وضح ماذا يحدث لأعداد كل من: الثعلب، الأرانب، الأعشاب.

الشكل البياني التالي يمثل تغير سرعة جسم بمرور الزمن، لاحظ العلاقة البيانية في الشكل وأجب عن الأسئلة الآتية:

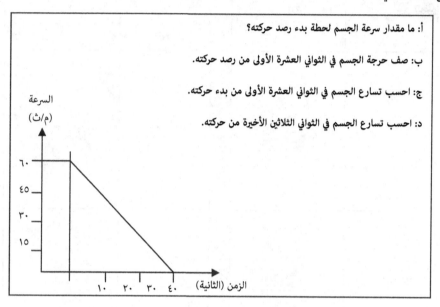

أ: ما مقدار سرعة الجسم لحظة بدء رصد حركته؟

ب: صف حرجة الجسم في الثواني العشرة الأولى من رصد حركته.

ج: احسب تسارع الجسم في الثواني العشرة الأولى من بدء حركته.

د: احسب تسارع الجسم في الثواني الثلاثين الأخيرة من حركته.

س: أكتب اسم الحيوان أمام كل صورة من الصور التالية:

صورة الحيوان	اسم الحيوان	صورة الحيوان	اسم الحيوان
	....		....
	....		....
	....		....
	....		....
	....		....

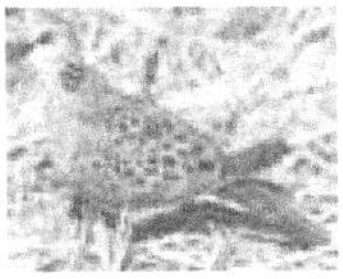

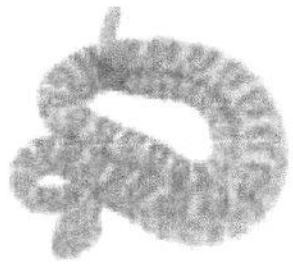

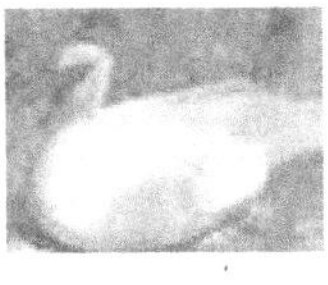

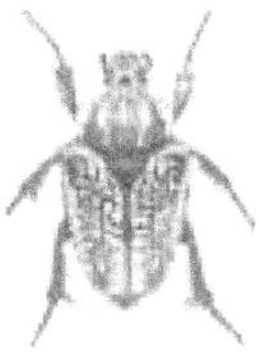

س: أنظر الى الشكل التالي وأجب عما يليه:

١٠-   ألون الأحافير باللون الأحمر.

١١-   ألون الكائنات الحية باللون الأخضر.

١٢-   كم عدد الأحافير في هذا الشكل.

س١: يمثل الشكل الآتي أجزاء الزهرة في نبات زهري، المطلوب الإجابة عن الأسئلة الآتية:

أ- أكتب أسماء الأجزاء المرقمة من (١) الى (٩).

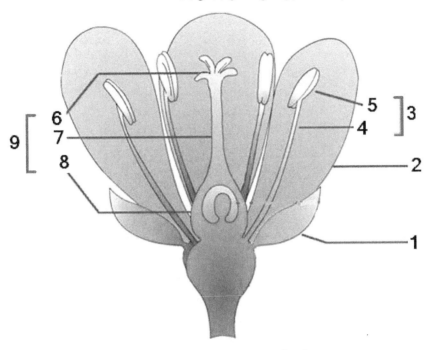

ب- حدّد الأرقام التـي تـدل عـلى مواقـع حـدوث العمليـات الآتيـة: تكـوين البويضات، وتكوين حبوب اللقاح، والتلقيح، والإخصاب.

س٢: وضّح عملية تكوين حبوب اللقاح في متك زهرة نبات زهري.

س: يمثل الشكل أدناه (الأذن في الأنسان) المطلوب كتابة أسماء الأجزاء المرقمة من رقم (١) الى رقم (١٠).

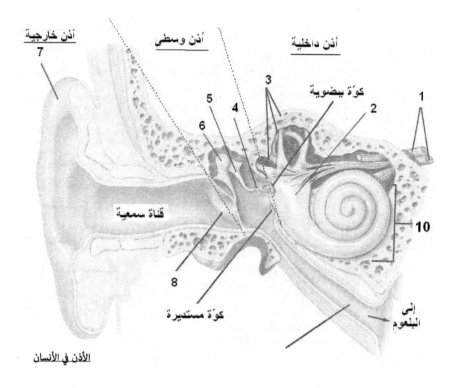

الأذن في الأنسان

س: يمثل الشكل أدناه مقطع طولي في عين الإنسان، المطلوب: كتابة أسماء الأجزاء من رقم (١) الى رقم (٨).

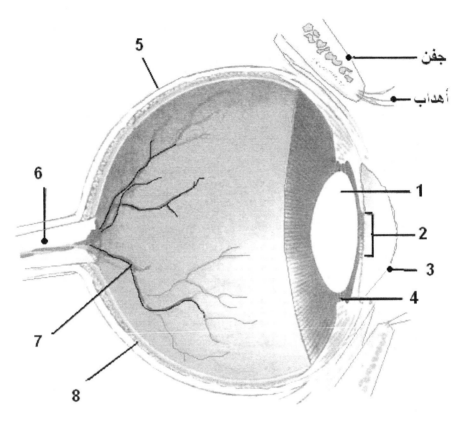

الشكل: مقطع طولي في عين الإنسان يظهر أنها مكّونة من طبقات ثلاث، وهي: الصبلة، والمشيمية، والشّبكية

س: يمثل الشكل التالي تجارب على استجابة ساق النبات للضوء، المطلوب: تفسير التغّيرات في نمـوّ الساق في كل من الحالات الثلاث.

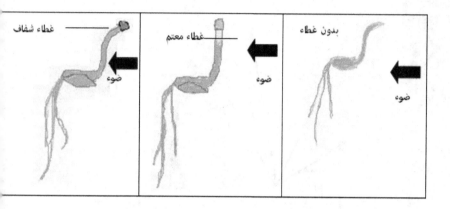

<u>تجارب على استجابة ساق النبات للضوء</u>

س: ادرس الشكل التالي واكتبْ أهم استخدامات النفط الأخرى.

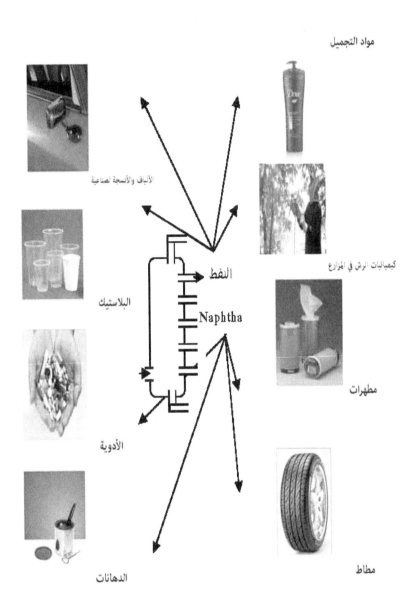

مواد التجميل

الألياف والأنسجة الصناعية

النفط

Naphtha

كيميائيات الرش في المزارع

البلاستيك

مطهرات

الأدوية

مطاط

الدهانات

من أشهر استخدامات النفط

الأسئلة ذات الإجابة القصيرة (إستفهامي)

أمثلة:

س: ما نوع الشحنة التي يحملها الالكترون؟ (   )

س: ما مجموع: ٣٢+٦٥ = ______

س: ما نتيجة جمع ما يلي:

١٦+٣٢= [   ]

٥٤+٢٦= [   ]

٤٥٣+١٣٢= [   ]

س: ما مربع العدد ٩ = [   ]

س: ما العدد الذي مربعة ٤٩ = [   ]

س: جد حجم الكرة التي طول قطرها ٦سم = [   ]

س: جد محيط مستطيل طوله ٨سم وعرضه ٥سم = [   ]

أسئلة ذات الإجابة القصيرة/استفهامي

س: أجب عن الأسئلة التالية:

١. كيف يتكاثر العصفور؟ ______ .
٢. ماذا تسمى مراحل نمو الطائر؟ ______ .
٣. كيف يتكاثر الأرنب؟ ______ .
٤. كيف تتكاثر الزواحف؟ ______ .
٥. ما اسم العملية التي يدخل بها الأوكسجين الى اجسام الكائنات الحية؟ ______ .
٦. ما هي نسبة غاز النيتروجين الفي الهواء الجوي؟ ______ .
٧. ما اسم عملية اتحاد الجاميت الذكري مع الجاميت الأنثوي؟ ______ .

٨.ما اسم الخلية الناتجة عن اتحاد الجاميت الذكري مع الجاميت الأنثوي؟ ـــــــــ .

٩.ما اسم الغلاف الثاني للأرض، الذي يوجد أسفل الغلاف الصخري؟ ـــــــــ .

١٠.   ما نوع الصخور في قاع المحيط؟ ـــــــــ .

رابعاً: الإختبارات الأدائية:

وهي نوع من الإختبارات ذو طابع عملي يهتم بمتطلبات المهارة، أي يهدف الى قياس قدرة الطالب على أداء عمل معين وما فيه من فعل وانتاج، مثل الكتابة على الآلة الكاتبة أو الحاسوب، أو العزف على آلة موسيقية، أو تشغيل جهاز، أو القيام بتجربة عملية، او ترجمة نص الى لغة أخرى أو قياس ضغط شخص ما، .... وغر ذلك، أي أن هذا النوع من الإختبارات يستخدم لقياس مدى تحقق الأهداف المجال النفسحركي، أي الأهداف التي تتعلق بالمهارات الآتية واليدوية، كالطباعة والكتابة، والخياطة والعزف والرسم وأشغال المختبر، وأشغال التربية المهنية وأشغال التدبير المنزلي... ونحو ذلك من أنواع الأداء التي تتطلب التناسق الحركي النفسي والعصبي.

تصنيف الأسئلة

تصنيف ساندرس المعتمد على آراء العالم بلوم:

١.أسئلة التذكر: أي تَعَرف المعلومات.

٢.الترجمة: تغيير المعلومات الى شكل آخر أو لغة أخرى.

٣.التفسير: لاكتشاف العلاقة بين الحقائق والتعميمات والقيم والمهارات.

٤.التطبيق: لاستخدام ما تعلمه الطالب لحل مشكلات مشابهة.

٥.التحليل: قدرة الطالب على حل مشكلة في ضوء معرفة واعية باقسام التفكير.

٦.التركيب: يحل الطالب مشكلة تتطلب تفكيراً أصيلاً.

٧.التقويم: يصدر الطالب حمكاً عن الحسن والسوء، أو الصواب والخطأ، وذلك وفق معايير محددة.

ملاحظات هامة لضبط إجراء الإختبارات:

١)   ينبغي أن يوجه المعلم طلابه الى موعد الاختبار قبـل ذلـك ببضـعة أيـام، موضحاً الغـرض مـن الأختبار، وما سوف يتناوله من موضوعات دراسية، والزمن المحدد للإختبار.

٢)   أن يوضح المعلم أهداف الإمتحان، بحيث تكون إراشادته واضحة حول كيفية تسـجيل الإجابة والعلامات الجزئية والكلي لكل سؤال.

٣)   أن يضع المعلم قبل إجراء الاختبار نموذجاً واضحاً ومحدداً للاجابات النموذجية وفيه العلامـات الجزئية والكلية.

٤)   أن تكون القاعة أو الغرفة المراد إجراء الاختبار فيها، هادئة جيدة الإضاءة والتهوية بعيـداً عـن الضجيج، ووجود فراغات وأبعاد مناسبة بين مقاعد الطلاب.

٥)   التعامل مع الطلاب بأسلوب إنساني حضاري، بعيداً عن الترهيب أو الإستفزاز، وتهيئة الظروف النفسية المناسبة للطلاب.

وفي ختام الدراسة لا يسعني إلا أن أوجه الـدعوة الى الـزملاء المعلمين والمعلمات، أن ينظروا الى الاختبارات التحصيلية التي ينظموها لطابهم على انها أداة ممتازة للتشخيص والعلاج، هـذا إذا مـا حـرص كل منهم على مراعاة شروط ومبادئ الاختبار الجيد إعـداداً وصـياغة وإدارة وتصـحيحاً وتحلـيلاً، واذا مـا حرص على ان يؤدي كل أختبار تحصيلي الى خطة علاجية يبنيها على نتائج تحليليه الـواعي لأداء الطـلاب وأخطائهم والعوامل والأسباب المرتبطة بها.

الفصل العاشر

التخطيط اليومي للتعلم الصفي

النتاجات التعليمية العلمية المتوقعة
مكونات المخطط اليومي للتعلم الصفي
نماذج لخطة دراسية

التخطيط اليومي للتعلم الصفي

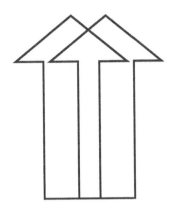

التخطيط اليومي للتعلم الصفي

تعتبر مهمة التخطيط اليومي للتعلم بالنسبة للمعلمين خارطة تهدي مسيرتهم، وتحدد وجهـتهم، وتزيد ثقتهم في إجراءاتهم وتساعدهم في الوصول الى أهدافهم بثقة وأمان واقتدار.

واذا افترضنا أن "التعلم والتعليم" عملية، فإن ذلك يستدعي وضعها على شكل خطـوات منظمـة، متتابعة متسلسلة، وهذه العملية تتطلب إعداداً وتدريباً لكي يصبح المعلم قادراً على السير فيها بنجاح.

لذلك أصبح من خصائص المعلم الكفي أن يكـون قـادراً عـلى التخطيط لدرسه تخطيطـاً مـنظماً ودقيقاً، ولديه القدرة على تتبع السير في تنفيذ النتـاج التعليمـي وفق اجـراءات وأسـاليب واسـتراتيجيات وزمن محدد.

وفي هذه الدراسة سيتم التركيز على الجوانب التي ينبغي أن يتضـمنها المخطط اليـومي للـتعلم دون أن نضعها في قوالب محددة، كما سيتم إبراز دور الطالب في هـذا المخطط والجوانـب الأخـرى التـي يضعها المعلم لتوضيح هذا الدور والتركيز عليه.

النتاجات التعليمية العلمية المتوقعة

يتوقع ان تساعد هذه الدراسة، على تنفيذ ما تضمنته من أنشطة أو وفق مجموعات أو مشـاغل تربوية على تحقيق النتاجات التعلمية والتعليمية التالية:

أ-   تحديد النتاجات التعليمية على صورة أهداف سلوكية قابلة للملاحظة والقياس.

ب-   تحديد الاستعداد المفاهيمي (التعليم القبلي) الضـروري للـتعلم الحـالي وللنتاجات التعلميـة والتعليمية الموصودة.

ت-   اختبار الأساليب والوسائل والإجراءات المناسبة والمواد والمصادر الضرورية للتعلم.

ث-   تحديد النشاط التعليمي المناسب والأسلوب والطريقة المناسبة لتعليم الطلبة.

ج-   تحليل المحتوى التعليمي التعلمي الذي تضمنه المنهاج المدرسي.

ح- معرفة أساليب التقويم المناسبة لكل نتاج، والزمن الذي يستغرقه كل نتاج تعليمي تعلمي.

خ- تسجيل المعلومات المترتبة على (التغذية الراجعة) التي تتجمع لدى المعلم في نهاية كل عملية تقويم للنتاجات التعليمية.

مكونات المخطط اليومي للتعلم الصفي

يتضمن التخطيط اليومي العناصر التالية:

١- الأهداف السلوكية (النتاجات التعلمية): معرفة، نفسحركية، وجدانية.

٢- الإستعداد المفاهيمي (التعليم القبلي) والمحتوى: معارف، مهارات، اتجاهات.

٣- الأساليب والطرائق والأنشطة والإجراءات.

٤- التقويم: المبدئي (القبلي)، التكويني، الختامي.

الأهداف السلوكية (النتاج التعليمي)

الهدف السلوكي: هو من نوع الصياغة اللغوية، والتي تصف سلوكاً معيناً يمكن ملاحظته وقياسه، ويتوقع من المتعلم أن يكون قادراً على أدائه في نهاية النشاط التعليمي التعلمي المحدد.

أمثلة للأهداف السلوكية (النتاجات التعليمية):

أ- أن يغسل الطالب يديه بعد كل وجبه / قيم واتجاهات (وجداني)

ب- أن يعرب الطالب جملة فعلية إعراباً صحيحاً / معرفي

ت- أن يعدد الطالب خمسة أسماء لحيوانات أليفة / معرفي

ث- أن يصغي أحمد لكلام صديقه / قيم واتجاهات (وجداني)

ج- أن يقفز خالد عن حاجز يرتفع ٨٠سم / نفسحركي

ح- أن يصنف أحمد الجيران من حيث القرابة / معرفي

خ- أن يعطي سامي أمثلة على حقوق الجوار / قيم واتجاهات (وجداني)

يلاحظ على النتاجات التعليمية السابقة أنها تصف المجالات التالية:

- مجال النتاجات المعرفية.
- مجال النتاجات النفسحركية (المهارات).
- مجال النتاجات الوجدانية (قيم واتجاهات).

الإستعداد المفاهيمي (التعلم القبلي)

ويقصد بـه مجموعـة المفـاهيم الضـرورية السـابقة لنجـاح الـتعلم الحـالي، وتسـمى بالمتطلبـات السابقة للتعلم.

مثال: أن يجمع الطالب ضمن العدد (٥).

الإستعداد المفاهيمي:

- مفهوم العدد، العدد الفردي، العدد الزوجي.

- العدد صفر، العدد التالي، العدد السابق، العدد الأكبر.

- العدد الأصغر، الترتيب التصاعدي، الترتيب التنازلي.

- مفهوم الجمع، إشارة الجمع.

تحديد الإستعداد المفاهيمي:

حتى ينجح المعلم في امتلاك القدرة على تحديد (التعلم القبلي) يجب أن يتحقق لديه الكفايات التالية:

- معرفة دقيقة لبيئة المنهاج العامة.

- معرفة دقيقة لبيئة الدروس مستقلة ومجتمعة.

- معرفة الإستعداد النمائي للطلبة.

- معرفة البيئة المنطقية للموضوع.

- القدرة على المواءمة بين البيئة المنطقية للموضوع وبيئة الطالب المنطقية.

إن امتلاك المعلم للكفايات السالفة الذكر يساعد المعلم على تحديد نقطة البدأ في التعلم الصفي وعل تقسيم مستويات الطلبة المعرفية، وعلى تحديد الزمن اللازم لمراجعة المتطلبات السابقة ومعالجتها.

الأساليب والإجراءات والطرائق

ويشمل هذا الجانب مجموعة من الاعمال والأجراءات والأنشطة التي يقوم بها كل من المعلم والطالب لتحقيق النتاجات التعليمية والتعلمية الموضوعة وهي تقسم الى قسمين:

أولا: دور المعلم/ ويتم فيه تحديد دور المعلم تحديداً دقيقاً وذلك باختبار الاستراتيجية التعليمية المناسبة لتحقيق الهدف.

وأن يكون المعلم ملماً بأنواع المعارف التي يريد توظيفها، وأن يكون قادراً على تحليل المحتوى التعليمي.

ثانيا: دور المتعلم (الطالب)/ وتشمل استخدام مساعدات التذكر والتي تساعده في تمثل الخبرة والتعامل معها والنشاط الذي يمارسه الطالب، ومدى ملائمة الخبرات التعليمية لاستعداداته وميوله، ومدى توفر الظروف المحيطة التي يمكن أن تساعده على النجاح في ممارسة نشاطه بثقة وأمن.

الاستراتيجية التعلمية والتعليمية

ويقصد بها جملة الأساليب والطرائق المستخدمة في مواقف التعلم والتعليم وفيما يلي أهم هذه الإستراتيجيات:

١- إستراتيجية التفاعل الصفي.
٢- استراتيجية الاكتشاف والخبرة العملية.
٣- استراتيجية العرض.

استراتيجية التفاعل الصفي

مثل أسلوب طرح الأسئلة واستقبال الإجابات – أسلوب الحوار- أسلوب الإستنتاج- أسلوب توليد الأفكار.

إن إستخدام هذا الأسلوب يؤدي الى زيادة حيوية ونشاط الطالب وتفاعله مع البيئة الصفية بشكل إيجابي وفعال.

إستراتيجية الاكتشاف والخبرة العملية

تتركز النشاطات في هذا الأسلوب على نشاط الطالب بصورة رئيسة، فهو الذي: ينظم ويرتب ويعد ويحدد ما يريد الوصول اليه، بينما تكون مهمة المعلم في تنظيم الموقف والأدوات والمواد للطلبة كأفراد أو مجموعات بحيث يجد كل طالب أو مجموعة ما يناسبه من نشاط أو خبرة لكي يتفاعل معه، لذلك يكون الطالب قد اندفع ذاتياً ويؤدي ذلك الى زيادة نشاطه وحماسه، وتحسن نظرته ومفهومه لذاته وتزداد ثقته بنفسه.

استراتيجية العرض

وتشمل على أساليب عديدة منها: المحاضرة، الشرح، العروض التوضيحية (الحية والمتلفزة) وعرض الأفلام والصور والأشكال... الخ فيتركز النشاط في هذه الإستراتيجية على ما يقوم به المعلم باعتباره منظماً للخبرات التعليمية التعلمية.

المحتوى

يتحدد المحتوى التعليمي التعلمي بالنتاج الذي يراد تحقيقه، ويتضمن المحتوى عدداً من المعارف تقسم الى ثلاثة أنواع:

١.معارف افتراضية

٢.معارف إجرائية

٣.معارف شرطية

المعرفة الافتراضية التقريرية

مثل/ المفاهيم، المصطلحات، المبادئ، التعليمات، النظريات، الحقائق، التصنيفات، الأبنية المعرفية، الاتجاهات، الميول، المعايير.

ويمكن ان تتحقق هذه الخبرات لدى الطلبة عن طريق إتاحة الفرصة أمامهم للتفاعل مع خبرات ومواد ونشاطات تساعدهم في الإجابة عن الأسئلة التالية: من؟ ماذا؟ لماذا؟ إذا...... فان؟ وتعتبر هذه الخبرات ضرورية للسير والتقدم في الخبرات وخاصة الجديدة، منها:

المعرفة الإجرائية:

وهي المعرفة التي تتعلق بالإجابة عن السؤال الذي يبدأ بـ (كيف؟) والإجابة عـن هـذا السـؤال تتعلق بكيفية الأداءات والأعمال المتنوعة المختلفة التي ينبغي القيام بها من أجل إنجاز مهـمات تعليميـة محددة، أو نتاجات تعلمة أدائية.

ويتضمن هذا النموذج ثلاث من اجل أساسية مفصلة هي:

أ: إستيعاب المفهوم

❖ التعداد والذكر (وترتبط بحصيلة الحواس الخمس كنوافذ للمعرفة).

❖ التصنيف في مجموعات (تحديد وتجريد).

❖ التبويب والمعرفة (تنظيم البيانات وتقييمها وإصدار إسم لها).

ب: تفسير المعلومات

❖ تحديد العلاقات الرئيسية/ (نقاط تشابه، الأختلاف بين المفهوم وغيره...).

❖ إكتشاف العلاقات/ (شرح المفهوم وتوضيحه وعلاقات السبب بالنتيجة).

❖ الوصول الى استدلالات (استنتاج معاني، تطوير مبدأ، أو تعميم).

ج: تطبيق المبادئ

❖ التنبؤ بالنتائج ووضع الفرضيات (شرح الظواهر غير المألوفة).

❖ شرح التنبؤات ودعم الفرضيات (تبرير التنبؤات وشرحها).

❖ التحقق من صحة التنبؤات والفرضيات (التجريب للوصول الى تعميم عام).

المعرفة الشرطية:

وهذه المعرفة ترتبط بتحديد الشروط والظروف التي يمكن أن يحدث التعلم ضمنها، ما تتضمن المعرفة المساهمة في اتخاذ قرار بشأن توظيف ما أو معالجة خبرة أو وجود شروط محددة أو إستخدام مهارة.

النشاط التعليمي التعلمي

من الأنشطة التي يمكن أن يكلف بها المعلم الطلبة لزيادة تفاعلهم ومعالجة خبراتهم التي تم تنظيمها لهم مثل:

- ○ القراءة
- ○ تنظيم الخبرة وموقف التعلم
- ○ الإجابة على الاسئلة أو تعليمات
- ○ التدريب على مهارة
- ○ إستخدام عمليات ذهنية متدرجة من السهلة الى الأكثر صعوبة.
- ○ اكتشاف شئ جديد بالنسبة الى الطالب.
- ○ قراءة خارطة وتفسير ظواهر.
- ○ مشاهدة أفلام علمية أو رسالة أو موضوع أدبي.....الخ.
- ○ كتابة تقرير، او رسالة أو موضوع علمي او ادبي...... الخ.
- ○ تمثيل ومحاكاة.
- ○ فك جهاز أو تركيبة.
- ○ عمل في مجموعة.

ودور المعلم في هذا المجال يكون في: المنظم والمعد والمهيئ للخبرات التي تساعد الطلبة على المرور بها، وتوفر مستلزماتها ومن شروطها: التخطيط المسبق وضبط المتعلم، وضمان تحقق نتاجات التعلم المحددة، وتحديد مستلزمات كل نشاط وتحديد أدوار الطلبة والزمن المطلوب والنتاج التعليمي الذي يراد تحقيقة.

المواد والمصادر

على المعلم أن ينظم احتياجاته من المواد والمصادر وأن يستخدمها استخداماً وظيفياً لخبرات واهتمامات ودوافع الطلاب.... .

وحتى يكون المعلم معاصر ومحدثاً ورائداً لا بد له من الالمام بوسائل التقنية الحديثة وتوظيفها واستخدامها بشكل مناسب في الموقف الصفي.

ومن المواد والمصادر الضرورية للتعلم الصفي ما يلي:

- برمجيات، كتب، برامج، برامج حاسوب، نشرات، برامج صوتية، بحوث، ومجلات وصحف ورسوم بيانية وألعاب... .

- أجهزة ووسائل تعلمية وتعليمية/ فيديو، حاسوب، راديو، تلفاز، هاتف، مجهر، ساعات، مجسمات، خرائط.

الزمن

إن تحديد الزمن لكل هدف من الأمور التي تجعل التدريس عملية، ونظاماً ومخططاً يسير وفق أصول محددة، وتحتاج الى اعداد وتأهيل تدريب.

إن تحديد الزمن لكل نتاج تعليمي يظهر ان عملية التعلم الصفي عملية مخططة تسير وفق خطوات منظمة، وتحتاج الى اعداد وترتيب وتخطيط وتسير وفق نظام دقيق.

التقويم

يعرف التقويم التربوي: قياس تحقيق الأهداف التعليمية المخطط لها مسبقا.

والهدف الأساسي للتقويم/ هو تحسين العمل التربوي بقصد الحصول على نتاج أفضل، وأكثر تحقيقاً للأهداف التربوية.

أساليب التقويم

١. التقويم المبدئي (القبلي)/ والهدف من هذا الأسلوب هو تقدير الحاجات وتشخيص استعداد الطلبة للتعلم.

٢. التقويم التكويني/ وهو نشاط يجري في أثناء عملية التعلم والتعليم، ويتم خلال سير الحصة الدرسية من خلال أساليب مختلفة منها طرح الاسئلة أو المناقشة للتأكد من مدى استيعاب الطلبة لما تم عرضه قبل الانتقال الى هدف آخر، وقد يكون التقويم على شكل اختبارات قصيرة أو تمارين أو تدريبات... الخ.

٣. التقويم الختامي/ ويتضمن هذا الأسلوب نشاطاً تقويمياً ياتي في ختام مقرر دراسي أو وحدة كبيرة من المقرر، ويهدف منه تحديد المستوى النهائي للطلبة بعد الانتهاء من المقرر الدراسي (وحدة دراسية أو فصل دراسي مثلاً).

أدوات التقويم

أ. الاختبارات الموضوعية مثل:

- الاختيار من متعدد.

- الصواب والخطأ.

- المقابلة والمطابقة.

- التكميل.

ب. الأختبارات المقالية ومفتوحة النهاية:

وهي الاختبارات التي يطلب فيها الطالب ان ينظم خبراته ومعارفه التراكمية للإجابة عن سؤال مقالي غير محدد الإجابة، ويتم تصحيحه بطرق متعددة قد يكون بعضها غير دقيق، وقد يتأثر فيها المعلم بخطأ الهالة أو المعرفة الشخصية عن الطالب، أو حالة المعلم المزاجية... .

ج. الاختبارات الأدائية:

وفيها يتم قياس نتاجات تعليمية مهارية، ويستخدم هذا النوع من الاختبارات في تعلم مواد خاصة مثل/ التربية الرياضية والفن والمهارات المهنية وإجراء التجارب في المختبر.... الخ.

نماذج لخطة دراسية

فيما يلي نماذج لخطط دراسية :

خطة الدرس

الصف/المستوى: .... المبحث: .... عنوان الوحدة: .... عنوان الدرس: .... عدد الحصص: .... التاريخ من: .... الى..........

التعليم القبلي: ....

التعليم الرأسي: .... التعليم الأفقي: ....

الرقم	النتاجات الخاصة	المواد والأدوات والتجهيزات (مصادر التعليم)	إستراتيجيات التدريس	التقويم		التنفيذ	
				الاستراتيجية	الأداة	الإجراءات	الزمن

التأمل الذاتي:

أشعر بالرضا عن:..

تحديات واجهتني:..

اقتراحات للتحسين:..

(جدول المتابعة اليومي)

اليوم والتاريخ	الشعبة	الحصة	النتاجات المتحققة	الواجب البيتي

* **ملاحظة: احتفظ بملف (حقيبة) للأنشطة جميعها وأوراق العمل وأدوات التقويم التي استخدمتها في تنفيذ الدرس.**

إعداد المعلمين / المعلمات: ١-　　　٢-　　　٣-

مدير المدرسة/ الأسم والتوقيع:.................. التاريخ............................

المشرف التربوي/الأسم والتوقيع: .... التاريخ............................

مدارس: ــــــــــــــــــــ .

التاريخ:................................ المبحث:................................ المديرية:..

موضوع الدرس:....................................

الصف...

الأهداف السلوكية " معرفية ، نفسحركية ، وجدانية"	إستراتيجيات التعليم والتعلم "الطرائق والأساليب والأنشطة"	الزمن	أدوات التقويم وأساليبة	ملاحظات
ملاحظات:				

المصادر والمراجع

المراجع العربية

- د.عبد الله محمد خطابيه، تعليم العلوم للجميع، الطبعة الأولى سنة ٢٠٠٥م، دار المسيرة للنشر- عمان -الأردن.

- د.رشدي لبيب، معلم العلوم، الطبعة الأولى سنة ١٩٨٥، الناشر مكتبة الأنجلو مصرية-القاهرة.

- د. عايش زيتون، أساليب تدريس العلوم، الطبعة الاولى سنة ١٩٩٤م دار الشروق للنشر والتوزيع - عمان – الاردن.

- د. محمد عبدالكريم ابوسل، مناهج العلوم وأساليب تدريسها، الطبعة الأولى، سنة ٢٠٠٢ ، دار الفرقان للنشر والتوزيع - عمان – الاردن.

- د. الدمرداش عبدالمجيد سرحان، تدريس العلوم في المدارس الإبتدائية، مكتبة مصر- القاهرة.

- د. سلمى زكي الناشف، طرق تدريس العلوم، سنة ٢٠٠٤م ، دار البشير للنشر والتوزيع – عمان – الأردن.

- د. عبدالرحمن خالد القيسي، مرجع اليونسكو في تدريس العلوم، سنة ١٩٥٩م ، مطبعة الزهراء- بغداد – شارع المتنبي.

- د. ابراهيم بسيوني عميرة، د.فتحي الديب، تدريس العلوم والتربية العملية، الطبعة السابعة سنة ١٩٨٢ ، دار المعارف- القاهرة.

- أحمد خيري كاظم، تدريس العلوم، ١٩٧٦، دار النهضة- القاهرة.

- بركراند رسل، النظرة العلمية، ترجمة عثمان نويه، سنة ١٩٥٦ مكتبة الأنجلومصرية.

- ستانلي د.بيك، بساطة العلم، ترجمة زكريا فهمي، سنة ١٩٦٧م ، القاهرة مؤسسة سجل العرب.

- صبري الدراويش، تدريس العلوم في المرحلة الإعدادية، سنة ١٩٧٩- مكتبة خدمة الطالب، مصر- القاهرة.

- صلاح قنصوة، فلسفة العلم، سنة ١٩٨١، دار الثقافة للطباعة والنشر- القاهرة.

- د. ابراهيم بسيوني عميرة، دروس تمليها طبيعة العلم عند تدريس العلوم، صحيفة التربية، السنة التاسعة عشرة، العدد الثاني يناير ١٩٦٧م.

- أحمد خيري كاظم، اتجاهات في تدريس العلوم ودور القصة العلمية في تحقيق أهداف التفكير العلمي، صحيفة التربية السنة التاسعة عشرة العدد الاول ١٩٦٦.
- الدمرداش سرحان، منير كامل، التفكير العلمي، سنة ١٩٦٣، مكتبة الأنجلومصرية.
- يوسف صلاح الدين قطب، الدمرداش سرحان، أهداف تدريس العلوم، سنة ١٩٦٥م، القاهرة- نقابة المهن التعليمية- مؤتمر المعلمين العرب- الاسكندرية ١٩٦٥م.
- ابراهيم بسيوني عميرة، المنهج وعناصرة، دار المعارف- مصر-القاهرة، ١٩٩١.
- ابراهيم عصمت مطاوع، وواصف عزيز واصف، التربية العلمية واسس طرق التدريس، دار النهضة العربة- لبنان-بيروت، ١٩٨٦.
- أحمد خيري كاظم، وسعدين زكي، تدريس العلوم، دار النهضة العربية، مصر القاهرة، ١٩٨٨.
- البرت بايز، ترجمة جواد ناظم، التجديد في تعليم العلوم، معهد الإنتماء العربي، لبنان، بيروت، ١٩٨٧.
- المبروك عثمان أحمد وزملاؤه، طرق التدريس، منشورات كلية الدعوة الإسلامية، طرابلس ١٩٩٠.
- بشير عبد الرحيم الكلوب، التكنولوجيا في عملية التعلم والتعليم، دارالشروق-الأردن-عمان ١٩٩٣.
- حسين حمدي الطوبجي، وسائل الإتصال والتكنولوجيا في التعليم، دار القلم الكويت ١٩٩٤.
- سعد خليفة المقرم، بعض المبادئ في طرق التدريس العلوم العامة، الدار الجماهيرية للنشر والتوزيع والإعلان، ليبيا- الجماهيرية العظمى، طرابلس ١٩٨٧.
- سلمى الناشف، مفاهيم أساسية في العلوم والرياضيات، دار الامل، الاردن-أربد ١٩٩١.
- عبد الله الامين النعمي، طرق التدريس العامة، الدار الجماهيرية للنشر والإعلان، ليبيا، الجماهيرية العظمى، طرابلس ١٩٩٣.
- عبد الله علي الحصين، تدريس العلوم، ببيت التربية للنشر والتوزيع- السعودية، الرياض، ١٩٩٣.

– عبدالملأ الناشف، الدور الجديد للمعلم في استخدام التقنيات التربوية، ورقة عمل قدمت الى دورة استخدام التقنيات التربوية في تدريس اللغة العربية – سوريا، دمشق ١٩٨٠.

– فتحي الديب، الاتجاه المعاصر في تدريس العلوم، دار القلم، الكويت ١٩٨٦.

– أ.د. توفيق مرعي، د. محمد محمود الحيلة، طرائق التدريس العامة، الطبعة الأولى ٢٠٠٢، دار المسيرة للطباعة والنشر، عمان-الاردن.

– حسان، محمود سعد، التربية العملية بين النظرية والتطبيق، دار الفكر-عمان- الاردن. سنة ٢٠٠٠.

– الحيلة، محمد محمود، أساليب التدريس الحديثة، ورقة عمل مقدمة لوزارة التربية والتعليم الفلسطينية، المشروع الإيطالي لتحسين التعليم. ١٩٩٩.

– الشلبي، ابراهيم، التعليم الفعال، دار الأمل-اربد-الاردن، سنة ٢٠٠٠.

– فطيم، لطفي، نظريات التعليم المعاصرة، الطبعة الثانية، مكتبة النهضة المصرية، القاهرة، ١٩٩٦.

– القلا، فخر الدين وناصر يونس، أصول التدريس، منشورات جامعة دمشق، سنة ٢٠٠٠م دمشق-سوريا.

– ولتر،ديك،وروبرت،ديزر، التخطيط للتعليم الفعال، ترجمة الدكتور محمد ذبيان الغزاوي-الأردن-١٩٩١.

– أحمد زكي صالح، علم النفس التربوي. القاهرة-مكتبة النهضة المصرية-القاهرة سنة ١٩٦٦.

– د.سعيد بامشوش،نور الدين عبدالجواد، التعليم الإبتدائي، الطبعة الاولى سنة ١٩٨٠، شركة الطباعة العربية السعودية المحدودة-العمارية-الرياض.

– د.يوسف قطامي، د.ماجدأبو جابر، أساسيات تصميم التدريس، دار الفكر للطباعة والنشر-والتوزيع-عمان-الأردن.

– راشد محمد الشنطي، محمد عبد الله عودة، التعليم والتعلم الصفي، ١٩٨٩، الأهلية للنشر-والتوزيع، عمان-الاردن.

– د. عزت جرادات وزملاؤه، التدريس الفعّال، ١٩٨٤،ط٢، المكتبة التربوية المعاصرة، عمان-الاردن.

– الأستاذ. محمد عواد الحموز، تصمم التدريس ٢٠٠٤، ط١، دار وائل للنشر والوزيع، عمان -الاردن.

– د. أحمد عودة، القياس والتقويم في العملية التدريسية، ٢٠٠٥، دار الامل للنشر-والتوزيع-اربد-الاردن.

- كتاب علــوم الارض والبيئــة، المرحلــة الثانويــة، الفــرع العلمــي/المســتوى الثالــث. ٢٠٠٧/ط١- وزارة التربية والتعليم الاردنية.

- كتاب العلوم الحياتية/المستوى الثالث-٢٠٠٧/ط١-الناشر-وزارة التربية والتعليم الاردنية.

- كتاب العلوم العامة-الصف الثامن الاساسي، ٢٠٠٧-وزارة التربية والتعليم الاردنية.

- كتاب العلوم العامة-الصف الخامس الاساسي، ٢٠٠٩-ج١ - وزارة التربية والتعليم الاردنية.

- كتاب العلوم العامة-الصف الثاني الاساسي، ٢٠٠٩-ج١ - وزارة التربية والتعليم الاردنية.

المراجع الاجنبية

- Cillo, T, Havrika, J. and Mcgreevy, S
  "Rainbow Team Teaching and Learning Structutre" 1997, http://www.scs.cssd.k12.vt.us/ , Teams/Rainbow/telestr.htm.us.A,1998.

- Elementary science Teaching. Methods Teaching Teleappnticeships, http:/irs.ed.unic.edu/TTA/act.Sci.met.elem.Html,U.SA, 1998.

- Goodwin,W.and Klausmeir,H.An introduction to Education psychology, Harper and Row U.S.A,1975.

- Moon,B.New Curriculum,Hadder and Stoughton. London, 1990.

- Tyree,A. "The Killer plan at low School" Http:// www.low.usyd.edu.aulalnt/j-leged. HTML, U.S.A, 1998.

- Carin, A.A, Sued R.B "Teaching Science Through Discovery" Fourth Education (Columbs: Charles E. Merril publishing co. , 1980).

- Moore, J., Kuhn's Structure of scientific Revolution, "The American Biology Teacher" VOL.42 . 1980.

- Brown, Harrison. "The Challenge of Man's Future" New Xork: The Viking press, 1967.

- Canant, James B. " Science and common sense" new Xork: Yale university press 1967.

- "Greenhouse Effect Theory Re-examined". "The science teacher" , VOL.31, No7 (November 1964).

- Forbes, R.J. , and E.J . Dijkstrehuis. " A history of Science and technology, Vol.2. Pelican Book, A 494. Ballimore: Penguin Book, 1963.

- Moote, Shirley, Editor, "Science projectrs HandBook." Ballantine books, Washinghton: Science service, 1960.

- New Xork.1961.

- Thurber, walter, A., and Alfred T. Collectte" Teaching Science in Today's Schools" Gostom: Allyn&Bacon, Inn., 1959.

- Arthur T. Jersild. The psychology of Adolessence (New York: The Machillan company (1), 1957.

- Robert J. Havighurst. Devolopment Tasks and Education (New York: Longmans, Green 1950).

- Coroline Tryon and Jesse W. Lilien thal Tasks, (Fostearing Mental Health in our schools) washinghton D.C: NEA, 1950

فهرس المحتويات

تم بحمد الله

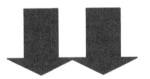

Printed in the United States
by publishers

T0220414

Printed in the United States
By Bookmasters